高等职业教育"十四五"规划教材

无人机测绘技术

刘　岩　尹宝田　主编

中国农业大学出版社
·北京·

内 容 简 介

本书针对高等职业教育教学需求，紧密结合无人机测绘技术的最新发展，系统介绍了无人机测绘的理论基础与实践应用。本书内容涵盖无人机技术、遥感技术、地理信息系统(GIS)及计算机技术等多领域知识，旨在培养学生在应急测绘、数字城市建设、国土资源管理领域等的综合能力。本书以项目为导向，注重实践操作，理论讲解精练实用，强调现代技术在测绘内外业中的融合应用。同时，融入课程思政元素，聘请行业专家共同编写，确保教学内容与行业前沿对接。配套数字化资源，支持移动学习，提升教学效果。

本书可作为高职摄影测量与遥感技术、测绘地理信息技术、测绘工程技术、工程测量技术、地籍测绘与土地管理等专业的课程教材，也适合非无人机专业的测绘地理信息相关专业学生及相关从业人员使用，旨在培养具有创新精神和实践能力的高素质技术技能人才。

图书在版编目(CIP)数据

无人机测绘技术 / 刘岩，尹宝田主编．-- 北京 ：中国农业大学出版社，2024.9.
ISBN 978-7-5655-3314-3

Ⅰ. P231

中国国家版本馆 CIP 数据核字第 2024FL0249 号

书　　名　无人机测绘技术

作　　者　刘　岩　尹宝田　主编

策划编辑　张　玉　郭建鑫　　**责任编辑**　贾梦婕

封面设计　中通世奥图文设计中心

出版发行　中国农业大学出版社

社　　址　北京市海淀区圆明园西路 2 号　　**邮政编码**　100193

电　　话　发行部 010-62733489,1190　　读者服务部 010-62732336

编辑部 010-62732617,2618　　出　版　部 010-62733440

网　　址　http://www.caupress.cn　　**E-mail** cbsszs@cau.edu.cn

经　　销　新华书店

印　　刷　运河(唐山)印务有限公司

版　　次　2025 年 5 月第 1 版　　2025 年 5 月第 1 次印刷

规　　格　185 mm×260 mm　　16 开本　　16.25 印张　　398 千字

定　　价　49.00 元

编 审 人 员

主　编　刘　岩（辽宁生态工程职业学院）

　　　　尹宝田（辽宁生态工程职业学院）

副主编　李金生（辽宁生态工程职业学院）

　　　　李玲玲（辽宁生态工程职业学院）

参　编　矫丽娜（辽宁城市建设职业技术学院）

　　　　王庆海（辽宁千星北斗测绘科技有限公司）

　　　　马小淞（沈阳市勘察测绘研究院有限公司）

　　　　于中伟（辽宁米测地理信息科技有限公司）

主　审　张　博（辽宁生态工程职业学院）

前言

党的二十大报告指出，教育、科技、人才是全面建设社会主义现代化国家的基础性、战略性支撑。必须坚持科技是第一生产力、人才是第一资源、创新是第一动力，深入实施科教兴国战略、人才强国战略、创新驱动发展战略，这三大战略共同服务于创新型国家的建设。职业教育与经济社会发展紧密相连，对促进就业创业、助力经济社会发展、增进人民福祉具有重要意义。

无人机测绘技术是一种高度集成的现代测绘手段，它融合了无人机技术、遥感(RS)技术、地理信息系统(GIS)和计算机技术等多个领域的技术，实现自动化、智能化、专业化地应用于应急测绘保障、数字城市建设、国土资源领域、农林业领域及水利相关领域等方面，具有应用范围广、作业成本低、续航时间长、影像实时传输、高危地区探测、图像精细、机动灵活等优点，是卫星遥感与载人机航空遥感的有力补充，具有广阔的发展前景。

本书在系统归纳无人机测绘基本理论和方法的基础上，对无人机测绘系统结构、无人机飞行基本原理、无人机安全飞行操控、无人机航空摄影测量、像片控制测量、无人机航线规划、无人机影像4D产品生产、无人机倾斜摄影数据三维实景建模、无人机倾斜实景三维模型DLG生产及无人机测绘技术的应用等知识进行了深入的探讨与实践总结。

本书的编写以立德树人为根本任务，深化三教改革，遵循以学生为主体的教育理念，以真实的工程任务为载体，基于工作过程组织教学，校企协同开发生产性学习任务，探索实施课证融通有效路径，将知识传授、能力培养和品质塑造贯穿教学全过程。本书的主要特色体现在5个方面。

(1)以注重实践、理论够用为原则，以无人机测绘的实际工作项目为导向整合和优化教学内容，突出现代化技术在无人机测绘内外业中的应用。

(2)系统设计专业课程思政教育体系，深入挖掘课程思政教育资源。

(3)根据高职教育特点，从企业聘请了生产一线专家、高技能人才共同开发体现校企深度融合特色的项目化教材。

(4)建立纸质教材和数字化资源、数字课程的有机联系，支持学习者使用移动终端设备学习，从而提高教材的适用性和服务课程教学的能力。

(5)教学内容对接工作内容，介绍多款当前测绘地理信息行业主流工作平台，包括：Pix4D、PhotoScan、ContextCapture、Smart3D、EPS等。

本书为校企、校际联合开发教材，分为12个项目，由辽宁生态工程职业学院刘岩、尹宝田担任主编，辽宁生态工程职业学院李金生、李玲玲担任副主编，辽宁城市建设职业技术学院矫丽娜、辽宁千星北斗测绘科技有限公司王庆海、沈阳市勘察测绘研究院有限公司马小淞、辽宁米测地理信息科技有限公司于中伟参与教材编写与生产实践案例制作。参加编写人员分工如下：刘岩编写项目1、2、3、4、5，尹宝田编写项目6中的6.1、6.2，李金生编写项目7、8，李玲玲编写项目6中的6.3、项目9，矫丽娜编写项目12，企业专家王庆海、马小淞、于中伟共同编写项目10、11，并提供企业实际生产典型案例。刘岩、尹宝田统稿，制作并加入数字化资源、习题等，由辽宁生态工程职业学院张博教授统审全书。

本书在编写过程中引用了大量的规范、专业文献和其他相关资料，恕未一一注明，在此向有关作者表示衷心感谢。

鉴于编者水平有限，本书难免存在疏漏和不妥之处，恳请广大读者提出宝贵意见，以便日后进一步修正与完善。

编　者

2025年3月

目录

项目1 无人机测绘概述

【思维导图】

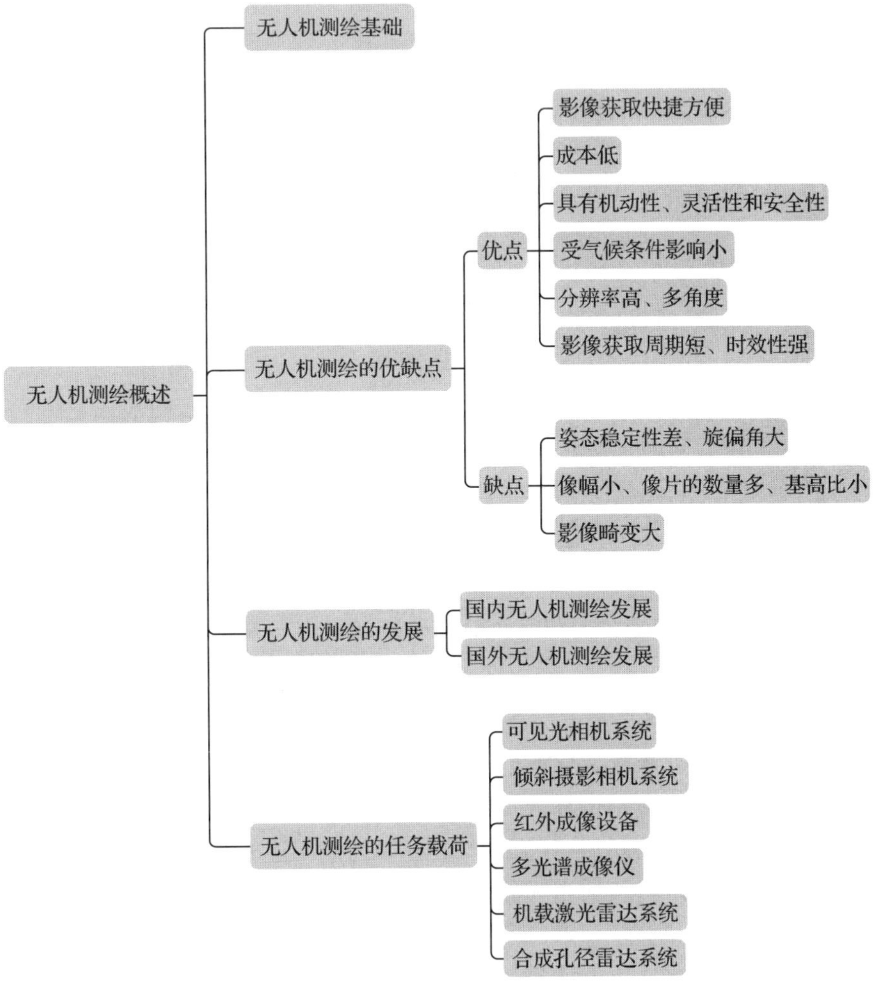

【项目导读】

无人机测绘技术是当今地理信息获取的重要手段。本项目介绍无人机测绘的基础知识、优缺点、发展历程以及任务载荷。通过学习，学生将对无人机测绘技术有初步了解，为未来的学习和工作打下基础。

【学习指南】

为了更好地掌握无人机测绘技术，建议首先了解无人机测绘的基础知识，熟悉其优缺点和发展趋势；其次通过实践操作，掌握各种任务载荷的应用。通过不断学习和实践，全面提升无人机测绘技能。

1.1 无人机测绘基础

无人机测绘，也称为无人机地形测绘，是近年来快速发展的航空测量技术。它利用先进的无人机飞行平台，集成多种传感器和遥感技术，实现对地理空间信息的快速获取和处理。无人机测绘技术以其高效、灵活、安全和低成本等优势，在诸多领域如农业、林业、地质勘查、城市规划、环境监测等得到广泛应用。

无人机航空摄影测量概述（二维动画）

无人机测绘的基本原理是利用无人机搭载遥感传感器，如多光谱相机、高清摄像头、激光雷达等，通过飞行控制系统对无人机进行精确的飞行控制，并利用遥感数据处理技术对获取的地理信息进行处理和分析。其核心是遥感数据的获取和处理，以及地理信息的应用。无人机测基本流程如图 1-1 所示。

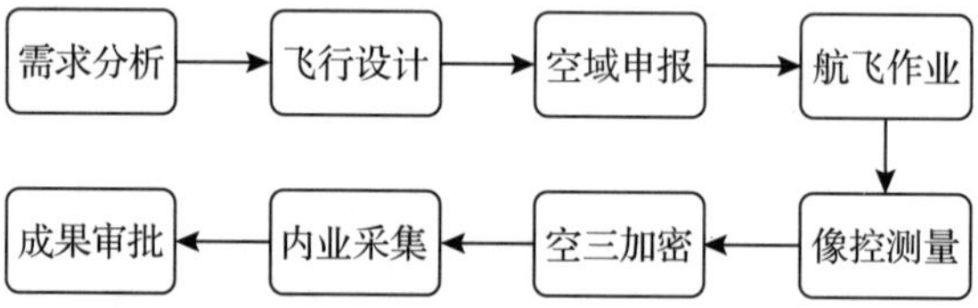

图 1-1 无人机测绘基本流程

随着无人机测绘在应急救灾、基础测绘、地理国情监测、不动产登记、土地调查、交通管理、电力、通信、城市规划等领域应用的深入，传统的地面地形测量手段获取地理空间数据的速度慢，数据处理周期长，已不能满足用户对地理数据“现时、快速”的实际要求。提高数字地形产品的生产效率，降低生产成本，使厘米级分辨率影像和大比例尺地形图能够实现快速、价廉的生产显得尤为重要。无人机测绘在这些方面的发展就起到了至关重要的作用。

在当前市场需求多元化的发展趋势下，受空域管制、天气变化、使用成本等主要因素的影响，以有人机为任务平台的传统航空测绘在面对用户提出的大比例尺、高分辨率的航空遥感影像需求，尤其是在面对测区面积小、成图周期短、实时性要求高的测绘项目时，愈加突显其局限性。无人机与数码相机技术的发展打破了这一局限，无人机与航空摄影测量相结合使得无人机测绘成为传统航空测绘手段的有力补充。

无人机测绘以获取高分辨率数字影像为应用目标，以无人驾驶飞行器为平台，不需要专用起降场地，以高分辨率数码相机为传感器，通过 3S 技术在系统中集成应用，最终获取小面积、真彩色、大比例尺、现实性强的航测遥感数据。无人机测绘主要用于基础地理数据的快速获取和处理，为制作正射影像、地面三维模型和基于影像的区域测绘提供最简洁、最可靠、最直观的应用数据。可广泛应用于国家重大工程建设、灾害应急与处理、国土监察、资源开发、新农村和小城镇建设等方面，尤其是在基础测绘、土地资源调查监测、土地利用动态监测、数字城市建设和应急救灾测绘数据获取等方面，具有广阔前景。

1.2 无人机测绘的优缺点

1.2.1 无人机测绘的优点

无人机测绘除了具有携带运输方便、组装简单、工作效率高等优势外，还具有如下优势：

1. 影像获取快捷、方便

不需要专业航测设备，普通民用单反相机即可作为影像获取的传感器，操控手经过短期培训学习即可操控整个无人机系统。

2. 成本低

无人机系统及传感器成本远远低于其他遥感系统。无人机的市场价格为 10 万～100 万元，各种层次的都有，而相机不到 2 万元，整套系统成本低廉，一般的单位和个人都有能力负担。

3. 具有机动性、灵活性和安全性

不需要专用的起降场地，升空准备时间短，容易操控，特别适合应用在建筑物密集的城市地区、地形复杂地区以及丘陵、多云区域。

4. 受气候条件影响小

只要不下雨、下雪并且空中风速小于 6 级，即便是在光照不足的阴天，无人机也可升空作业。

5. 分辨率高、多角度

由于是低空摄影，一般在云下飞行使用 CCD 数码相机作为传感器，具备垂直与倾斜摄影的能力，搭载 GNSS 定位装置，可低空多角度摄影以获取建筑物侧面的纹理信息，弥补了卫星遥感和普通航空摄影遇到的高层建筑遮挡的问题。此外，低空摄影的空间分辨率能够达到分米级甚至是厘米级，可用于构建高精度数字地面模型及制作精细的三维立体景观图。

6. 影像获取周期短、时效性强

无人机测绘几乎不受场地和天气影响，飞行前准备工作可少于 2 h，因此可快速获取满足要求的航摄影像。从准备航飞到获取影像的周期短，影像获取后可立即处理得到航测成果，时效性强。

无人机测绘与传统地形测绘比较有明显的优势，如表 1-1 所示。

表 1-1 无人机测绘与传统地形测绘的对比

对比内容	测绘方式	
	无人机测绘	传统地形测绘
成图精度	高	高
测绘工期	速度快	时间长
人工外业工作量	仅需要采集少量外业像控点，人工外业工作量很小	人工外业工作量大
勘测成本	低	高
成图速度	快	慢
对面积要求	适用于中小面积	适用于中小面积
成品类型	产品丰富，一次航测，可制作地形图 DLG、正射影像图 DOM、数字高程模型 DEM、三维数字地形系统	主要生产地形图 DLG，产品单一，需要通过其他方式来增加附属产品
适用比例范围	可以制作各种比例尺的地形图	可以制作各种比例尺的地形图
前期的准备工作	工期响应快速，能快速地进行航测	前期准备工作时间较多
内业测图软件	航摄影像纠正、配准软件、空三加密软件、立体测图软件	数字测图软件
内业测图人工干预量	较少	较多
安全性	高	低
环境限制	少	多

1.2.2 无人机测绘的缺点

无人机测绘凭借着众多的优势，在图像的实时获取、环境监测、地理国情监测及应急指挥需求、土地利用动态监测、地质环境与灾害勘查、地籍测量、地图更新等领域当中得到了充分的应用。但是，与传统的航天和航空影像相比，无人机航空摄影获取的影像又存在以下诸多问题。

1. 姿态稳定性差、旋偏角大

无人机在飞行时，由于自身质量小、惯性小，受气流的影响大，俯仰角、侧滚角和旋偏角相较于传统航测来说变化快，致使影像的倾角过大且倾斜方向没有规律，幅度远超传统航测规范的要求。

2. 像幅小、像片的数量多、基高比小

由于无人机中质量小，在空中飞行更容易受顺风、逆风和侧风影响，加之俯仰角和侧滚角的影响，因此航带的排列不整齐，主要表现在重叠率的变化幅度较大，甚至会出现漏拍的情况。为了保证测区没有漏拍，所以要提高航向和旁向重叠率。同时普通单反相机像幅相对专业数码航摄仪来说像幅小，在保证预订重叠率的情况下，整个测区影像数量就会成倍数增多，基高比（像片基线长度与航高的比值）也会相应变小。

3. 影像畸变大

无人机摄影测量选取CCD数码相机作为成像系统，相较专业航摄仪，影像畸变更大，边缘地方的畸变可达40个像素以上。无人机摄影测量的这些问题，给影像的匹配和空中三角测量等内业处理带来了困难：

(1)姿态稳定性差、旋偏角大、比例尺差异大，会降低灰度匹配的成功率和可靠性。

(2)像幅小、影像数量多，会导致空中三角测量加密的工作量增多、效率降低；旁向重叠率和旁向重叠率不规则，给连接点的提取和布设带来困难；基高比小也会对高程精度造成一定的影响。

(3)如若不考虑数码影像的畸变差，直接使用将影响空中三角测量的精度。

1.3 无人机测绘的发展

1.3.1 国外无人机测绘的发展

气球是最早的航空摄影平台，早在1858年，法国摄影师纳达尔将热气球作为摄影平台获取了巴黎的空中影像。随后，得益于摄影技术的简化，其他手段如风筝、火箭等，也开始用于航空摄影。1909年，美国的W. Wright自制飞机并从飞机上对地面拍摄了第一张照片，意味着载人航空摄影的开端，随后航空摄影技术在军事中确立并迅速发展。

20世纪末，集成电路系统和雷达控制系统的发展是现代无人机航摄系统得以发展的关键。1979年，Praybrlla和Wester-Ebbinghaus用雷达控制的旋翼无人机，搭载光学相机做了第一次航空摄影实验，并于1980年用直升机模型搭载中型Rolleifiex相机做了第二次航空摄影实验，这是世界上首次将旋翼无人机平台用于航空摄影。该实验为以后无人机在航空摄影中的应用开辟了先河，从那时候开始，旋翼或固定翼、单旋翼或多旋翼、遥控或自动控制平台开始在航空摄影系统中大量使用。20世纪80年代，飞行控制技术取得了重大突破，可实现自主飞行和预编控制飞行，无人机续航时间、任务设备重量、作业半径都有显著的提升。

在传感器方面，大量中小型传感器开始进入市场。中等大小的传感器可达8 000万像素，能胜任中等规模的项目，而同等规模的项目在2006年前后只能用大型传感器来完成。高质量镜头和集成技术的发展为航空摄影任务的完成奠定了基础，也拓宽了摄影传感器的应用范围。一些公司、生产厂商和集成商，还有行业用户已经开始将中小型相机用于专业影像生产。中小型相机与一些小型的稳定器结合起来，重量轻，易于携带，可以很好地用于应急预警。不同种类的传感器组合起来可以进行多波段、高光谱的摄影，广泛用于农业估产、环境监测等领域。大量的中小型倾斜摄影相机在市场中也开始出现，可以按照固定、旋转、可移动等方式安装，满足不同任务需求。

除安装和集成技术提升外，用于控制硬件和导航的控制系统与常规的飞行管理系统相比，性能也有了很大提升。小型和价格相对低廉的激光扫描设备开始与相机集成，并通过软件解决了任务计划及导航等问题。成像传感器与激光扫描仪、视频成像传感器等设备能根据任务进行适应性集成，并可以将获取的数据存储在数据库中，在导航点接入时实现导航点与信息的对接。

新技术方面,倾斜摄影技术取得了重大突破,为人类观察世界提供了新的视角。虽然早在第一次世界大战时期,军事上已经通过双翼机搭载老式 Graflex 相机从空中获取倾斜影像进行军事侦察,但由于倾斜影像的倾角大,难以进行大范围拼接,用户转向使用容易拼接的以正射投影方式获取的影像。正射影像以垂直角度呈现的地物信息与人们日常观察的世界存在较大差异,使用户深受困扰。随着复杂算法和数字影像处理技术的发展,逐步改变了这种状况,倾斜摄影又重新回到了人们的视野。倾斜摄影技术颠覆了以往正射影像只能从垂直角度拍摄的局限,通过在同一飞行平台上搭载多台传感器,同时从垂直、倾斜等不同角度采集影像,可以将用户引入符合人眼视觉的真实直观世界。倾斜影像不仅能真实地反映地物情况,而且还能通过采用先进的定位技术,嵌入精确的地理信息、丰富的影像信息、更高级的用户体验,极大地扩展了影像的应用领域。美国的 Pictometry 公司拥有倾斜摄影数据获取、服务、应用开发等完整的解决方案,使得用户能查看和测量任何与倾斜影像有关的坐标、长度、宽度、高度等要素,并能使影像与 GIS 数据完美叠加集成,提供影像在线访问服务,在倾斜摄影领域占据主导地位。2010 年,北京天下图公司将 Pictometry 倾斜摄影解决方案引入国内,这也是国内首次引进倾斜摄影技术。

1.3.2 国内无人机测绘的发展

我国无人机发展较晚,起步于 20 世纪 50 年代末。自 20 世纪 90 年代以来,国内大学和科研院所相继成立了无人机专门的研究机构。21 世纪初,中国航天集团一些下属院所、民营企业也开始研制无人机,加快了我国无人机的发展步伐。

2005 年 8 月,北京大学、中国科学院与中国贵州航空工业集团共同研制的多用途无人机遥感观测系统,在黄果树机场首飞试验成功,标志着我国民用无人机对地观测技术跨入到实用性阶段。中国测绘科学研究院使用多台哈苏相机组合成像,有效地提高了无人机航空摄影的效率。刘先林院士等主持研发的 SWDC 系列数字航空摄影仪是一种能够满足航空摄影规范要求的大面阵数字航空摄影仪,具有高分辨率、高几何精度、体积小、重量轻等特点,对于天气条件要求不高,能够在阴天云下摄影,具有飞行高度低、镜头市视场较大、基高比大、高程测量精度高、彩色真、镜头可更换等特点。SWDC 系列数字航空摄影仪作为空间信息获取与更新的重要技术手段,产品性价比高,高程精度指标达到同类产品的国际领先水平,整体技术指标达到国际先进水平,是国内首台可用于中小比例尺地形图测绘的航空相机,为我国国产化数字航空摄影与航空摄影测量为一体的解决方案奠定了基础。

2022 年 10 月,由中国测绘科学研究院牵头研制的新一代航空遥感系统“高精度轻小型航空遥感系统”在中国测绘创新基地通过验收。该项目突破核心部件及系统集成的关键技术,成功研发了高精度轻小型组合宽角数字相机、轻小型机载激光雷达、高精度与小型化位置和姿态系统及稳定平台 4 类核心产品和高效快速数据处理系统,形成了完整的满足不同社会需求的高精度、轻小型航空遥感业务运行系统。与国外同类产品相比,该系统具有体积小、重量轻、功能全、成本低、操作方便等优点,并且完全具有自主知识产权,可用于高分辨率对地观测、大比例尺测绘、重大自然灾害应急响应、数字城市建设等方面,为国家重大工程提供了技术支撑,填补了国内空白,打破了国外同类产品的技术垄断和技术壁垒,提升了我国在航空影像获取领域的技术能力和市场的国际竞争力。

1.4 无人机测绘的任务载荷

无人机所搭载的任务设备种类较多，主要可以分为被动式任务设备、主动式任务设备和航空通用辅助任务设备。随着电子、电池和芯片等技术的发展，一些体积、质量和功耗水平都足够低的任务设备不断涌现，特别是光学设备已经在各行业及领域得到了切实的应用。

被动式任务设备和主动式任务设备的主要区别在于信号发射源的不同。被动式任务设备是指设备不带发射源，自身不发射信号，仅接收目标反射信号，如太阳光线信号、热辐射信号等，如可见光相机和摄像机系统、红外相机系统和多光谱成像仪等。主动式任务设备是指设备自带发射源，接收自身发射至目标并反射回来的电磁波信号，一般由电源、发射机和发射天线、接收机和接收天线、转换开关、信号处理器、防干扰设备、显示器等组成，如激光测距仪、机载激光雷达系统和合成孔径雷达系统等。航空通用辅助任务设备是指为更好地完成航空测绘工作的辅助任务设备，主要包括航空定位和定向系统等。

1.4.1 可见光相机系统

据不完全统计，现有无人机测绘系统的传感器类型有70%以上为光学数码相机。因此，光学数码相机仍是无人机测绘系统传感器的主要构成。在未来一段时间内，光学相机依然会是无人机测绘的重要任务设备。图1-2为大疆禅思P1机械光学相机。

图1-2 大疆禅思P1机载光学相机

除光学数码相机外，无人机还可搭载全彩色、可见光、红外和多光谱传感器，一般把这些传感器统称为无人机光学遥感设备。

按成像方式，相机可分为线阵列传感器和面阵列传感器。按用途，相机可分为量测式相机和非量测式相机。由于无人机受到设备和成本的限制，往往采用非量测式、可见光的框幅式相机，即一般的市面上常用的单反、微单及卡片数码相机。

由于无人机的体积和承重能力限制，用于无人机遥感的光学相机一般要求质量轻、体积小。目前，国内外无人机上使用的光学相机主要有蔡司、哈苏等中画幅数码相机，尼康、佳能、索尼、富士、徕卡以及三星等小画幅数码单反相机等。这类相机的重量较轻，外形尺寸较小，单个镜头的有效像素一般小于8 000万像素，像元尺寸在3.9～6.4 μm。

1.4.2 倾斜摄影相机系统

无人机倾斜摄影相机根据不同分类标准可分为不同类型。

1. 按配置相机数量分

按配置相机数量分，无人机倾斜摄影相机可分为五镜头倾斜相机、三镜头倾斜相机和两镜头倾斜相机，如图1-3所示，其中两镜头倾斜相机又可细分为固定角度两镜头倾斜相机和可倾角度两镜头倾斜相机。五镜头倾斜相机适合不同飞行平台，一次飞行完成倾斜摄影作业，生产效率较高；三镜头倾斜相机和固定角度两镜头倾斜相机主要是用于固定翼飞行平台，至少需要两次飞行才能完成倾斜摄影作业，生产效率较低；可倾角度两镜头倾斜相机适用于飞行速度不大于 5 m/s 的旋翼飞行平台，可以一次飞行完成倾斜摄影作业，但速度慢致使其生产效率最低。

图 1-3　多种倾斜摄影相机

2. 按配置相机类型分

按配置相机类型分，无人机倾斜摄影相机可分为中画幅倾斜相机、全画幅倾斜相机、APS 画幅倾斜相机和小画幅倾斜相机。通常倾斜相机 CCD(CMOS)有效像素、倾斜影像质量和倾斜摄影生产效率与相机倾斜画幅成正比，但系统重量、相机成本和对数据记录速度要求更高与相机倾斜画幅成反比。

3. 按搭载飞行平台类型分

按搭载飞行平台类型分，无人机倾斜摄影相机可分为固定翼平台倾斜相机、旋翼平台倾斜相机和通用平台倾斜相机。固定翼平台倾斜相机是指安装在固定翼飞行平台上的倾斜相机，一般要求倾斜相机镜头焦距较长、曝光间隔较短以及数据记录速度快；旋翼平台倾斜相机是指安装在旋翼飞行平台上的倾斜相机，相比固定翼平台倾斜相机镜头焦距较短、曝光间隔可稍长以及数据记录速度可稍慢；通用平台倾斜相机可分别搭载在固定翼飞行平台和旋翼飞行平台，通常相机镜头焦距适中、曝光间隔较短以及数据记录速度快。

无人机倾斜摄影相机主要应用于三维实景模型的重建，广泛应用于数字(智慧)城市(工程)、电力电路巡检、数字旅游、数字文物保护和数字地形(地籍)图测绘，在环保监测、智慧交通(水利、消防等)等方面均有大量的成功应用案例。

1.4.3 红外成像设备

红外辐射是指波长介于可见光和微波之间的一种电磁波，又被称为红外光、红外线。红外辐射最早于 1800 年被英国天文学家 William Herschel 发现。当一个物体温度高于绝对零度时，它就会自发辐射红外线，其红外辐射的能量由物体的温度和表面条件决定，在常温下物体的自发辐射主要是红外辐射。根据红外辐射在大气层中的传输特性，可以将红外辐射按波长分为近红外、中红外和远红外。

从目标和背景发出的红外辐射，在大气中传输并受到衰减后，由红外光学系统接收并形成目标像，红外探测器将目标像通过光电转换形成电信号，电信号经过放大、滤波和校正等一系列处理后得到目标的各种信息。与可见光、X 射线等波段相比，目标在红外波段具有其特有的吸收或反射特性，从中可以获得更加丰富的信息。

近红外波段主要接收太阳的辐射，在白天日照条件良好时感知、探测和搜集目标的信息，典型的红外成像设备有多光谱成像仪、红外航空扫描仪等；中红外波段包含地物反射及发射的光谱,用来探测高温目标,如森林火灾、火山等,典型的红外成像设备有被动式红外夜视仪等;远红外波段主要接收地物发射的光谱,是常温下地物辐射能量最集中的波段,所探测的信息主要反映地物的发射率以及温度,适于夜间成像,典型的红外成像设备有红外相机、热红外成像仪等。

按照工作方式的不同,红外成像设备可以分为主动式和被动式两种。主动式红外成像设备通过向目标发射红外线,接收反射的红外辐射进行成像,如主动式红外夜视仪。被动式红外成像设备通过感光元件感知地物辐射成像,如热像仪、红外扫描仪、多光谱成像仪和被动式红外夜视仪等。图 1-4 为大疆禅思 XT 系列热成像仪。

图 1-4 大疆禅思 XT 系列热成像仪

无人机的红外成像设备在环境监测、火灾监测和监控救援等方面均有成功的应用实例。

1. 环境监测

国外将无人机红外成像设备用于环境监测的案例相对较为成熟,主要有大气污染监测、水环境污染监测和废弃物污染监测等。比如,通过特定传感器可以观测对流层的温度和压力以及高浓度水溶胶和气体的含量,探测臭氧、水蒸气和二氧化碳等气体和烟雾的泄漏;监测水生和陆地环境有害废物的排放和工业事故的发生;监测工业废渣处理情况。2006 年 4 月,美国加利福尼亚大学圣地亚哥分校 Scripps 海洋学院的大气科学家 Veerbhadran Ramanathan 领导的研究小组,在印度南面的马尔代夫群岛利用三架 Manta 型无人机研究了污染物质对云层形成的影响以及受污染云层对地球表面的影响,并在 *Nature Letter* 上发表了文章,阐述了污染物与地球变暖之间的关系。

2. 火灾监测

林业是全国生态建设的主体,在经济和社会发展中有着不可或缺的作用,如何有效利用高科技手段解决林业资源调查、森林防火等问题,已成为林业工作的重中之重。目前,国外在森林防火中应用了较多的新技术和新设备,国内在此方面的应用需求也日益增加,先后运用卫星进行资源普查、森林火场监视,而使用无人机系统对森林火情进行监测则还是初始阶段。

早在 2005 年,意大利学者 Rufino 和 Moccia 针对森林火灾监控,集成了一套含有热像仪和可见近红外波段的成像光谱仪在内的、使用无线电遥控的固定翼无人机系统。该项目的目标是研制紧凑的航空平台和遥感系统,用于监测森林火灾等自然灾害。

3. 监控救援

一架小型飞机坠毁在偏远的地区,或者一艘渔船迷失在江海中,又或者登山者在徒步旅行时失联,救援队必须通过搜索扫描事发地寻找受困人员或飞机残骸的证据。特别是人员失踪之后的一段时间内,身体的热量是一项关键搜索指标。此外,在黑暗、寒冷的环境里,一个人身体的热量可能是搜索的唯一依据。2012 年,西班牙学者 Molina 等开始使用装有视频摄像头和热像仪的旋翼无人机搜索并营救失踪人员。

1.4.4 多光谱成像仪

光谱成像技术是 20 世纪 80 年代开始在多光谱遥感成像技术的基础上发展起来的新一代

光谱遥感技术，是一种可以同时获得一维光谱信息和二维空间信息的信息获取技术。大视场、宽谱段、高空间和高光谱分辨率、高信噪比是成像光谱技术始终追求的目标。视场大、扫描周期短，适时性就好；普段宽、光谱分辨率高就可以探测到单谱段和多谱段探测不到的光谱信息；空间分辨率高对空间位置和空间形态的探测就更加准确。后来在成像光谱技术基础上衍生出高光谱、超光谱等概念。

但在追求高性能的同时，成像光谱技术的发展也受到现有技术条件和经济成本的制约。目前，新兴的无人机平台轻便、灵活、成本低，如果将成像光谱仪进行相应的轻小型化、低成本化改进，再将其与轻小型无人机配合，将极大地推动成像光谱仪的普及与应用。

图 1-5 搭载多光谱成像仪的大疆精灵 Phontom4 RTK 无人机

如图 1-5 所示，近年来，无人机搭载多光谱成像仪在农业精准化管理及自然灾害灾情评估等领域中发挥出越来越重要的作用。

1. 精准农业

在农林业上的应用很多，如农作物长势分析、作物类别鉴定、病虫害防治分析和产量评估等。2005 年 6 月 12 日，我国首次利用地物光谱仪进行了高空监测小麦条锈病。在位于昌平小汤山的国家精准农业研究示范基地小麦试验田，国家自然科学基金项目研究的基于 3S 技术的小麦条锈病监测预警，采用热气球进行的近地遥感监测小麦条锈病初步获得成功，这在我国尚属首次。

2. 自然灾害和灾情评估

自然灾害监测和灾情评估包括很多种，如洪涝、干旱、雪灾、森林大火、地震以及海洋状况等。赤潮是指海洋微藻、细菌和原生生物在海水中过度繁殖或聚集导致海水变色的一种现象。随着经济发展，沿海海水富营养化加剧，近年来赤潮频繁发生，规模不断扩大，破坏了渔业资源和海洋养殖业，赤潮毒素也严重威胁着人类的生命安全。2002 年，我国海域共发现赤潮 79 次，累计面积超过 1 万 km^2，直接经济损失 2 300 万元。通过海监船的现场取样和事后数据分析，上海技物所高光谱成像仪利用赤潮种类鉴别软件得出的数据，质量良好，很好地反映了赤潮光谱特性。所以，利用高光谱成像仪获得的数据，可以迅速对赤潮做出反应，有利于赤潮的及早发现、分类、控制和治理，从而减小赤潮的危害。

1.4.5 机载激光雷达系统

激光雷达是一种主动式的现代光学遥感技术，是传统雷达技术与现代激光技术相结合的产物。激光具有高亮度性、高方向性、高单色性和高相干性等特点。激光雷达具有一系列独特的优点：角分辨率高、距离分辨率高、速度分辨率高、测速范围广、能获得目标的多种图像以及抗干扰能力强。同时激光雷达的体积和重量都比微波雷达小，使用方便、灵活。

机载激光雷达系统主要包括激光测距仪、惯性导航系统 INS 和动态 DGNSS 接收机。激光测距仪用于测定激光雷达信号发射点到地面目标点间的间距；惯性导航系统 INS 利用惯性测量单元 IMU 来测定无人机的扫描装置主光轴的姿态参数；动态 DGNSS 接收机用来确定激光雷达信号发射点的空间位置。

激光雷达工作的基础是通过量测信号传播时间来确定扫描仪与对象点的相对距离。目前从工作方式上看，激光测距仪可分为两大类：脉冲激光测距和连续波激光测距。考虑到作用距离，通常机载激光雷达采用的是脉冲激光测距方式。图 1-6 为大疆禅思 L1 机载激光雷达。

图 1-6 大疆禅思 L1 机载激光雷达

机载激光雷达技术除可以应用于直接生成 DSM 数据以外，还广泛应用于林业、电力、城市地物提取、水利、近海岸地形测绘、地质灾害调查和国家安全等。

1. 地质测绘

激光雷达测量精度要优于传统测量方法，所提供的地面点云数据，可详细反映出所测地物的立体形态，从而实现三维建模，满足高精度影像微分纠正的需要。通过对比不同年份的滑坡群点云建模图，就可以发现山体出现的细微的滑坡。同时，激光雷达真正实现了非接触式测量，减少了野外作业量，摆脱了数字摄影测量平台的限制，降低了地质测绘的成本。

2. 数字城市建模

在数字化程度越来越高的今天，基于二维城市影像已经不能满足形象时代的要求，将三维空间影像完整呈现已经成为发展的必然。激光雷达系统在城市中更能体现其不受航高、阴影遮挡等限制的优势，能够快速采集三维空间数据和影像，房屋建模速度快、高程精度高以及纹理映射自动化程度高，能够满足分析与测量的需求，可以广泛用于城市规划的大比例尺地形图的获取。

3. 电力规划和巡检

对于规划电网线路，可以通过机载激光雷达测量技术采集和处理的规划沿线数据，为电力线路优化、外业勘测和设计施工提供数据支持与指导。对于已建成的电网线路，利用机载激光雷达测量技术采集和处理电网沿线数据，可以恢复电线的实际形状。

1.4.6 合成孔径雷达系统

合成孔径雷达(synthetic aperture radar，SAR)是一种高分辨率成像雷达，是指利用一个小天线沿着长线阵的轨迹等速移动并辐射相参信号，把在不同位置接收的回波进行相干处理，从而获得较高分辨率的成像雷达，可分为聚焦型和非聚焦型两类。利用雷达与目标的相对运动把尺寸较小的真实天线孔径用数据处理的方法合成较大的等效天线孔径的雷达，也称综合孔径雷达。合成孔径雷达可以在能见度极低的气象条件下得到类似光学照相的高分辨雷达图像，其特点是分辨率高，能全天候工作，能有效地识别伪装和穿透掩盖物。合成孔径雷达的首次使用是在 20 世纪 50 年代后期，经过 60 多年的发展，合成孔径雷达技术已经比较成熟，各国都建立了自己的合成孔径雷达发展计划，各种新型体制的合成孔径雷达应运而生，在民用与军用领域发挥着重要作用。

干涉雷达(interferometric synthetic aperture radar，InSAR)是指采用干涉测量技术的合成孔径雷达，又被称为双天线 SAR 或相干 SAR，是近年来发展起来的空间对地观测技术，是传统的 SAR 遥感技术与射电天文干涉技术相结合的产物。它通过两条侧视天线同时对目标进行观测，或间隔一定时间的两次平行观测，来获得地面同一地区两次成像的复图像对。

若复图像对之间存在相干条件，SAR 复图像对共轭相乘可以得到干涉图。根据干涉图的相位值，得出两次成像中微波的路程差，从而计算出目标地区的地形、地貌以及表面的微小变化。可用于数字高程模型建立、地壳形变观测等。

近些年来，无人机机载 SAR 也逐渐成为合成孔径雷达发展的一个重要分支。由于无人机运载能力有限，因此对雷达的体积和重量要求比较高，通常也要求成像算法比较简单。无人机体积小、重量轻，不易被探测到，所以便于进行近距离的探测和侦察工作，这样无人机在 SAR 的工作频段就可以选择抗干扰能力更强的毫米波段，而不再需要考虑电磁波的衰减。美国 1998—2006 年研制的 MWTIS 机载雷达，工作频率为 94 GHz，作用距离为 7～8 km，被首选安装在无人机上，全球鹰、捕食者等无人机装载该雷达在几千米高空侦察地面静止目标时，其分辨率可达 0.1～1 m。

我国对 SAR 的研究起源于 20 世纪 70 年代后期，首先是中科院展开了对 SAR 研究的工作，于 1976 年建立了我国第一个雷达的实验室，主要从事机载 SAR 成像方面的研究。经过了 3 年的努力，于 1979 年得到了我国第一张合成孔径雷达的图像。该系统主要工作在 X 波段且没有采用脉冲压缩的技术，分辨率可达到 180 m×30 m。1983 年，我国研制成功了单通道、单极化和单测视的机载合成孔径雷达系统，此雷达工作在 X 波段，图像分辨率为 15 m×15 m。1987 年，我国成功研制出了多条带、多极化的机载合成孔径雷达系统，其工作在 X 波段，图像分辨率为 10 m×10 m。1994 年，我国成功研制出了机载合成孔径雷达实时成像技术的处理器实现了对已有 10 m 分辨率的机载合成孔径雷达信号的实时处理。

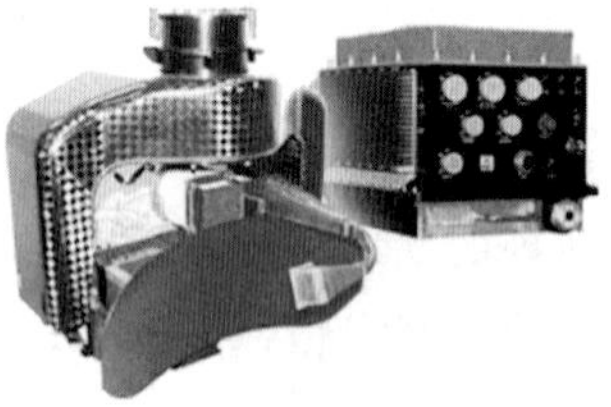

图 1-7 机载微型 SAR

经过几十年的发展，国内 SAR 技术的发展已经得到了长足的进步，但与国际水平还有一定的差距。

星载 SAR 受到轨道的限制，无法很好地满足业务化应用对连续覆盖和快速重复性观察方面的需求。与之相比，无人机机载微型 SAR，如图 1-7 所示，在分辨率、高程精度等性能指标、成本、机动性和可更换性等方面具有很大的优势。

无人机载 SAR 在城市勘测、农田普查、海洋监测、立体测绘等领域已经得到了广泛而重要的应用。

(1)城市勘测。无人机载 SAR 可以对建筑物进行精细成像，获取其结构信息、分布和变化情况，为城市勘察提供基础数据。

(2)农业普查。无人机载 SAR 可以准确测量目标区域面积和变化情况，特别是利用极化信息，可以进一步提取地块种植情况变化。通过遥感技术，能够实现高效的农业普查。

(3)海洋监测。海洋监测包括对海洋灾害、海面溢油、海上船舶和沿海滩涂等的监测，无人机载 SAR 可以在海上独立气象条件下，实时获取海面目标的微波散射信息，这对我国海监、海事开展执法、维权任务提供了有力的保障。

(4)立体测绘。利用多次或单次干涉测量，无人机载 SAR 可以获取地物的三维高程信息，在地理测绘等领域中具有重要的作用。

思政小课堂

开拓创新——王家耀

王家耀，男，汉族，1936 年生，湖北省武汉市人，地图学与地理信息工程专家、中国工程院院士、河南大学教授、河南省时空大数据产业技术研究院院长。

王家耀长期从事地图学理论、数字地图制图、军事地理信息系统和军事测绘信息栅格等方面的研究，带领的团队（含博士生）完成了战略、战役（战区）和战术三个层次的军事地理信息系统研制任务，并得到广泛应用。王家耀的《地图制图数据处理的模型与方法》提出了模型与方法是地图制图的重要科学方法等观点，为现代地图学开拓了新的研究领域。

1970 年，王家耀为了编写出适合中国地图教学的书籍，和同事们开始了数年的长途跋涉，最终《地貌及其综合》《制图综合》两部书分别于 1972 年、1975 年出版，为当时中国地图制图专业、测绘部队提供了他们急需的理论指导。

1978 年，中国历史上第一幅计算机地图出炉，开启了中国地图制图新时代。王家耀历经数年的跋涉，终于实现了创新的梦想。

1979 年，王家耀担任地图制图系讲师，在学院和专业系领导的带领下，他与同事一起开创了中国第一个计算机地图制图专业，同时，由他筹建的实验室也初具规模，这成了从纸质地图到数字化地图，建立各种地理信息系统的一个里程碑。

王家耀院士的事迹诠释了开拓创新的精神内涵。他不囿于传统观念的束缚，勇于探索未知领域；他注重实践应用，致力于解决实际问题；他关注人才培养，为国家培养优秀人才。

作业习题

一、选择题

1. 无人机测绘的基础是什么？（　　）
   A. 卫星导航　　B. 地面控制点
   C. 无人机平台　　D. 高精度传感器
2. 无人机测绘的主要优点不包括以下哪项？（　　）
   A. 快速部署　　B. 高精度测量
   C. 低成本　　D. 不受天气影响
3. 无人机测绘中，任务载荷主要指的是什么？（　　）
   A. 无人机的重量　　B. 无人机的航程

C. 无人机搭载的测量设备　　D. 无人机的飞行速度

4. 以下哪项不是无人机测绘的缺点？(　　)

A. 受天气条件限制　　B. 数据处理复杂

C. 飞行时间长　　D. 对操作人员技能要求高

5. 在无人机测绘中，差分GPS(DGPS)的主要作用是什么？(　　)

A. 提高定位精度　　B. 增加飞行稳定性

C. 加快数据处理速度　　D. 扩大测量范围

6. 在国内，无人机测绘的发展受到哪些因素的影响？(　　)

A. 技术瓶颈　　B. 市场需求

C. 法律法规限制　　D. 所有以上因素

7. 无人机测绘中，哪种传感器对于地形测绘特别重要？(　　)

A. 光学相机　　B. 激光雷达

C. 红外传感器　　D. 全球定位系统

8. 无人机测绘在以下哪个领域的应用最为广泛？(　　)

A. 城市规划　　B. 森林监测

C. 海洋测绘　　D. 气象观测

9. 无人机测绘与传统测绘方法相比，最大的区别是什么？(　　)

A. 数据精度　　B. 作业效率

C. 成本　　D. 灵活性

10. 无人机测绘中，以下哪项技术对提高测量精度至关重要？(　　)

A. 惯性导航　　B. 遥感技术

C. 差分GPS　　D. 通信技术

二、简答题

1. 与传统地形图测绘的对比，无人机测绘的优势有哪些？
2. 无人机测绘的基本流程是什么？
3. 列举无人机测绘的任务载荷。

项目2

无人机系统

【思维导图】

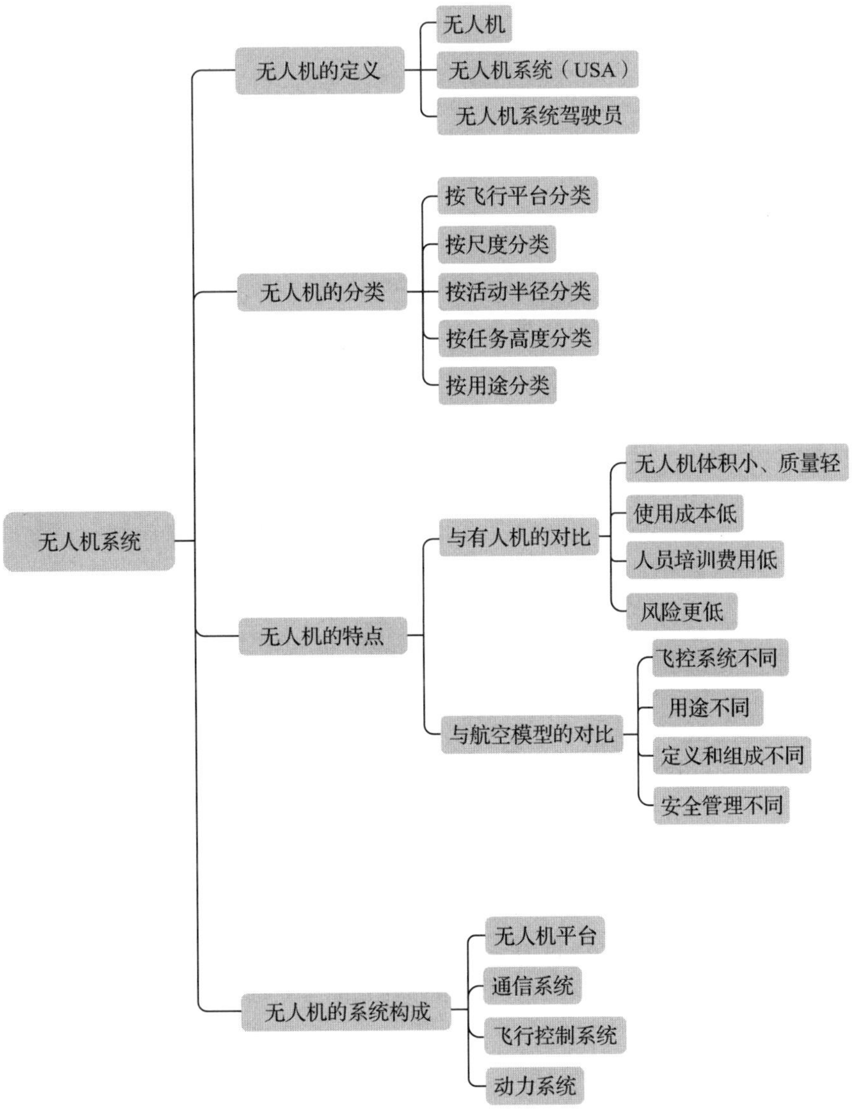

【项目导读】

无人机系统是一个复杂而先进的系统，它融合了无人机平台、通信、控制和动力等多个关键技术。本项目将介绍无人机的核心组成部分，包括其平台类型、通信方式、飞行控制原理以及动力来源。通过与有人机和航空模型的对比，会发现无人机独特的优势和应用潜力。通过实践操作和案例分析，可以更直观地理解无人机的实际应用，激发对无人机技术的兴趣和探索欲望。

【学习指南】

学习无人机系统，首先了解无人机的定义、分类和特点，明确其与有人机和航空模型的区别。然后重点掌握无人机平台的类型、通信系统的数据链路、飞行控制系统的组成和工作原理以及动力系统的选择。在学习过程中，关注无人机的最新发展动态，不断完善自己的知识体系。

2.1 无人机的定义

无人机，是无人驾驶航空器（unmanned aircraft，UA）的简称，是指一架由遥控站管理（包括远程操纵或自主飞行）的航空器，也称作遥控驾驶航空器。

无人机系统（unmanned aircraft system，UAS），也称作无人驾驶航空器系统，是指由一架无人机、相关的遥控站、所需的指令与控制数据链路以及批准的型号设计规定的任何其他部件组成的系统，如图 2-1 所示。

图 2-1 无人机系统

无人机系统驾驶员是指对无人机的运行负有必不可少的职责，并在飞行期间适时操纵无人机的人。无人机系统的机长是指由运营人指派在系统运行时间内负责整个无人机系统运行和安全的驾驶员。

2.2 无人机的分类

按飞行平台，无人机可以分为固定翼无人机、旋翼无人机、无人飞艇、伞翼无人机、扑翼无人机等。

近年来，国内外无人机相关技术飞速发展，无人机系统种类繁多、用途广泛、特点鲜明，在尺寸、质量、形成、航时、飞行高度、飞行速度性能以及任务等多方面都有较大差异。

根据无人机飞行平台的构型、尺度、活动半径、任务高度与用途等差异，可以将无人机划分为不同类别。

按质量（民航法规），无人机可分为微型无人机、轻型无人机、小型无人机、中型无人机以及大型无人机。微型无人机空机质量≤0.25 kg；轻型无人机是指空机质量＞0.25 kg，但≤7 kg的无人机，最大飞行速度为 100 km/h；小型无人机是指空机质量≤15 kg 的无人机，微型无人机和轻型无人机除外；中型无人机空机质量＞15 kg 但≤116 kg；大型无人机是指空机质量＞116 kg 的无人机。

民用无人机驾驶员管理规定中对无人机分类分级的要求如表 2-1 所示。

表 2-1 对无人机分类分级的要求 kg

分类分级	空机质量	起飞全重
Ⅰ	0＜W≤0.25	
Ⅱ	0.25＜W≤4	1.5＜W≤7
Ⅲ	4＜W≤15	7＜W≤25
Ⅳ	15＜W≤116	25＜W≤150
Ⅴ	植保类无人机	
Ⅵ	116＜W≤5 700	150＜W≤5 700
Ⅶ	W＞5 700	

按活动半径，无人机可分为超近程无人机、近程无人机、短程无人机、中程无人机和远程无人机。超近程无人机活动半径在 15 km 以内，近程无人机活动半径为 15～50 km，短程无人机活动半径为 50～200 km，中程无人机活动半径为 200～800 km，远程无人机的活动半径大于 800 km。

按任务高度，无人机可分为超低空无人机、低空无人机、中空无人机、高空无人机和超高空无人机。超低空无人机任务高度一般为 0～100 m，低空无人机任务高度一般为 100～1 000 m，中空无人机任务高度一般为 1 000～7 000 m，高空无人机任务高度一般为 7 000～18 000 m，超高空无人机任务高度一般大于 18 000 m。

按用途，无人机可分为军用无人机和民用无人机。军用无人机可分为侦察无人机、诱饵无人机、电子对抗无人机、通信中继无人机、无人战斗机以及靶机等；民用无人机可分为巡查/监视无人机、农用无人机、气象无人机、物探无人机以及测绘无人机等。

2.3 无人机的特点

1. 与有人机的对比

(1)无人机体积小、质量轻。由于省去了驾驶舱的空间,在同样任务条件下,无人机比有人机空间小、质量轻、油耗低,提高了经济效益。

(2)使用成本低。无人机的维修费、燃油费、存放保管费等都比有人机低,因此无人机整体使用费用比较低。

(3)人员培训费用低。通用有人机私用飞行员驾照(简称私照)的培训费用为二三十万元,商用飞行员驾照培训费高达七八十万元,这都远远高于无人机驾驶员的培训费用。

(4)风险更低。无人机能够在灾害天气或受污染的环境下执行高危险性任务,无须考虑驾驶员生理条件限制。

无人机的结构
(三维动画)

2. 与航空模型的对比

(1)飞控系统不同。无人机上面有导航飞控系统,驾驶员靠无线链路指挥无人机,这是与航空模型的本质区别。

(2)用途不同。无人机有任务设备,需要承担任务,如航拍要挂载摄像机等;航模类似于玩具,注重于各种飞行技术动作的展示。

(3)定义和组成不同。无人机与航模的学术定义不同,组成结构也不同。

(4)安全管理不同。民用无人机由中国民用航空局统一管理,军用无人机由军方管理,航空模型由国家体育运动委员会下属的航空运动管理中心管理。

2.4 无人机的系统构成

2.4.1 无人机平台

1. 固定翼无人机

固定翼无人机(图 2-2)是指由动力装置产生前进的推力或拉力,由机体上固定的机翼产生升力,在大气层内飞行的重于空气的航空器。大多数固定翼航空器平台具有相同的主要结构,包含机身、机翼、尾翼、起落架和发动机等。

2. 多旋翼无人机

多旋翼无人机(多旋翼飞行器)是一种由 3 个或 3 个以上旋翼轴共同构成的垂直起降型飞行器,也称为多轴飞行器。其机动性是通过改变不同旋翼的扭力和转速来实现的。相比传统的只有 1 个水平旋翼的直升机而言,多旋翼无人机具有构造简单、易于维护、操作简便、稳定性高且便携方便等特点,但是多旋翼无人机的续航性能相对比较弱。

目前常见的多旋翼无人机多采用四轴、六轴和八轴的结构。如图 2-3 所示,四旋翼无人机结构简单、飞行效率高,是小型无人机最常见的结构。但是四旋翼无人机没有动力冗余,任何一个电机出现问题停转，无人机都将无法控制。中大型多旋翼无人机普遍采用六轴、八轴设计，从而使飞行更加安全。

图 2-2 固定翼无人机

图 2-3 四旋翼无人机

3. 复合翼无人机

复合翼无人机(图 2-4)是一种新兴的无人机类型，它采用了固定翼和多旋翼的结合设计，具有灵活的飞行能力和高效的能源利用。这种无人机在设计和性能上与传统无人机有很大的不同，它结合了固定翼无人机和多旋翼无人机的优点，同时避免了它们的不足。

图 2-4 复合翼无人机

2.4.2 通信系统

1. 无人机的数据链路

无人机的数据链路是无人机系统的重要组成部分，是飞行器与地面系统联系的纽带。随着无线通信、卫星通信和无线网络技术的发展，无人机数据链路的性能也得到大幅提高。无人机数据链路是一个多模式的智能通信系统，能够感知其工作区域的电磁环境特征，并根据环境特征和通信要求，实时动态地调整通信系统工作参数(包括通信协议、工作频率、调制特性和网络结构等)，达到可靠通信或节省通信资源的目的。

无人机通信链路需要使用无线电资源，目前世界上无人机的频谱使用主要集中在 UHF、L 和 C 波段，其他频段也有零散分布。工业和信息化部于 2015 年发布了《关于无人驾驶航空器系统频率使用事宜的通知》，规划 840.5～845 MHz、1 430～1 444 MHz 和 2 408～2 440 MHz 频段用于无人驾驶航空器系统。其中规定如下。

(1)840.5～845 MHz 频段可用于无人机系统的上行遥控链路，其中 841～845 MHz 也可采取时分方式用于无人机系统的上行遥控链路和下行遥测信息传输链路。

(2)1 430～1 444 MHz 频段可用于无人机系统下行遥测信息传输链路，其中 1 430～1 438 MHz 频段用于警用无人驾驶航空器和直升机视频传输，其他无人驾驶航空器使用 1 438～1 444 MHz 频段。

(3)2 408～2 440 MHz 频段可用于无人机系统下行链路，该无线电台工作时不得对其他合法无线电业务造成影响，也不能寻求无线电干扰保护。

2. 机载链路设备

机载链路设备是指无人机上用于通信联络的电子设备。无人机系统通信链路在终端常被称为机载电台,集成于机载设备中。机载电台一般由发信机、收信机、天线、控制盒和电源等组成,发信机和收信机是电台的主体,一般安装在无人机电子仓或靠近天线处,通过电缆与控制盒连接。市区内通信的无人机多数安装全向天线,需要进行超视距通信的无人机一般采用自跟踪抛物面卫通天线。

3. 地面链路设备

民用通信链路的地面终端硬件一般会被集成到控制站系统中,被称作地面电台,部分地面终端会有独立的显示控制界面。视距内通信链路地面天线采用鞭状天线、八木天线和自动跟踪抛物面天线,需要进行超视距通信的控制站还会采用固定卫星通信天线,如图 2-5 所示。

图 2-5 通信天线

2.4.3 飞行控制系统

无人机飞行控制系统是指可以稳定无人机飞行姿态,且能控制无人机实现半自主或自主飞行的控制系统,既是无人机的大脑,也是无人机区别于航模的本质所在,简称飞控系统。根据功能区分,飞控系统硬件主要包括主控制模块、数据采集模块、信号调理及接口模块和舵机驱动模块等。主控制模块是飞控系统的核心,通过与其他系统的组合,在只改变外围电路和修改软件的基础上,便能实现一系列小型无人机的飞行控制和管理功能,从而实现一次开发,多个型号使用,降低系统的开发成本。

1. 飞控系统的工作过程

飞控系统通过数据采集模块,实时采集各传感器测量的飞行状态数据,接收由地面测控站上行链路传输的控制命令及数据,经计算处理,输出控制指令给舵机驱动模块,从而实现对无人机各种飞行状态的控制和任务设备的管理。同时,将无人机的状态数据及发动机、机载电源系统、任务设备的工作状态参数实时传送给机载无线电数据终端,经无线电下行链路发送回地面测控站。

2. 飞控系统的组成

飞控系统一般由主控模块、IMU(惯性测量单元)模块、GNSS 指南针模块、LED 指示灯模块和 PMU 电源管理模块等组成。

(1)主控模块。主控模块是飞行控制系统的核心,通过它将 IMU、GNSS 指南针、舵机和遥控接收机等设备接入飞行控制系统,从而实现飞行器自主飞行功能,如图 2-6 所示。除了辅助飞行控制之外,某些主控模块还具备记录飞行数据的黑匣子功能。主控模块还能通过 USB 接口,进行飞行参数调节和系统固件升级。

(2)IMU 惯性测量单元模块。IMU 惯性测量单元模块包括三轴加速度计、三轴陀螺仪、三轴磁力计，目的是得到飞行器在飞行过程中的姿态信息，如图 2-7 所示。IMU 惯性测量单元模块是高精度感应飞行器姿态、角度、速度和高度的元器件集合体，在飞行辅助功能中充当极其重要的角色。

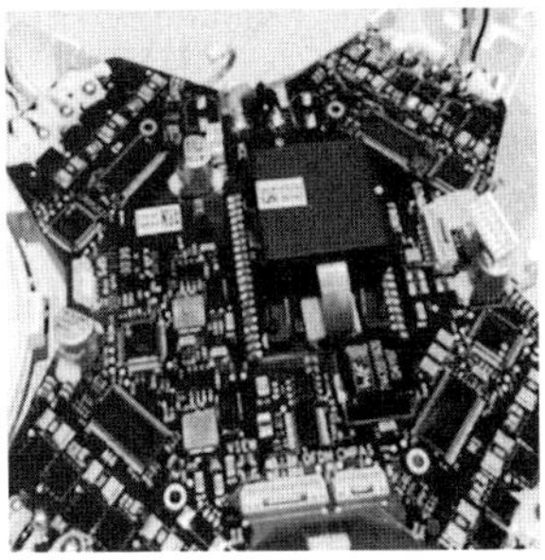

图 2-6　主控模块

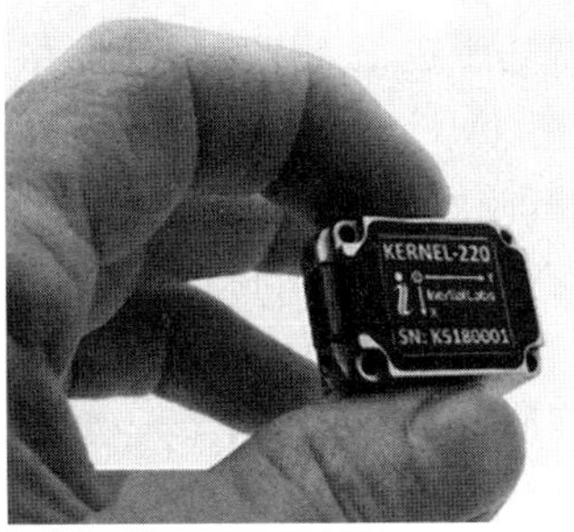

图 2-7　IMU 惯性测量单元模块

(3)GNSS 指南针模块。GNSS 指南针模块包括 GNSS 模块和指南针模块，用于精确飞行器的方向及经纬度，如图 2-8 所示。对失控保护、自动返航、精准定位和悬停等功能的实现至关重要。

(4)LED 指示灯模块。LED 指示灯模块用于实时显示飞行状态，是飞行过程中必不可少的，它能帮助操作员实时了解飞行状态，如图 2-9 所示。此外，通过该模块还可以进行参数调整。

图 2-8　GNSS 指南针模块

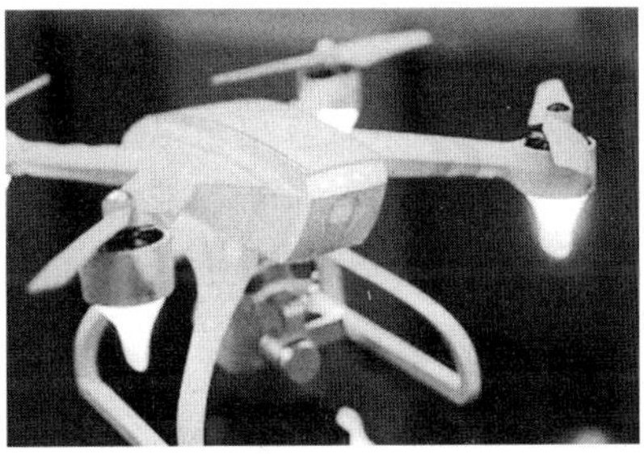

图 2-9　LED 指示灯模块

(5)PMU 电源管理模块。PMU 电源管理模块能给飞控主控器、ESC 电调单元等组件供电，以保证飞控单元正常、稳定地工作，如图 2-10 所示。

图 2-10　PMU 电源管理模块

3. 飞控系统的工作原理

现在的飞控所使用的 IMU 惯性测量单元模块都是由三轴陀螺仪、三轴加速度计、三轴地磁传感器和气压计组成的。其中，三轴就是无人机左右、前后、上下(垂直方向)这 3 个轴，一般用(x,y,z)来表示。左右方向在无人机中叫作横滚，前后方向在无人机中叫作俯仰，垂直方向为 z 轴。最早的陀螺仪是一个高速旋转的陀螺，通过这 3 个灵活的轴将陀螺固定在一个框架中，无论外部框架怎么转，中间高速旋转的陀螺始终保持一个姿态。通过 3 个轴上的传感器能够计算出外部框架的度数等数据。但因其成本高、机械结构复杂，现在都被电子陀螺仪代替，电子陀螺仪的优势是成本低、体积小、质量轻，只有几克重，而且它的稳定性和精度都比机械陀螺仪高。

陀螺仪在飞控中所起的作用就是测量 x、y、z 3 个轴的倾角。三轴加速度计用来测量无人机 x、y、z 3 个轴的加速度。地磁传感器用于感知地磁，就是一个电子指南针，它可以让无人机知道自己的飞行朝向、机头朝向，从而找到任务位置等。气压计用于测量当前位置的大气压。因为高度越高，气压越低，用气压计测量不同位置的气压，计算压差可获得当前的高度。以上描述的就是整个 IMU 模块，它在无人机中的作用就是感知无人机姿态的变化，如无人机当前是前倾还是左右倾斜，以及机头朝向、高度等最基本的姿态数据。

飞控系统最基本的功能是控制一架无人机在空中飞行时的平衡，主要是由 IMU 测量感知无人机当前的倾角数据，通过编译器编译成电子信号，再将这个信号实时传输给飞控系统内部的单片机，由单片机负责运算，根据无人机当前的数据，计算出一个补偿方向或补偿角。然后单片机将这个补偿数据编译成电子信号，传输给舵机或电机，舵机或电机再去执行命令，完成补偿动作。当传感器感知到无人机平稳了，将实时数据再次传给单片机，单片机就会停止补偿信号，这就形成了一个循环。这就是飞控系统最基本的功能，如果没有这个功能，一旦某一个角倾斜，那么无人机就会迅速失去平衡而导致坠机。或者说，若没有气压计，无人机测量不到自己的高度位置，就会一直加油门或者一直降油门。

有了最基本的平衡、定高和指南针等功能还不足以让无人机实现自主导航。飞控系统还需要知道自己所处的位置，即定位，也就是人们常说的 GNSS(全球导航卫星系统)。GNSS 利用三点定位原理，在地球上的任意一点，都能同时收到 3 颗以上的 GNSS 卫星信号。卫星在运动的过程中会一直不断地发射出电磁波信号，信号中包含数据包，其中就有时间信号。GNSS 接收机通过解算来自多颗卫星的数据包及时间信号，可以清楚地计算出自己与每一颗卫星的距离，使用三角向量关系计算出自己所在的位置。该信号也会通过一个编译器再一次编译成一个电子信号传给飞控系统，让飞控系统知道自己所在的位置、目标的位置和距离、返航点的位置和距离以及当前的速度和高度，然后再由飞控系统操纵无人机飞向目标位置或返航点。

2.4.4 动力系统

无人机的动力系统通常有电动机和内燃机两种，其中以电动机为主。电动机的动力系统主要包含电机、电子调速器(简称电调，控制电机转速)、螺旋桨以及电池。动力系统各个部分之间是否匹配，动力系统与整机是否匹配，将直接影响整机效率、稳定性，所以说动力系统是至关重要的。

无人机根据动力来源的不同可分为油动无人机、电动无人机、固态氧化物燃料无人机、太阳能无人机和混合动力无人机。

1. 油动无人机

根据燃料的不同，油动无人机又可分为甲醇、汽油、重油无人机 3 种类型。它具有抗风能力强、续航能力强、飞行速度快、效率高等特点。

2. 电动无人机

电动无人机的电动系统主要包含电机、电调、螺旋桨以及电池。它具有清洁能源、电机结构简单、造价低、事故率低等特点，但它的续航时间比较短。

3. 固态氧化物燃料无人机

固态氧化物燃料无人机使用固态氧化物燃料作为动力，比如氢燃料。

4. 太阳能无人机

太阳能无人机的关键技术有2种:一是有效地将太阳能收集起来,并高效地转换为电能;二是解决夜间和太阳光微弱时的能源供应,但在高空低温的条件下有时不能正常工作,还会遇到高空结冰等问题。

5. 混合动力无人机

这是一种新型双动力无人机,其动力系统由电驱动和常规发动机2种动力系统构成,由汽油发电机为电池充电,电池再发动电机引擎。混合动力无人机的动力可以是来自电池、汽油发电机,或者由两者同时提供,比单一的汽油引擎更小型、更高效。但它不像混合动力汽车一样,能从刹车中收集能量。混合动力无人机能够实现良好的起飞、爬升性能和静音、超长航时的结合。

思政小课堂

测绘模范——国测一大队

在我国辽阔的土地上,有这样一支队伍,他们默默无闻,但每一次的足迹都关乎国家的根基与未来。他们就是自然资源部第一大地测量队(国测一大队),这支被誉为"测绘尖兵"的队伍,用他们的精准测绘,为国家的建设与发展提供了强有力的数据支撑。

国测一大队成立于20世纪50年代,是我国最早的专业测绘队伍之一。经过几十年的发展,他们不仅积累了丰富的测绘经验,还形成了独特的"测绘精神"。这种精神体现在对测绘事业的无限热爱,对国家和人民的忠诚与奉献。

国测一大队是全国测绘战线上一支思想作风好、技术业务精、艰苦奋斗、敢打硬仗、不怕牺牲、功绩卓著、无私奉献的英雄测绘大队。

国测一大队自1954年建队以来,先后完成和参与完成了全国大地测量控制网布测,中蒙、中苏、中尼边境联测,京、津、唐、张地震水准会战,2000国家重力基本网的布测,全国天文主点联测,珠穆朗玛峰高程测量,南极中山站建站和第21次南极科考测量,国家GPS A、B级网,国家高程控制网,中国公路网GPS测绘工程,中华人民共和国大地原点的建设、施测和管理等国家重点测绘项目,为国家的经济建设提供了有力的测绘保障。

量天测地50余载,大队为祖国的测绘事业做出了贡献,争得了荣誉,1991年国务院通令嘉奖,授予大队"功绩卓著、无私奉献的英雄测绘大队"荣誉称号。大队先后26次受到国家、省、部级表彰,有25人获得国家、省和市级各种荣誉称号,2005珠峰复测有4人荣立一等功,12人荣立二等功,9人荣立三等功。

国测一大队的事迹不仅展现了他们在测绘领域的精湛技艺,还体现了他们坚定的理想信念和崇高的精神追求。这种精神包括爱国主义精神、科学精神、团队精神和吃苦耐劳精神等。

作业习题

一、选择题

1. 无人机的定义是什么？（　　）
   A. 一种能够自主飞行或远程操控的飞行器
   B. 一种无人驾驶的地面交通工具
   C. 一种用于娱乐的遥控飞行器
   D. 一种可以载人的无人驾驶飞行器
2. 无人机系统主要包括哪些部分？（　　）
   A. 无人机平台和通信系统
   B. 飞行控制系统和动力系统
   C. 仅无人机平台和飞行控制系统
   D. 所有以上部分
3. 无人机的分类主要依据是什么？（　　）
   A. 无人机的尺寸　　B. 无人机的使用目的
   C. 无人机的价格　　D. 无人机的品牌
4. 无人机的特点不包括以下哪项？（　　）
   A. 高度自主性　　B. 快速部署
   C. 高成本　　D. 多样化应用
5. 无人机平台指的是什么？（　　）
   A. 无人机的机体结构和搭载的设备　　B. 无人机的飞行控制系统
   C. 无人机的动力系统　　D. 无人机的通信系统
6. 通信系统在无人机中的作用是什么？（　　）
   A. 控制无人机的飞行方向
   B. 提供无人机的动力
   C. 实现无人机与地面站之间的信息传输
   D. 维护无人机的稳定飞行
7. 飞行控制系统主要负责什么功能？（　　）
   A. 控制无人机的飞行速度和高度　　B. 提供无人机的通信功能
   C. 驱动无人机的电机　　D. 搭载无人机的摄像头
8. 无人机的动力系统主要包括哪些部分？（　　）
   A. 电池和电机　　B. 螺旋桨和机身
   C. 通信设备和传感器　　D. 飞行控制系统和导航系统
9. 以下哪个系统不是无人机系统的组成部分？（　　）
   A. 导航系统　　B. 数据处理系统
   C. 冷却系统　　D. 娱乐系统

10. 无人机在飞行过程中，哪个系统负责保持其稳定性？（　　）

A. 通信系统　　B. 动力系统

C. 飞行控制系统　　D. 无人机平台

二、简答题

1. 按任务高度分类，无人机可分为哪几类？
2. 与有人机相比，无人机有哪些特点？
3. 飞控系统一般由哪些模块组成？

项目3 无人机地面站航线规划与设计

【思维导图】

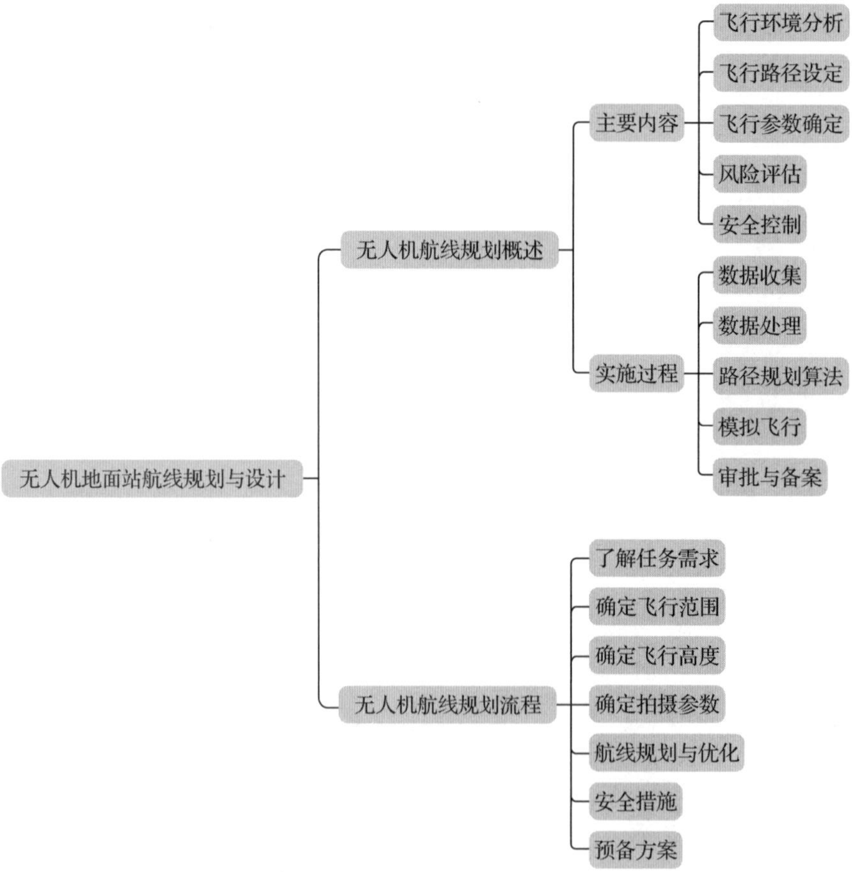

【项目导读】

无人机地面站航线规划与设计是无人机应用中的核心环节，它关乎飞行安全和任务执行效果。本项目介绍无人机航线规划的流程、实施步骤和关键技术。通过理论学习和实践操作，掌握从任务需求分析、飞行环境评估、路径设定到风险评估和安全控制等各个环节的具体操作。结合实际案例，进一步了解不同应用场景下的航线规划技巧和方法。通过这个项目建立起无人机航线规划与设计的知识体系，为未来的学习和应用打下坚实的基础。

【学习指南】

在学习过程中，首先要了解任务需求和飞行环境，明确航线规划的目标和要求。其次，掌握路径设定、飞行参数确定和风险评估的方法。最后，通过模拟飞行和实际操作，不断调整和改进航线规划方案。通过实践操作和案例分析，不断提升航线规划与设计的能力。

3.1　无人机航线规划概述

无人机地面站航线规划与设计（二维动画）

无人机地面站航线规划与设计是无人机航空摄影测量过程中的重要环节，其目的是根据任务需求，在满足飞行安全和摄影质量的前提下，合理规划无人机的飞行轨迹和拍摄参数，以提高航拍影像的质量和效率。

无人机航线规划是指在一定区域内，根据任务需求和飞行条件，确定无人机的起点、终点和飞行路径。合理的航线规划能够确保无人机的安全飞行，提高任务执行效率，降低能源消耗。图3-1为无人机飞行航线及参数设置。

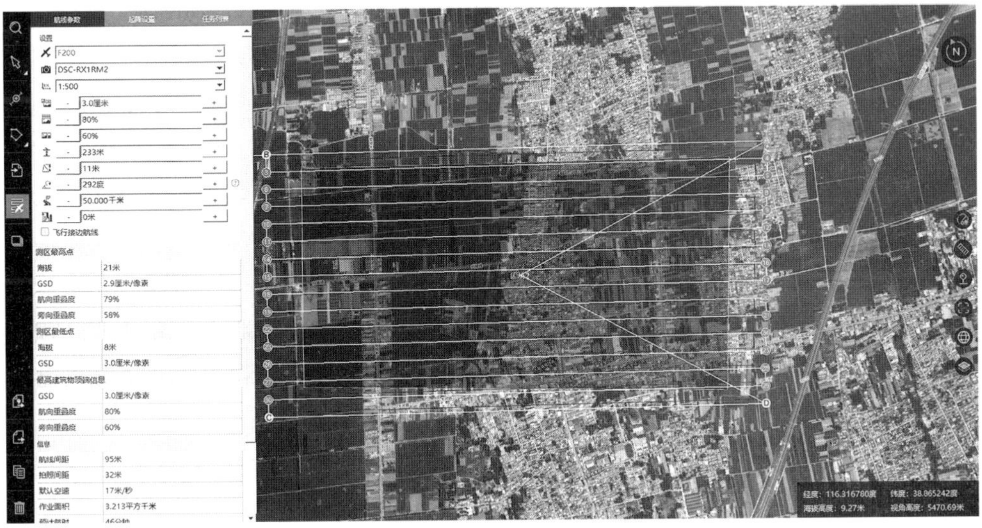

图3-1　无人机飞行航线及参数设置

1. 主要内容

(1)飞行环境分析。这是航线规划的基础。需要收集关于飞行区域的地形、障碍物(如山、建筑物等)、气象条件(如风速、温度、湿度)等数据。此外,空中交通管制的要求和限制也需要考虑。

(2)飞行路径设定。基于上述环境数据,无人机应选择一个安全且高效的飞行路径。这可能涉及多个航点,每个航点有其经纬度、高度等信息。

(3)飞行参数确定。这包括但不限于飞行速度、飞行高度、飞行方向、加速度等。这些参数需要根据无人机的性能、任务需求和飞行环境来设定。

(4)风险评估。在设定路径和参数后,需要进行风险评估,以确定潜在的安全隐患。这包括与障碍物的碰撞风险、超出无人机性能的风险等。

(5)安全控制。基于风险评估,无人机可能需要采取一些安全措施,如自动避障、返回基地、紧急降落等。

2. 实施过程

(1)数据收集。使用各种传感器和设备收集飞行区域的环境数据。

(2)数据处理。对收集到的数据进行处理和分析,提取关键信息,如障碍物的位置和大小、风的方向和速度等。

(3)路径规划算法。使用各种算法和软件工具来规划最佳的飞行路径,同时考虑所有飞行参数和安全要求。

(4)模拟飞行。在真实飞行之前,进行模拟飞行以验证航线规划的可行性和安全性。

(5)审批与备案。将最终的航线规划提交给相关部门进行审批,并做好备案工作。

3.2 无人机航线规划流程

1. 了解任务需求

在进行航线规划与设计之前,需要了解任务需求,包括航拍区域的大小、地形地貌、拍摄精度、拍摄时间等。这些信息可以帮助地面站人员确定合适的飞行高度、飞行速度、拍摄角度等技术参数。

2. 确定飞行范围

根据任务需求,使用 Google Earth、LSV 等地图软件,确定航拍区域的边界和飞行范围。同时,应考虑飞行高度、拍摄角度、镜头焦距等因素,确保无人机能够获取符合要求的航拍影像。

3. 确定飞行高度

在航线规划与设计中,飞行高度是一个重要的技术参数。需要根据任务需求、地形地貌、安全飞行等因素,选择合适的飞行高度。在保证安全的前提下,适当降低飞行高度可以提高航拍影像的分辨率。

4. 确定拍摄参数

根据任务需求,需要确定合适的拍摄参数,包括曝光时间、ISO 值、光圈大小等。这些参数会影响航拍影像的质量和分辨率,需要根据实际情况进行调整。

5. 航线规划与优化

根据任务需求和确定的飞行范围、飞行高度、拍摄参数等信息，进行航线规划和优化。可以使用无人机仿真软件进行模拟飞行，以评估航线的合理性和有效性。同时，应考虑不同环境下的气流、光照等因素，以及无人机自身的性能限制，对航线进行优化调整。

6. 安全措施

在进行航线规划与设计时，需要考虑无人机的安全飞行。应遵循无人机安全飞行规范，避免在复杂环境（如高海拔、复杂地形等）中飞行，确保无人机的安全。此外，在规划航线时，应预留一定的安全距离和高度差，以避免与其他障碍物的碰撞。

7. 预备方案

在规划航线时，还需要考虑一些特殊情况，如天气突变、无人机故障等，制定相应的预备方案，以应对突发情况，保障航拍任务的顺利进行。

无人机地面站航线规划与设计需要充分考虑任务需求、地形地貌、安全飞行等多种因素。合理规划和优化航线可以提高航拍影像的质量和效率，满足不同领域的需求。

航线规划与模拟飞行（三维动画）

【项目案例1：基于无距无人机管家的航线规划与设计】

无距地面站是沈阳无距科技有限公司研发的一款无人机飞行控制系统，涵盖THEONE-A农业多旋翼无人机飞行控制系统、THEONE-AH农业无人直升机飞行控制系统、THEONE-F固定翼无人机飞行控制系统。这些产品使得无距科技成为国内屈指可数的具备多旋翼无人机、无人直升机及固定翼无人机全品类飞控产品综合研发、生产能力的无人机企业。其面向农业植保领域的THEONE-A和THEONE-AH农用无人机飞行控制系统，以其优异的飞行安全稳定性和强大的智能植保作业能力，受到广大农林无人机企业的青睐。本任务主要介绍通过航迹点方式规划无人机飞行航线。

【任务描述】

通过航迹点任务方式规划航线：

(1)如图3-2所示，等边三角形，各边长均为200 m，闭合航线。

(2)①号点起飞及降落，飞行方向为①→②→③，起飞点在①号点南侧。

(3)①→②号航向角30°。

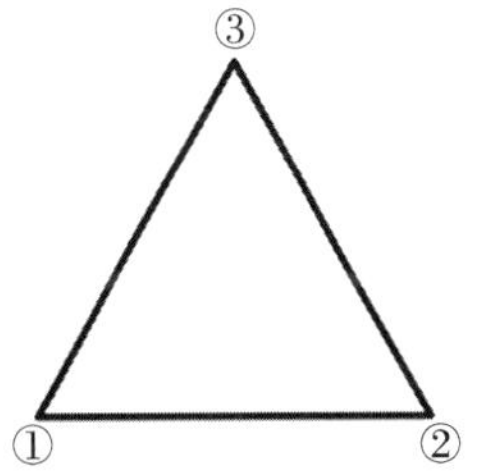

图3-2　航线规划示意图

航点方式规划航线——等边三角形

航点方式规划航线——交叉航线

航点方式规划航线——五边形

(4)航线高度 100 m。

(5)②号点飞行速度 2 m/s,转弯半径 20 m。

【任务解析】

因为航线图形为等边三角形,则各内角均为 60°;①→②边航向角为 30°,则②→③边航向角为 270°,③→①边航向角为 150°。

【任务实施】

(1)打开无距地面站软件(图 3-3),进入飞行任务操作界面(图 3-4)。在“飞行任务”模式下单击菜单栏【新建任务】→【航迹点任务】,完成任务新建,如图 3-5 所示。

图 3-3　无距地面站软件

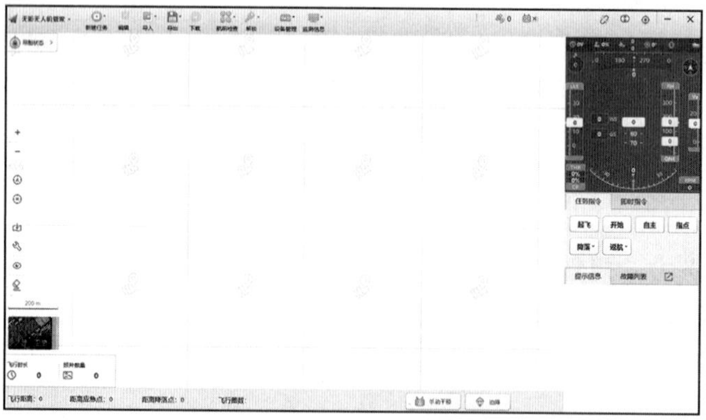

图 3-4　飞行任务操作界面

(2)双击空白区确定好起飞点(L 点),在起飞点北侧任一点双击设置①航迹点位置,如图 3-6 所示。

(3)在①号点右侧双击设置②号航迹点位置,在航迹点任务属性栏设置②号航迹点属性:航向角 30°,距上一点距离 200 m,飞行速度设置为 2 m/s,转弯半径设置为 20 m/s,如图 3-7 所示。

(4)在②号点左侧位置双击确定③号航迹点位置,设置③号航迹点属性,航向角为 270°,距上一点距离为 200m,如图 3-8 所示。

(5)打开【闭合航线】开关,航线闭合,如图 3-9 所示。

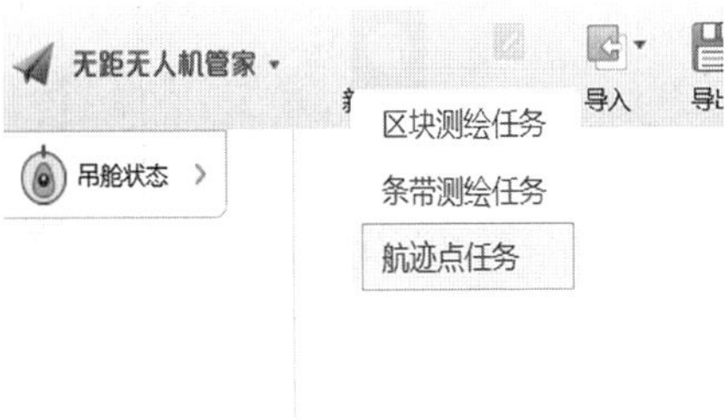

图 3-5　航迹点任务

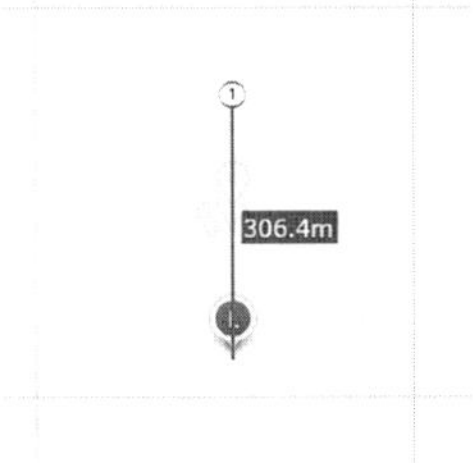

图 3-6　设置起降点

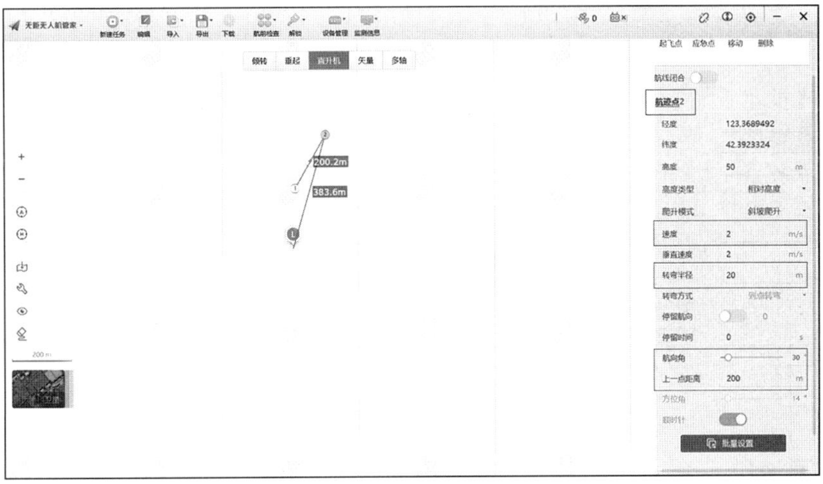

图 3-7　②号航迹点属性设置

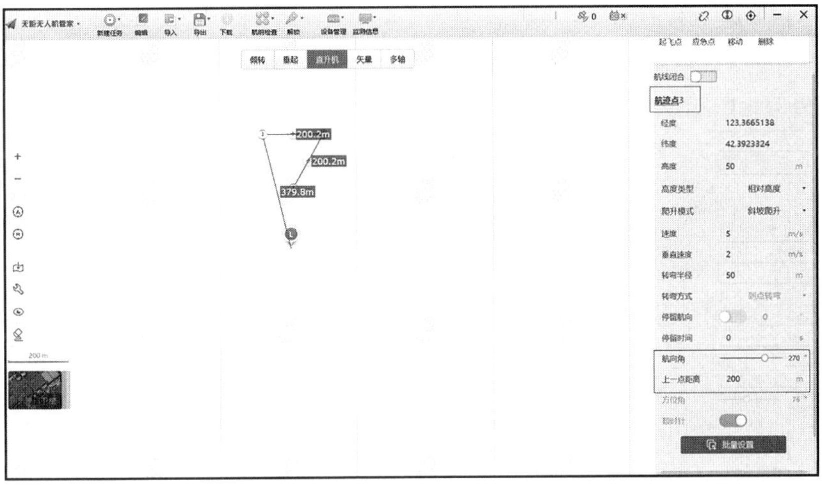

图 3-8　③号航迹点属性设置

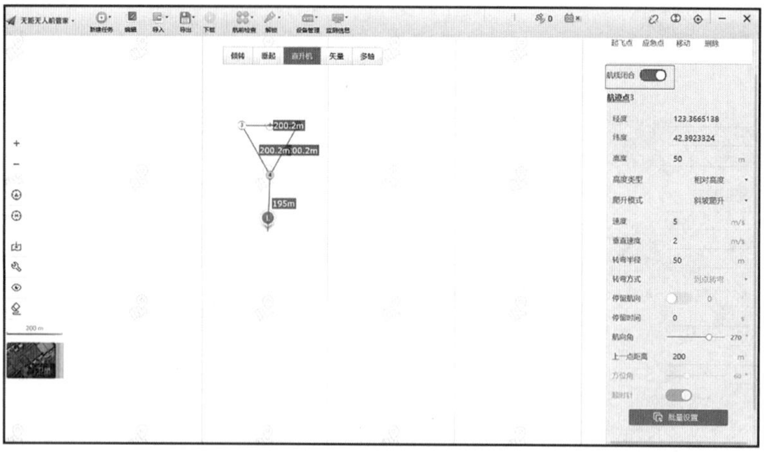

图 3-9　打开闭合航线开关

(6)单击【批量设置】,航线高度 100m,点击【确定】完成航线规划,如图 3-10 所示。图 3-11 为航线规划成果图。

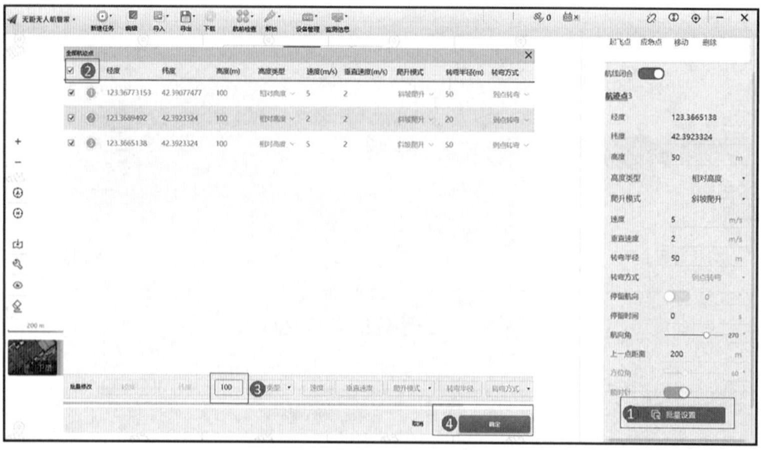

图 3-10　批量设置

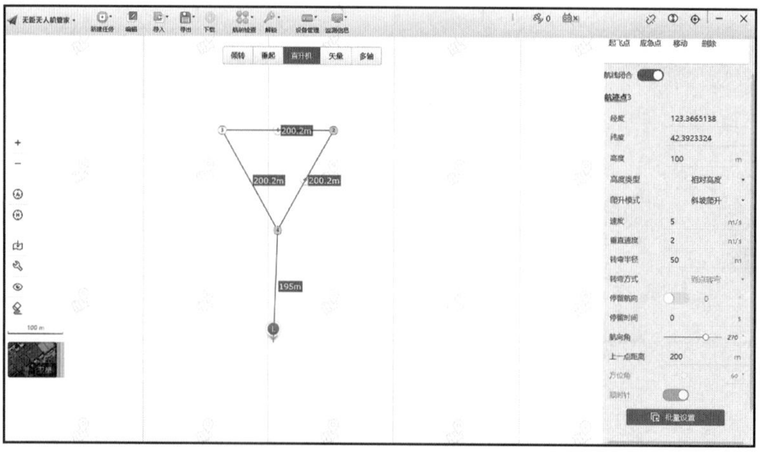

图 3-11　航线规划成果图

【项目案例2:基于飞马无人机管家的航线规划与设计】

飞马无人机管家航线规划与设计

飞马无人机管家是一款全方位的无人机管理软件,由飞马机器人股份有限公司开发。它能够实现对多种类型无人机的管理。该软件具有强大的智能飞行控制功能,可以自主飞行、巡航和避障,使无人机安全、快捷地完成各种任务。

此外,飞马无人机管家还支持多人协同操作和多屏显示实时画面,允许多个用户同时操作同一台无人机,并可将无人机的视野扩展到多个角度和方向。在任务规划方面,该软件提供了多种模式的飞行控制和任务规划功能,用户可以选择手动控制、半自主化和全自主化等飞行模式,也可以根据不同任务需求设置相应的任务规划模式,例如巡航、航拍、测绘和搜救等,为无人机在各种行业中的应用提供了便利。在数据分析方面,飞马无人机管家可以实时分析和记录无人机的数据,方便用户追踪无人机的飞行轨迹、状态和数据,为无人机的应用和发展提供了更加坚实的技术保障和基础支持。该软件的应用范围广泛,可用于无人机在能源、电力、农业、环保等领域的管理、运营和应用,为各行业的现代化管理提供了强有力的支持。总的来说,飞马无人机管家是一款功能全面、实用高效的无人机管理软件,能够为用户提供更加便捷、智能、安全的管理和支持。图3-12为飞马无人机管家地面站。

图3-12　飞马无人机管家地面站

【任务描述】

根据已提供的KML格式航飞边界线进行航线规划,该项目用于实景三维模型生产,后期用于立体测图软件1∶500比例尺DLG数字线划图。

【任务解析】

根据提供的航飞边界线查看航飞地形,确定是否需要变高飞行,进而选择合适的飞行平台。项目成果是实景三维模型及1∶500比例尺DLG图,因此应选择5镜头进行倾斜摄影,并且原始影像分辨率应优于1.5 cm,旁向重叠度≥60%,航向重叠度≥70%。由此设计航线。图3-13为航飞区。

图 3-13 航飞区

【任务实施】

(1)选择“智航线”模块,新建工程项目,如图 3-14 所示。

图 3-14 新建工程项目

(2)双击新建的【项目】,进入航线规划界面,通过导入“多边形”方式导入 KML 格式“航飞边界”,如图 3-15、图 3-16 所示。

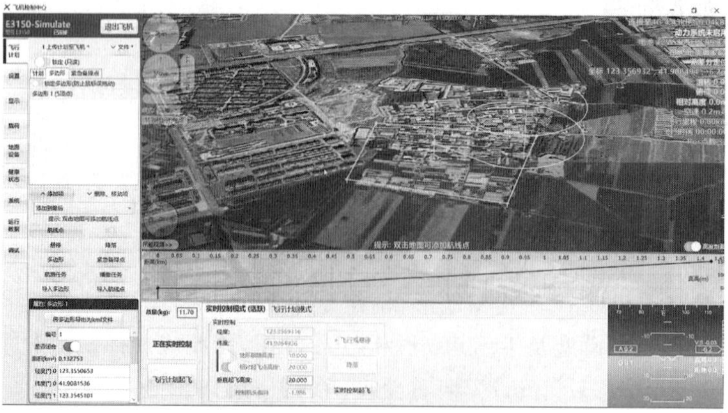

图 3-15 导入航飞边界

图 3-16　航飞边界

(3)选中航飞区块,单击左侧【生产航线】,如图 3-17 所示。

(4)根据之前的分析,该地区为山区,选择可变高飞行的 D2000 飞行平台。用于倾斜摄影,选择 5 镜头的 D-OP3000 传感器,如图 3-18 所示。完成航线初始设计,如图 3-19 所示。

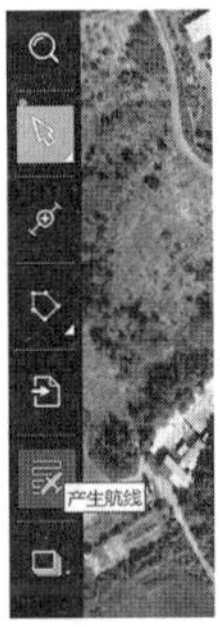

图 3-17　生产航线

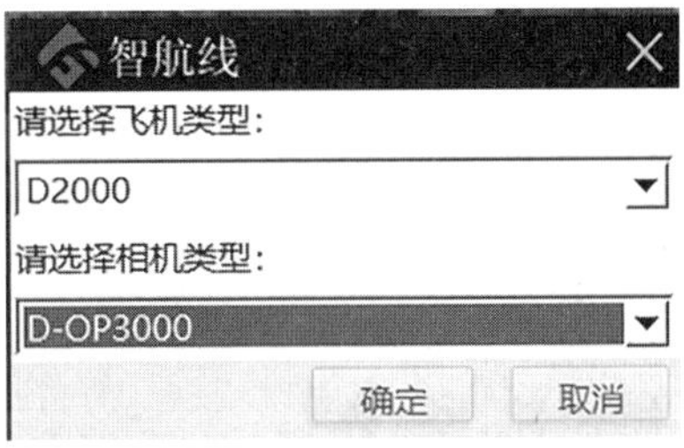

图 3-18　飞行平台及传感器

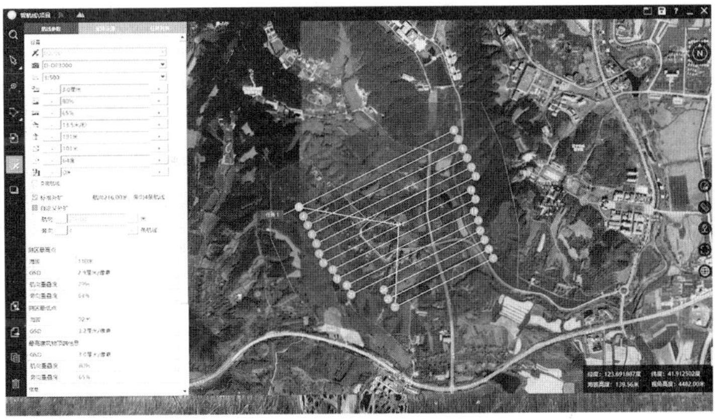

图 3-19　航线初始设计

(5)根据项目成果信息,设置航线参数:比例尺设置 1∶500,航向重叠度 70%,旁向重叠度 60%,变高飞行,标准外扩,如图 3-20 所示。

完成航线规划设计,根据设置好的航线参数设置,可读取其航飞基本信息:测区最高点海拔 110 m,GSD 1.5 cm/像素,航向重叠度 70%,旁向重叠度 60%;测区最低点海拔 92 m,GSD 1.5 cm/Px;航线间距 36 m,拍照间距 18 m,默认速度 12 m/s,作业面积 0.126 km²,预计航时 20 min,预计航程 12.996 km,预计曝光点数 569 个点,如图 3-21 所示。保存好工程后即可进行下一步的航飞工作。图 3-22 为规划好的航线。

图 3-20　航线参数设置

测区最高点	
海拔	110 m
GSD	1.5 cm/px
航向重叠度	70%
旁向重叠度	60%
测区最低点	
海拔	92 m
GSD	1.5 cm/px
最高建筑物顶端信息	
GSD	1.5 cm/px
航向重叠度	70%
旁向重叠度	60%
信息	
航线间距	36 m
拍照间距	18 m
默认速度	12 m/s
作业面积	0.126平方千米
预计航时	20 min
预计航程	12.996千米
预计曝光点数	569个点

图 3-21　航飞基本信息

图 3-22　规划好的航线

【项目案例 3:基于飞机控制中心的航线规划与设计】

飞机控制中心航线规划软件是一款专门用于无人机航线规划的软件工具。该软件基于计算机图形学和地理信息系统(GIS)技术,能够实现自动化、智能化的航线规划和管理。

该软件的功能包括地图操作、航线规划、飞行控制、数据分析和任务管理等。用户可以通过该软件进行地图操作，查看无人机的位置、航线和周围环境信息；根据任务需求和飞行条件，自动生成符合要求的航线；通过接口连接实现对无人机的实时控制；对无人机的飞行数据进行可视化处理和分析；同时支持多任务的管理和调度。

无人机控制中心航线规划与模拟飞行

此外，该软件还具备完善的安全性保障机制，能够根据空域限制、气象条件等因素进行安全评估，并采取相应的安全措施确保无人机的安全飞行。该软件还拥有友好的可视化界面，用户可以通过图形化界面直观地查看无人机的航线和飞行状态，并进行相应的操作和控制。图 3-23 为飞机控制中心。

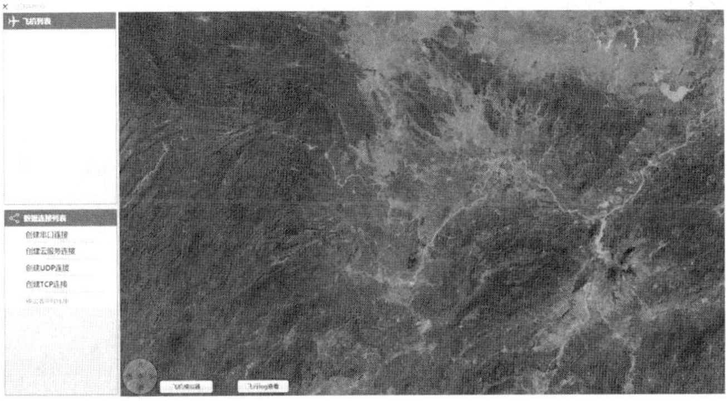

图 3-23　飞机控制中心

【任务描述】

(1)飞行模拟器选择 E3150。

(2)在模拟器下，设置初始位置坐标为 121.864 18,42.011 5,0。

(3)导入无人机地面站软件中。

(4)航测任务相关参数要求设置如下。

①相机参数。相机型号选择索尼 A7RII；

②航测设置。成图比例尺选择 1∶2 000，地面分辨率为 0.18 m，航向重叠率为 75%，旁向重叠率为 60%；

③航线参数。旁向前扩展 2，旁向后扩展 2，航向前扩展 500 m，航向后扩展 500 m，其他各项数值默认；

④航线生成参数。航线类型选择“几字形”，其他各项参数默认。

(5)添加降落点，位置与起飞点相同。

(6)保存飞行计划(*. flySched 格式)。

(7)下载 POS 数据并提交 POS 成果。

【任务实施】

(1)双击打开“飞机控制中心 . exe”。

(2)首先创建数据连接，点击【创建 TCP 连接】→【创建】，如图 3-24 所示。

(3)点击【飞行模拟器】，选择无人飞行器类型与型号，连接完成后单击【打开飞机】，如图 3-25 所示。

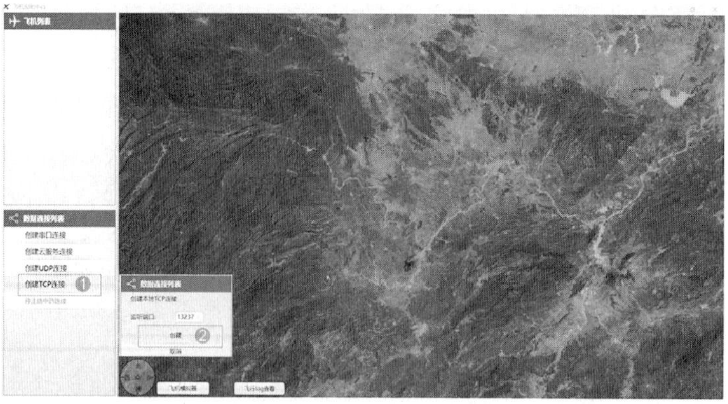

图 3-24　创建 TCP 连接

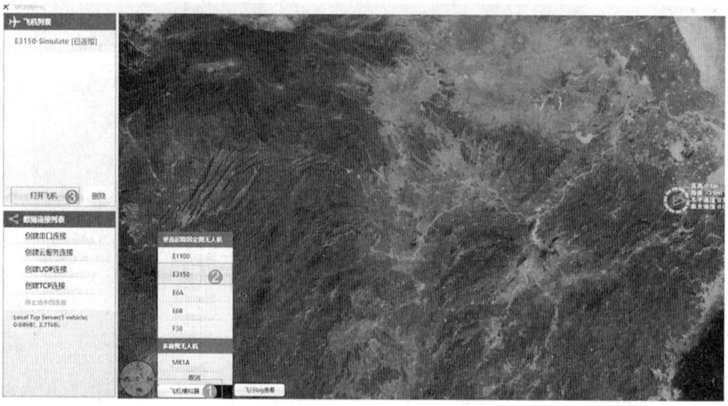

图 3-25　选择飞机模拟器

(4)设置无人机起飞点，复制任务要求中起降点坐标，粘贴到“飞机模拟器”界面初始位置，将原先坐标值替换，点击【打开飞机】，起飞点设置完成，如图 3-26 所示。

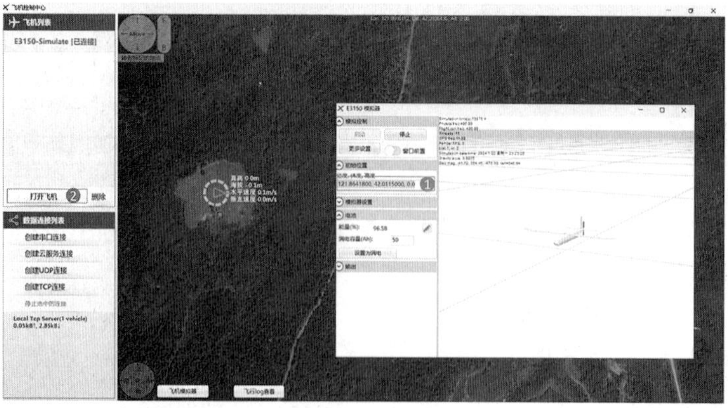

图 3-26　选择起降点位置

(5)在飞行控制中心界面“飞行计划”中点击【创建飞行计划】，如图 3-27 所示。

图 3-27　创建飞行计划

(6)点击【导入多边形】加载已有的 KML 格式航摄范围线，如果没有提供范围线，单击【添加项】→【多边形】，双击地图，在地图上添加飞行范围的多边形顶点，选择航摄范围，如图 3-28 所示。

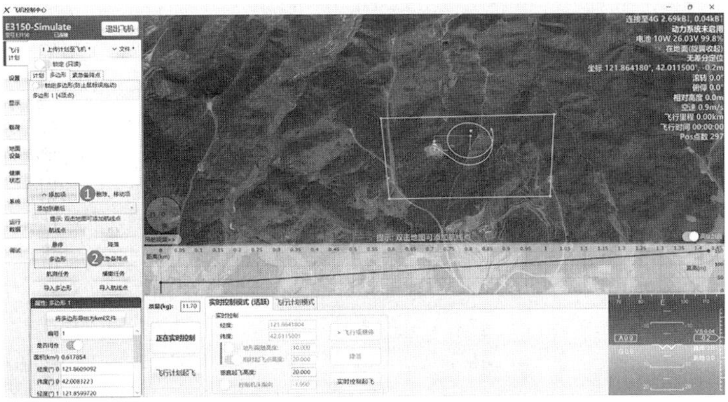

图 3-28　添加飞行范围

(7)航线参数设置，点击【添加项】添加“航测任务”，如图 3-29 所示。

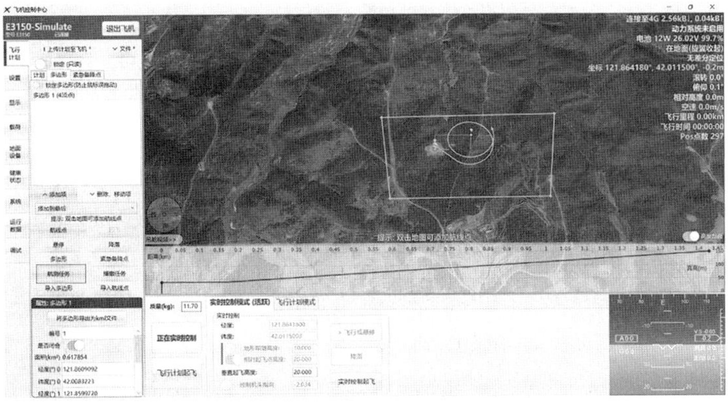

图 3-29　添加航测任务

（8）点击【航测设置】，设置相机参数，选择成图比例尺、航向及旁向重叠度，软件自动生成航线，点击【完成】即可生成航线任务，如图 3-30 所示。

图 3-30 设置航线参数

（9）点击【添加项】→【降落】→【在起飞点降落】，设置降落点，如图 3-31 所示；然后单击【上传计划至飞机】，如图 3-32 所示，等待飞行计划上传完成。

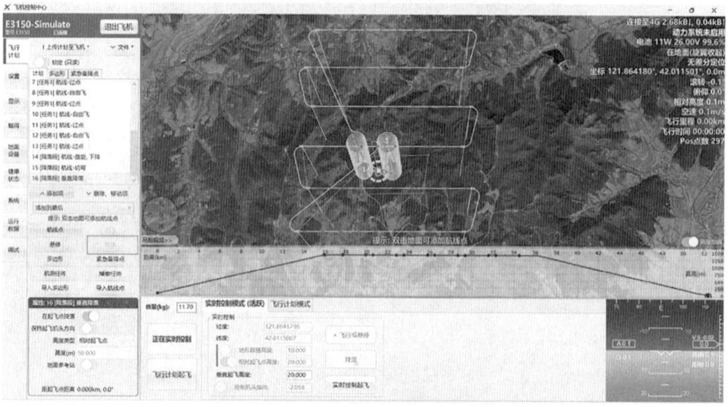

图 3-31 设置降落点

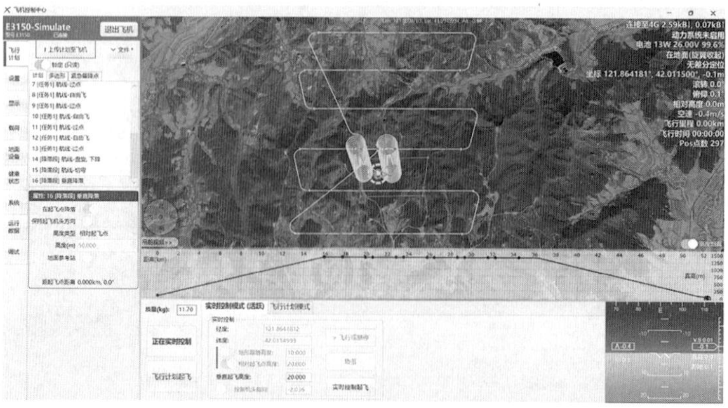

图 3-32 上传飞行计划

(10)点击【载荷】→【航测相机】,设置“启用飞控 POS 数据记录”,如图 3-33 所示。若已有未下载的 POS 数据,点击【丢弃 POS 数据】清除上次作业遗留的 POS 数据。

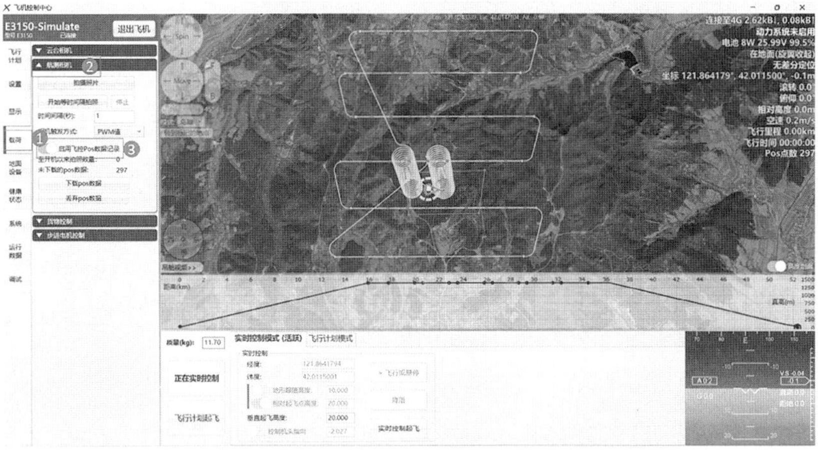

图 3-33 启用飞控 POS 数据记录

(11)点击【设置】→【启用】动力系统,并设置无人机飞行速度以及在数据链丢失和低电量情况下的自动返航,如图 3-34 所示。

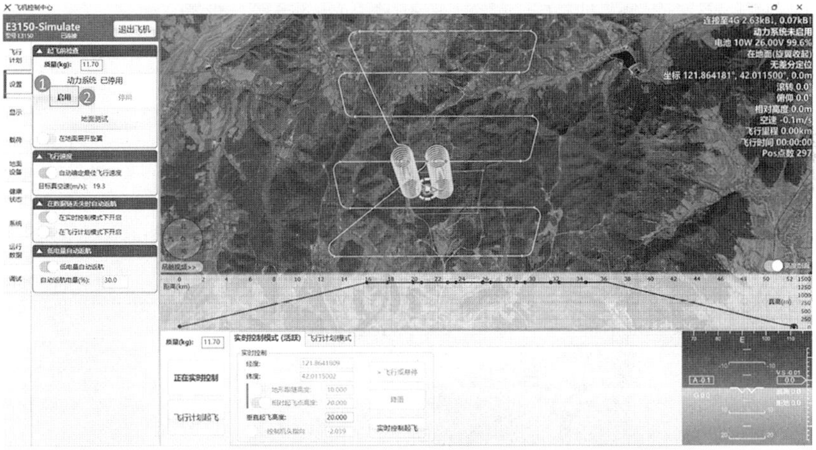

图 3-34 启用动力系统

(12)单击【飞行计划起飞】,如图 3-35 所示;在弹出的确认继续起飞对话框中单击【确定】,如图 3-36 所示。

(13)在飞机控制中心界面右方可以实时查看无人机状态,如图 3-37 所示;单击【显示】→【显示设置】,可以选择多种视野模式查看无人机飞行情况,如图 3-38 至图 3-40 所示。

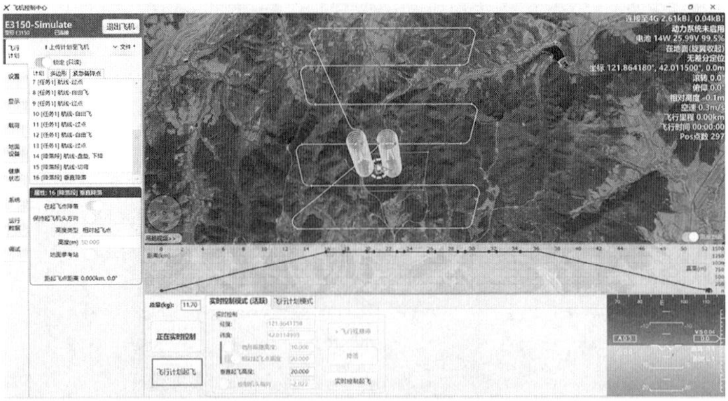

图 3-35　飞行计划起飞

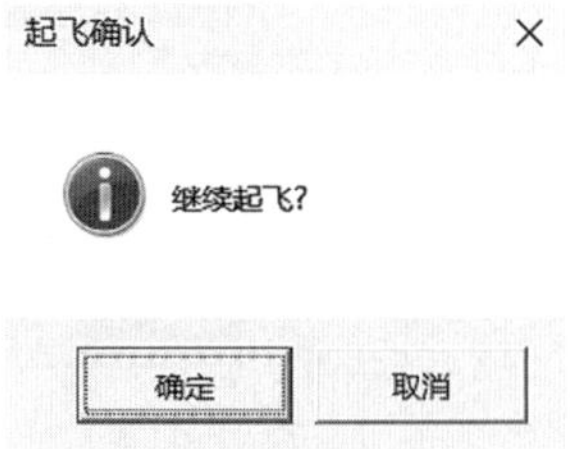

图 3-36　确定起飞

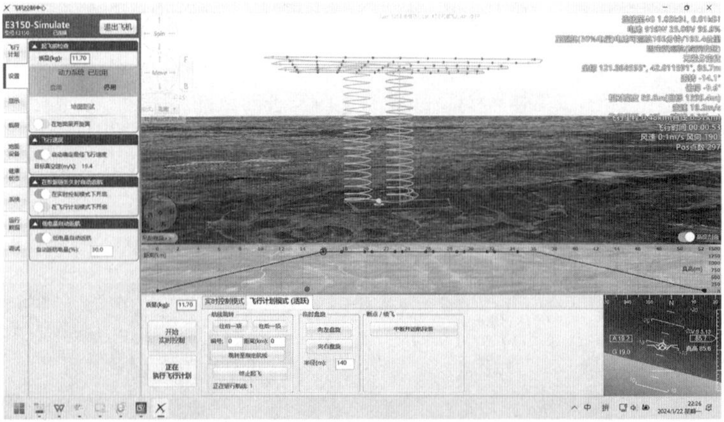

图 3-37　飞行状态

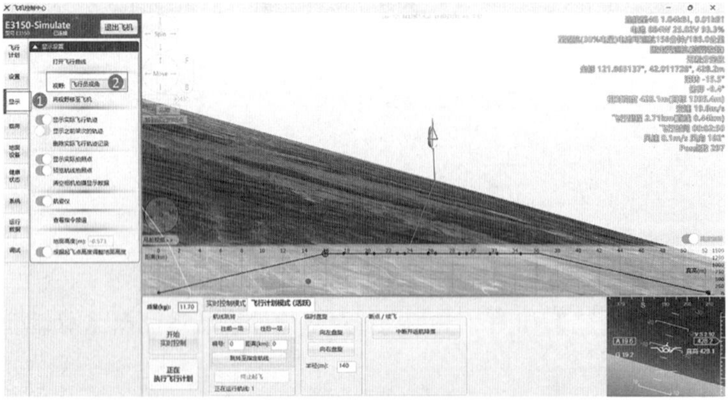

图 3-38　操作者视角

(14)无人机执行完任务降落后,点击【载荷】→【航测相机】,可查看拍照数量以及下载POS数据,如图3-41所示。

(15)最后在无人机模拟器界面点击【模拟控制】→【停止】,中断数据连接,如图3-42所示。

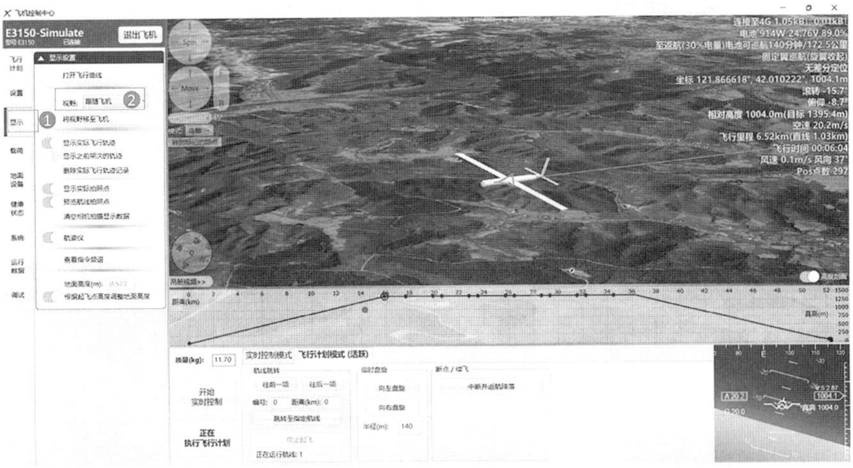

图 3-39　跟随无人机视角

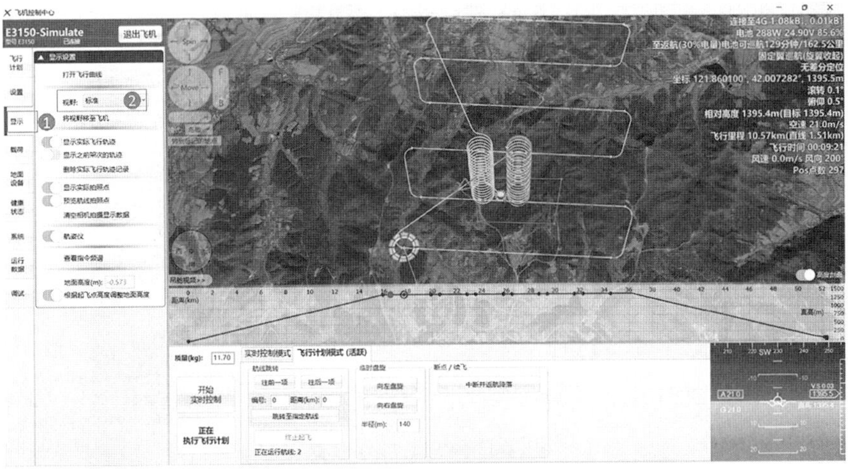

图 3-40　标准视角

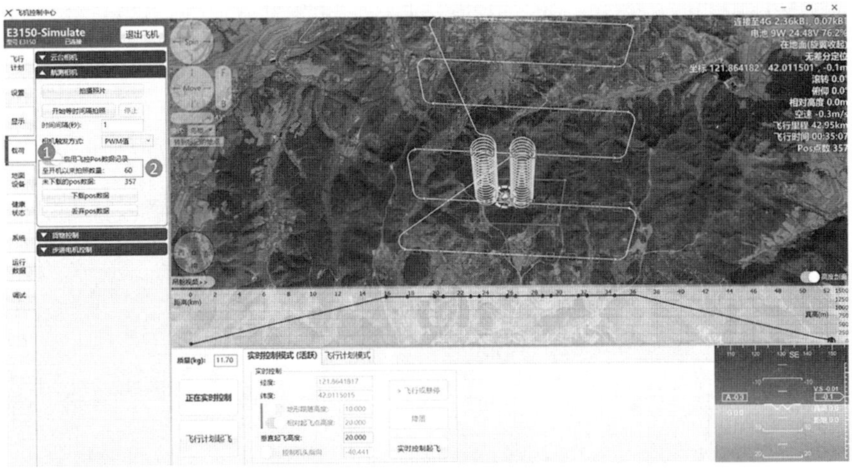

图 3-41　查看拍照数量

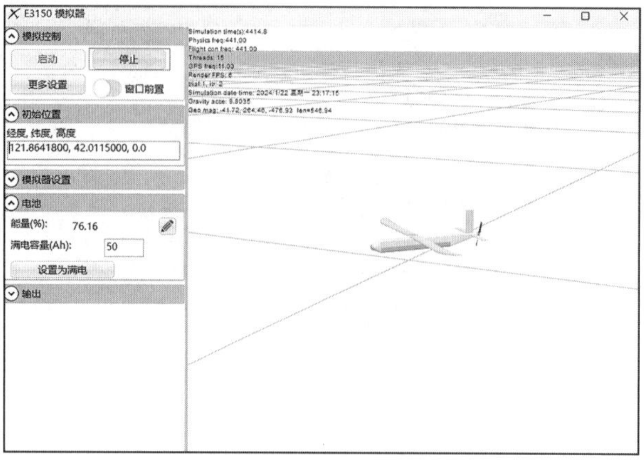

图 3-42　中断数据连接

(16)模拟飞行 POS 数据下载。点击【载荷】→【航测相机】→【下载 POS 数据】,下载模拟飞行 POS 数据,如图 3-43 所示。图 3-44 为航摄 POS 数据。

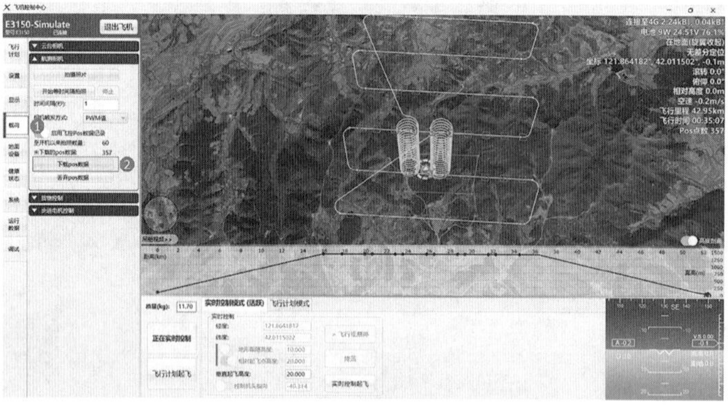

图 3-43　下载 POS 数据

编号	UTC时间	经度(°)	纬度(°)	高度(m)	俯仰角(°)	滚转角(°)	偏航角(°)
333	2024/1/22 14:56:27.269	121.865317954423	42.0160560905675	1395.46365615954	-0.375287307120672	-0.551154718572709	179.8627348851
334	2024/1/22 14:56:38.479	121.862472049571	42.0160543335523	1395.54010333142	-0.596640038910987	0.0334511957560977	179.9003360498
335	2024/1/22 14:56:49.679	121.859625801333	42.0160557436595	1395.54146215457	-0.323149657037621	-0.188819153949434	179.5897386091
336	2024/1/22 14:57:0.889	121.856780482191	42.0160545359017	1395.42734530956	-0.324209323974277	0.0827428841583494	179.7333433291
337	2024/1/22 14:57:12.099	121.853935177823	42.0160547651508	1395.48666564125	-0.339344048351159	-0.0488031522126276	179.7451930750
338	2024/1/22 14:57:49.889	121.853937225431	42.0212116720155	1395.53119726354	-0.758820053450022	0.479026018971545	0.613810152757
339	2024/1/22 14:58:1.104	121.856782659736	42.021208791431	1395.46102662551	-0.172630586762671	-0.30605439312644	0.116896574193
340	2024/1/22 14:58:12.309	121.859627869708	42.0212091717415	1395.52440146151	-0.57877871509463	-0.0316308692534449	0.125989048207
341	2024/1/22 14:58:23.529	121.862473432033	42.0212086248289	1395.56693514978	-0.43766094079331	-0.174063241937442	0.218392275798
342	2024/1/22 14:58:34.729	121.865318526889	42.0212082219824	1395.49380545323	-0.265259183128903	-0.27386505290119	-0.02976311255
343	2024/1/22 14:58:45.949	121.868165065967	42.0212062829911	1395.52331044801	-0.49448091426653	-0.636255868695584	0.096788403041
344	2024/1/22 14:58:57.144	121.871009634887	42.0212100241171	1395.53850352756	-0.438853662239295	0.413547175926579	0.401867854765
345	2024/1/22 14:59:8.359	121.873854986948	42.0212093662965	1395.41236994495	-0.286369952098237	-0.000789898586330183	0.313800392709
346	2024/1/22 14:59:19.579	121.876701264123	42.0212097017296	1395.49285980044	-0.317457715060585	-0.0834487946236999	0.085163630636
347	2024/1/22 14:59:30.794	121.879546884437	42.0212099572555	1395.53027549322	-0.316237387906513	0.336366306423311	0.069799786026
348	2024/1/22 15:0:8.579	121.879544785044	42.0263632671299	1395.52019555762	-0.597049764965595	0.0106012339106892	179.2293316843
349	2024/1/22 15:0:19.779	121.876699313246	42.0263629156235	1395.53412201995	-0.528003402454621	0.137376957949294	179.7427215871
350	2024/1/22 15:0:30.984	121.873853749624	42.0263637833287	1395.47392368159	-0.462048613438388	0.0605690547758426	179.8523414278
351	2024/1/22 15:0:42.184	121.871008883626	42.0263627670844	1395.37772339204	-0.336520698113404	0.137985784873819	179.6697996430
352	2024/1/22 15:0:53.404	121.868162501725	42.0263639684267	1395.58323312701	-0.389110652813651	0.0771720058581105	179.6190022247
353	2024/1/22 15:1:4.604	121.865317442474	42.0263636652545	1395.48058487377	-0.490824639501187	0.160882497186983	179.5305480728
354	2024/1/22 15:1:15.814	121.862472460873	42.0263630617629	1395.61959474899	-0.536683575465385	-0.104930318969674	179.6289902082
355	2024/1/22 15:1:27.014	121.859626615874	42.026364051681	1395.39625514604	-0.380172970607473	0.137279645076662	179.6575466249
356	2024/1/22 15:1:38.224	121.856780449008	42.0263633911011	1395.4469862338	-0.314101158756984	0.0591474721841106	179.8388812998
357	2024/1/22 15:1:49.424	121.853935703397	42.0263638681701	1395.46256936983	-0.414043538757389	-0.0972411046337442	179.4337789336

图 3-44　航摄 POS 数据

思政小课堂

爱国敬业——张祖勋

爱国敬业是一种重要的精神品质，它代表着对国家和职业的热爱与忠诚。这种精神品质在张祖勋院士的事迹中得到了完美的体现。张祖勋，作为我国著名的遥感测绘专家，他的一生都奉献给了祖国的科研事业，用自己的智慧和汗水为国家的进步和发展做出了巨大贡献。

张祖勋，1937 年出生于江苏无锡，摄影测量与遥感专家，国际欧亚科学院院士，中国工程院院士，武汉大学遥感信息工程学院教授、博士生导师 。

张祖勋于 1960 年从武汉测绘学院毕业后留校任教，同年成为中国共产党党员；1968 年从武汉测绘学院研究生毕业；1970—1975 年调入解放军测绘学院任教；1981—1987 年担任武汉测绘学院航测系研究室主任；1988—1997 年担任武汉测绘科技大学副校长；1989 年主持筹建测绘遥感信息工程国家重点实验室；1990—1997 年担任测绘遥感信息工程国家重点实验室主任；1995 年当选为国际欧亚科学院院士；2003 年当选为中国工程院院士 。

张祖勋在理论研究、开发中取得了具有国际前沿水平的研究成果，并实现了从研究成果向生产力转化，推出了“数字摄影测量工作站 VirtuoZo”，使中国摄影测量生产实现了跨越式发展。他提出了数字摄影测量的两个基本关系，即解析关系与对应关系；多基线影像测绘、广义点摄影测量等理论；新影像匹配算法。这些理论与算法解决了一些传统摄影测量方法难以解决的问题，它们必将推动数字摄影测量发展到一个更高的平台。

张祖勋院士的事迹是一部感人至深的爱国敬业传奇。他用自己的实际行动诠释了什么是爱国、什么是敬业、什么是奉献。

作业习题

一、选择题

1. 无人机地面站主要作用是什么？(　　)

   A. 存储无人机数据　　B. 远程操控无人机

   C. 规划无人机航线　　D. 充电和维护无人机

2. 在无人机航线规划中，哪个步骤不是必需的？(　　)

   A. 设定飞行起点和终点　　B. 选择飞行高度和速度

   C. 确定无人机型号和颜色　　D. 考虑飞行区域的安全因素

3. 无距无人机管家的主要功能是什么？(　　)

   A. 无人机航线规划与设计　　B. 无人机飞行控制

C. 无人机数据处理　　　　D. 无人机通信中继

4. 飞马无人机管家在航线规划与设计方面的特点是什么？（　　）

A. 高度自动化　　　　B. 手动操作为主

C. 仅适用于特定型号的无人机　　　　D. 无法与其他地面站软件兼容

5. 无人机控制中心通常用于哪些任务？（　　）

A. 航线规划与设计　　　　B. 无人机实时监控

C. 无人机维护与保养　　　　D. 无人机飞行模拟训练

6. 在无人机航线规划流程中，哪个步骤涉及对飞行区域的评估？（　　）

A. 航线设计　　　　B. 飞行模拟

C. 安全评估　　　　D. 任务分配

7. 基于无人机控制中心的航线规划与设计主要侧重于哪个方面？（　　）

A. 飞行效率和安全性　　　　B. 无人机外观和性能

C. 飞行娱乐体验　　　　D. 无人机通信协议

8. 无人机地面站在航线规划时需要考虑哪些外部因素？（　　）

A. 天气条件　　　　B. 地形起伏

C. 空中交通情况　　　　D. 以上都是

9. 以下哪个软件不是用于无人机航线规划与设计的？（　　）

A. 无距无人机管家　　　　B. 飞马无人机管家

C. 无人机控制中心　　　　D. AutoCAD

10. 在无人机航线规划中，为何需要设定飞行高度？（　　）

A. 为了节省电池电量　　　　B. 为了避免障碍物和空中交通

C. 为了提高飞行速度　　　　D. 为了增加无人机的稳定性

二、简答题

1. 无人机航线规划的基本流程是什么？

2. 设置影像分辨率时，应参照无人机到最高建筑物距离，还是无人机到最低建筑物距离？为什么？

3. 规划航线时，为什么要外扩项目区边界一段距离？

项目4 像片控制点采集与编辑

【思维导图】

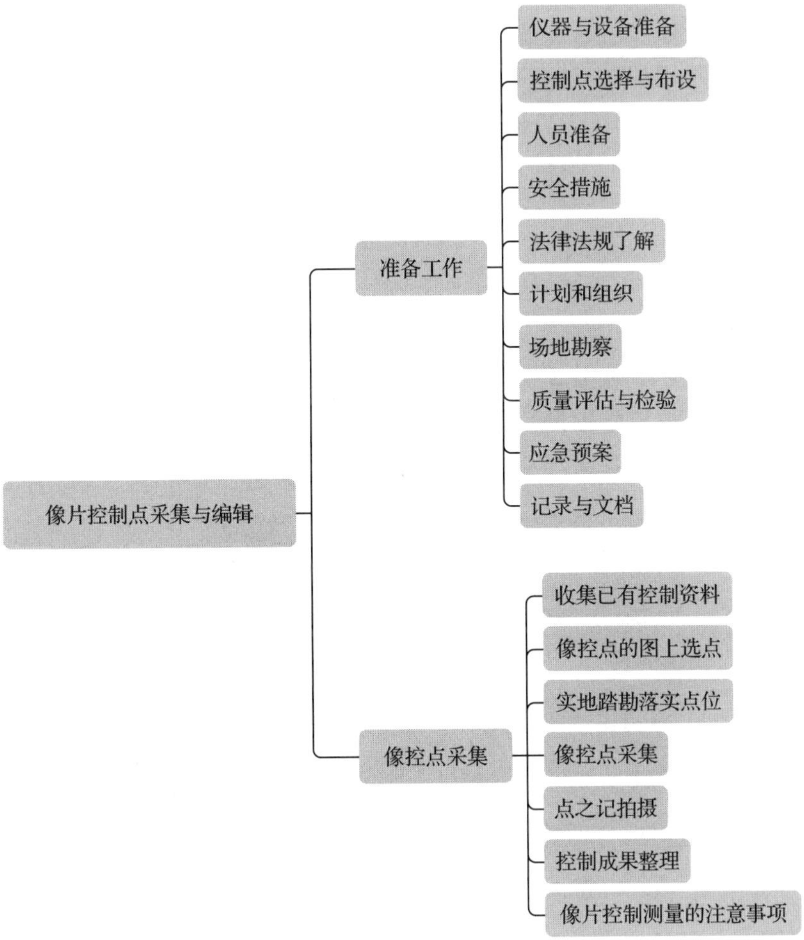

【项目导读】

在无人机摄影测量中，像片控制点（简称像控点）采集与编辑是关乎成果精度和质量的关键环节。本项目将系统介绍这一流程，从准备工作到实际采集，涉及多个方面。首先，要确保所需的仪器与设备齐全，选择合适的控制点并合理布设，同时考虑法律法规的遵循和安全措施。其次，详细了解像控点采集的步骤，包括收集已有资料、图上选点、实地踏勘、点位确定、采集实施、拍摄点之记以及成果整理。此外，民族品牌如大疆无人机的创新与发展也值得关注。通过实践操作和案例分析，深入理解像片控制点采集与编辑的技巧和方法，为未来的学习和工作做好准备。

【学习指南】

在学习过程中，要掌握从准备工作到实际采集的全流程，包括仪器与设备准备、控制点选择与布设、人员安全措施等。了解像控点采集的具体步骤，通过实践操作和案例分析，提升像控点采集与编辑的能力。

4.1 准备工作

1. 仪器与设备准备

像片控制点采集与编辑需要准备的仪器和设备包括无人机摄影测量系统（图 4-1）、三脚架、全站仪（图 4-2）或 RTK 流动站及基站（图 4-3），以及标定板（图 4-4）、调整板等辅助工具。其中，相机用于获取清晰的照片，三脚架用于固定相机的位置，全站仪或 GNSS 测量仪用于测量控制点的坐标，标定板和调整板等辅助工具用于调整相机的内外参数。

像控点喷绘与采集

图 4-1 无人机摄影测量系统

图 4-2 全站仪

2. 控制点选择与布设

在进行像片控制点采集与编辑前，需要选择合适的控制点并进行布设。如图 4-5 所示，控制点应该分布在待测区域的不同位置，以覆盖整个区域。如图 4-6 所示，通常选择地面上的明显特征物体作为控制点，例如斑马线的角点、路口的中心点等。控制点的数量应该足够多，并保证其分布均匀。在布设控制点的过程中,需要注意避免阻挡物体(如建筑物、树木等)对控制点的遮挡,以确保相机能够正常对准控制点进行拍摄。

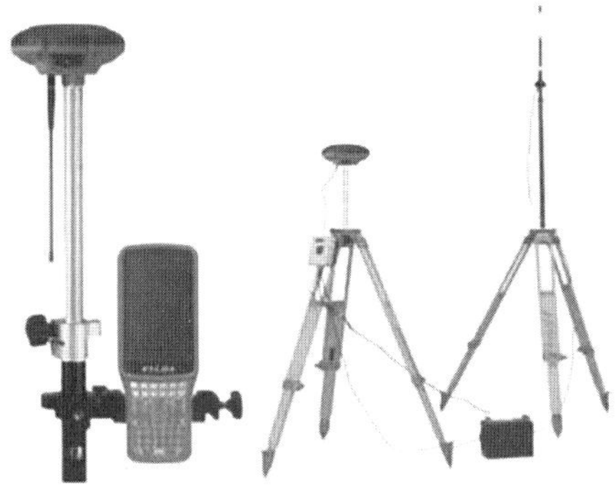

图 4-3　RTK 流动站及基站

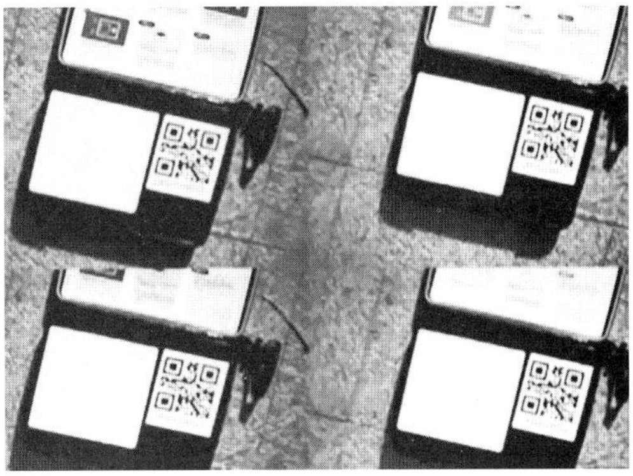

图 4-4　标定板

图 4-5　像控点布设

图 4-6　像控点标识

3. 人员准备

像片控制点采集与编辑工作需要专业的摄影测量人员或经过相关培训的工作人员参与,他们应具备严谨的职业素养和专业的技术能力,能够处理各种可能遇到的技术问题。

4. 安全措施

在进行像片控制点采集与编辑工作前，还需要充分考虑各种可能的安全问题，如人员安全、设备安全等，并制订相应的应对措施。在人员安全方面，需要做好工作人员的安全教育和培训，提高他们的安全意识；在设备安全方面，需要选择合适的设备存放和使用环境，避免设备损坏或丢失。

5. 法律法规了解

在进行像片控制点采集与编辑工作前，需要了解并遵守国家的相关法律法规，如《中华人民共和国测绘法》《中华人民共和国保守国家秘密法实施条例》等。特别是涉及敏感地区或保密区域的拍摄，需要特别注意遵守相关法律法规。

6. 计划和组织

在准备阶段，还需要制订详细的采集与编辑计划，包括任务的目的、任务的时间安排、任务的执行人员、任务所需的设备等。同时，还需要做好组织协调工作，确保任务的顺利进行。

7. 场地勘察

在准备阶段，还需要对拍摄场地进行勘察，了解场地的地形地貌、气候条件、光照条件等自然条件，以及场地的使用情况、交通情况等社会条件。这些信息将有助于制订更为详细的拍摄计划。

8. 质量评估与检验

在采集与编辑工作开始前，需要对所使用的设备进行质量评估和检验，确保设备的性能和质量满足任务的要求。同时，还需要对采集与编辑工作的成果进行质量评估和检验，确保成果的准确性和精度。

9. 应急预案

在准备阶段，还需要制订应急预案，包括设备故障、天气变化等可能的突发情况，并制订相应的应对措施。同时，还需要为工作人员提供必要的应急工具和设备，以备不时之需。

10. 记录与文档

需要做好记录和文档工作，记录采集与编辑工作的过程和成果，以及使用的设备、人员、时间等信息。这些记录和文档将为后续的数据处理和分析工作提供重要的参考依据。

4.2 像控点采集

像控点布设与采集（三维动画）

1. 收集已有控制点资料

对整个测区进行全面的踏勘，收集已有的控制点资料，确定需要加密的区域。

2. 像控点的图上选点

根据测区的地形条件和实际需要，在地图上选择合适的像控点，需要注意像控点的分布要均匀，并尽可能选择易于识别和测量地面控制点的位置。像控点应布设在平坦区域，禁止布设在斜坡或高墙、房角处，如图 4-7 所示。

图 4-7 错误的像控点标识位置

3. 实地踏勘落实点位

如图 4-8 所示，将地图上的像控点落实到实地，并进行标记。对于难以直接定位的点位，如高程点等，需要进行地形地貌的观测和记录。

4. 像控点采集

采用 RTK 进行像控点采集时，要注意使用控制点模式采集，采集时应采用对中杆支架，如图 4-9 所示。

图 4-8 实地踏勘落实点位

图 4-9 像控点采集

RTK 仪器连接　　RTK 七参数求解

5. 点之记拍摄

拍摄点之记照片时，应拍摄其近景与远景图，既能展示测量位置精确性，又能体现该像控点与周边地物的相互位置关系。填写像片控制点点位信息表，见表 4-1。

表 4-1 像片控制点点位信息

坐标系统	2000 国家大地坐标系		
点号	Y 坐标(东坐标)(m)	X 坐标(北坐标)(m)	大地高(m)
15	××××××.×××	×××××××.×××	××.×××

续表 4-1

<table>
<tr><td colspan="4">点位略图</td></tr>
<tr><td colspan="4"></td></tr>
<tr><td colspan="2">实地照片(由南向北拍摄)</td><td colspan="2">点位详图</td></tr>
<tr><td colspan="2"></td><td colspan="2"></td></tr>
<tr><td colspan="4">像片控制点位置说明：
该点刺于喷涂标志的两红色三角形交点处，高程为地面高程。</td></tr>
<tr><td>选点者</td><td>×××</td><td>测量日期</td><td>×年×月×日</td></tr>
<tr><td>检查者</td><td>×××</td><td>检查日期</td><td>×年×月×日</td></tr>
<tr><td>测量单位</td><td>×××</td><td>测量方式</td><td>RTK</td></tr>
</table>

6. 控制成果整理

如图 4-10 所示，对测量得到的像控点成果进行整理和分析，检查数据的准确性和精度，并对错误的数据进行调整和修正。

像片控制测量的注意事项：

(1)像控点的布设要遵循一定的原则。像控点应按航线全区统一布点，不受图幅单位的限制；布设在同一位置的平面点和高程点应尽量联测成平高点；相邻像对和相邻航线之间的像控点应尽量公用，当航线间像片排列交错无法公用时，必须分别布点；位于自由图边或非连续作业的待测图像边的像控点一律布在图廓线外，确保成图满幅；像控点尽可能在摄影前布设地面标识以提高刺点精度，增强外业控制点的可靠性；点位必须选择在像片上的明显目标点以便于正确地相互转刺和立体观察时辨认点位。

(2)在进行像片控制测量时要注意选用合适的测量仪器和测量方法，并保证测量结果的准确性和精度；同时要注意保护好测量成果和数据的安全性和保密性。

(3)在像片控制测量过程中要注意对测量结果进行及时的分析和处理，发现错误或问题时要及时进行修正和调整，以保证测量结果的准确性和精度。

xiangkongdian-XYZ-zi.txt

文件 编辑 查看

```
K1,585708.932,2797749.302,511.017
K2,585872.990,2797750.989,514.738
K3,586029.395,2797554.006,533.218
K4,585741.919,2797561.632,511.046
K5,585953.981,2797670.443,521.848
K6,585881.632,2797735.875,514.532
```

图 4-10 像控点成果示意数据

思政小课堂

民族品牌，大疆无人机

在当今全球化的时代背景下，民族品牌的崛起不仅是国家经济实力的象征，更是民族自豪感和文化自信的体现。大疆无人机，作为中国民族品牌的杰出代表，在短短十几年间从无到有、从小到大、从弱到强，成为全球无人机行业的领军者。

一、大疆无人机的初创与摸索

大疆无人机的故事始于 2006 年。当时，创始人汪滔在香港科技大学攻读硕士学位，他对无人机的热爱和执着促使他开始研究这一领域。最初，大疆只是一个小型的研发团队，面临着资金短缺、技术瓶颈等种种困难。但是，凭借着对无人机技术的深刻理解和创新精神，汪滔和他的团队不断摸索、试验，逐步攻克了一个又一个技术难关。

在这一阶段，大疆无人机的发展主要集中在技术研发和产品创新上。团队成员们夜以继日地工作，不断尝试新的设计方案和飞行控制算法。他们的努力逐渐取得了成果，大疆无人机的飞行稳定性和操控性能得到显著提升，开始在国内外航模爱好者中崭露头角。

二、民族品牌的崛起与国际化拓展

随着技术的不断成熟和市场的逐步拓展，大疆无人机开始从一个小众的航模品牌逐渐发展成全球知名的无人机制造商。2010 年前后，大疆推出了多款具有划时代意义的无人机产品，如 Phantom 系列等。这些产品不仅具备了高清摄像、智能飞行等先进功能，还采用了创新的模块化设计，使得无人机的使用门槛大大降低，吸引了众多普通消费者的关注。

在这一阶段，大疆无人机的品牌影响力逐渐扩大，成了中国民族品牌的骄傲。公司开始加强国际化拓展，积极参加各类国际展览和交流活动，与全球各地的合作伙伴建立起了紧密的联系。大疆无人机的产品线也不断丰富和完善，满足了不同消费群体的需求。

三、科技创新与社会责任并重

在科技创新方面，大疆无人机始终保持着行业的领先地位。公司投入大量资源进行研发和创新，不断推出具有颠覆性的新产品和技术。例如，大疆在无人机飞行控制系统、智能感知技术、高精度导航定位等方面取得了重大突破，为全球无人机行业的发展树立了新的标杆。

同时，大疆无人机高度重视企业社会责任。公司积极参与社会公益事业，如利用无人机技术进行环境监测、灾害救援等。在保障产品质量和安全方面，大疆也采取了严格的措施，确保每一架无人机都能达到最高的安全标准。

四、具体事件

2006 年：汪滔在香港科技大学开始研究无人机技术，大疆创新科技有限公司成立。

2009—2010 年：大疆推出了一系列早期无人机产品，开始在国内外航模爱好者中积累口碑。同时，公司也面临着资金和技术方面的挑战。

2012 年：Phantom 系列无人机发布，成为大疆的明星产品。该系列无人机以其出色的飞行性能和易用性赢得了广泛好评，标志着大疆无人机开始进入大众市场。

2013—2014 年：大疆无人机在国际市场上取得显著突破，销售额和市场份额均实现快速增长。公司加强了与全球各地的合作伙伴的联系，积极参与国际展览和交流活动。

2015 年：大疆发布了多款创新产品和技术，进一步巩固了其在全球无人机行业的领先地位。同时，公司也开始关注企业社会责任，积极参与社会公益事业。

2016 年至今：大疆无人机持续进行科技创新和产品升级，不断拓展新的应用领域和市场。同时，公司也面临着日益激烈的竞争和挑战，需要不断提升自身实力和竞争力。

大疆无人机之所以能够在短短十几年间取得如此辉煌的成就，根本原因在于其始终坚持创新、追求卓越的精神。民族品牌的崛起需要坚定的文化自信和民族自豪感。大疆无人机的发展历程体现了对中华优秀文化的传承和弘扬，这种文化自信和民族自豪感成了公司发展的强大精神支柱。民族品牌的崛起需要积极承担社会责任，大疆无人机在追求商业成功的同时，始终不忘社会责任和公益事业，这种社会担当精神为其赢得了广泛的社会认可和尊重。

作业习题

一、选择题

1. 在进行像片控制点采集之前，哪项工作是必不可少的？（　　）
   A. 相机校准　　B. 图像处理
   C. 实地考察　　D. 制订计划
2. 像控点采集的主要目的是什么？（　　）
   A. 提高图像分辨率　　B. 校正图像畸变
   C. 确定图像在地面上的具体位置　　D. 增强图像色彩
3. 在进行像控点采集时，应该优先选择哪种类型的地标？（　　）
   A. 树木　　B. 建筑物
   C. 道路交叉点　　D. 水体
4. 像控点采集时，以下哪项操作是错误的？（　　）
   A. 确保相机稳定，避免抖动
   B. 选择明显且易于辨认的地标作为像控点
   C. 在同一地点采集多个像控点以提高精度
   D. 忽略天气条件对图像质量的影响
5. 像控点采集后，通常需要进行哪项工作？（　　）
   A. 数据分析　　B. 图像拼接
   C. 相机重新校准　　D. 像控点删除
6. 在像控点编辑过程中，如果发现某个像控点位置不准确，应该怎么做？（　　）
   A. 忽略该点　　B. 重新采集该点
   C. 修改该点位置　　D. 删除该点
7. 在进行像控点采集时，下列哪种情况会影响采集精度？（　　）
   A. 使用高分辨率相机　　B. 选择平坦、无遮挡的拍摄地点
   C. 在光线不足的条件下拍摄　　D. 使用稳定的三脚架
8. 像控点采集的准备工作包括什么？（　　）
   A. 检查相机设备　　B. 制定采集计划
   C. 了解采集区域的地形地貌　　D. 以上都是
9. 在像控点编辑过程中，如果发现多个像控点之间存在矛盾，应该如何处理？（　　）
   A. 忽略矛盾点　　B. 重新采集所有点
   C. 分析矛盾原因并调整　　D. 仅保留一个点
10. 在进行像控点采集时，为何需要考虑天气条件？（　　）
   A. 影响相机性能　　B. 影响地标可见性
   C. 影响图像分辨率　　D. 影响采集效率

二、简答题

1. 简述像片控制点在布点时的注意事项。
2. 简述像片控制点的测量流程。

项目5 无人机航空摄影测量

【思维导图】

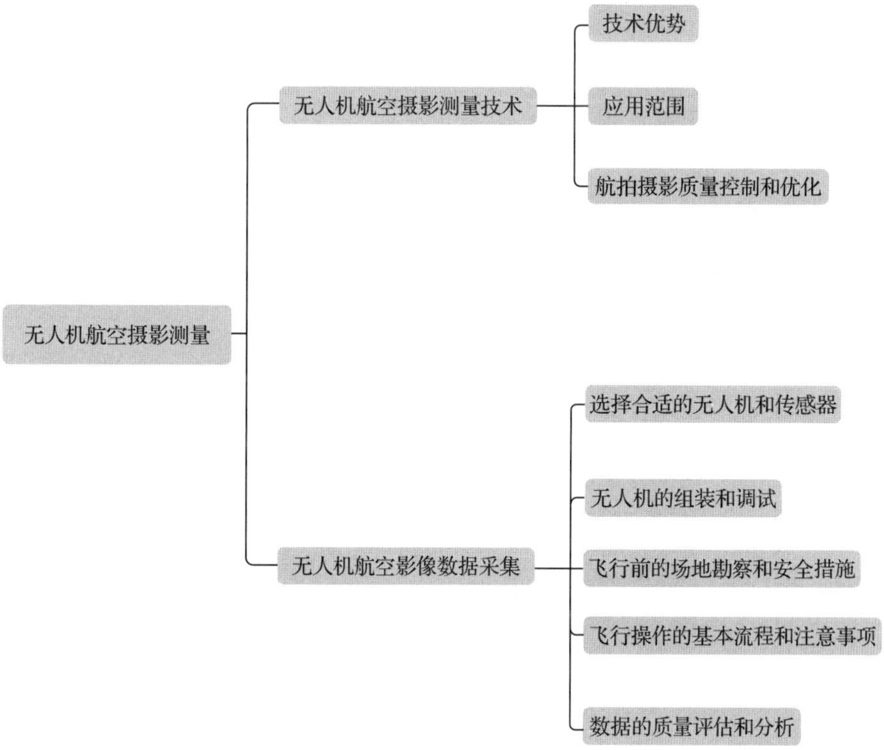

【项目导读】

无人机航空摄影测量是指利用无人机技术获取高分辨率影像，并进行测量和分析的过程。本项目将深入探讨无人机航空摄影测量的技术细节，包括飞行质量检查、影像质量优化、航线规划优化和飞行稳定性优化等。通过实践操作，掌握飞行操作的基本流程和注意事项，并对采集的数据进行质量评估和分析。通过这个项目，将建立起无人机航空摄影测量的知识体系，为未来的学习和工作打下坚实的基础。

【学习指南】

在学习过程中，首先要了解无人机航空摄影测量的基本原理和技术要求，掌握飞行质量检查、影像质量优化等方面的知识。然后，通过实践操作，熟悉无人机的组装和调试，掌握飞行操作的基本流程和注意事项，并对采集的数据进行质量评估和分析。

5.1 无人机航空摄影测量技术

无人机航空摄影测量技术，简称无人机航测，是指一种利用无人机搭载的摄像机和 GNSS 等设备，对目标区域进行空中拍摄和数据采集的技术，如图 5-1 所示。它在工程测量、地理信息获取等领域具有广泛的应用价值。

图 5-1 无人机航空摄影测量

无人机航空摄影测量是一种先进的测量技术，利用无人机搭载高分辨率相机进行空中拍摄，获取高精度的地表影像，进而进行地形测量、地物分类、地貌分析等任务。这种技术具有高效、灵活、广泛等优点，被广泛应用于城市规划、土地资源调查、环境监测、灾害评估等领域。

无人机航空摄影测量包括许多技术环节，如航线设计、航拍摄影、像片控制点采集、数据处理等。其中，航线设计需要根据任务需求和地形条件，确定飞行高度、速度、拍摄角度等参数；航拍摄影则需要保证像片的清晰度、重叠度和覆盖度，以便于后续的测量和处理；像片控制点采集包括地面控制点的布设、测量和计算，以保证测量精度；数据处理则包括像片处理、立体测绘、成果输出等环节，将无人机获取的数据转化为高精度地形图等成果。

相比于传统的载人机航空摄影测量，无人机航空摄影测量具有更高的灵活性和机动性，可以在较短时间内获取大量地表影像。同时，无人机航空摄影测量还具有更高的成本效益和效率，可以在复杂地形条件下进行高精度测量。此外，无人机航空摄影测量还可以在危险或受限制的地区进行测量，从而为应急救援和灾害评估提供及时、准确的数据支持。

无人机航测技术具有许多优势。无人机航测具有高度的机动性和灵活性，可在短时间内快速响应并到达目标区域进行拍摄。无人机航测具有高效快速的特点，可以在短时间内获取大量的高分辨率影像数据，从而提高数据采集的效率和精度。此外，无人机航测还具有精细、准确的优势，由于其采用的是高精度的摄像机和 GNSS 设备，可以准确地获取目标的详细信息，因此可以提高数据采集的精度。

无人机航测技术的应用范围也非常广泛。在国家重大工程建设方面，无人机航测可以用于高速公路、铁路、桥梁等项目的规划和设计。在灾害应急与处理方面，无人机航测可以用于灾区的灾害评估和救援工作。在国土监察方面，无人机航测可以用于土地资源的调查和监测，以及违法建筑的监测和查处。在资源开发方面，无人机航测可以用于矿产资源的调查和监测，以及环境保护工作。在新农村和小城镇建设方面，无人机航测可以用于村庄规划、基础设施建设等方面。

此外，无人机航测在基础测绘、土地资源调查监测、土地利用动态监测、数字城市建设和应急救灾测绘数据获取等方面也具有广阔的应用前景。例如，在数字城市建设方面，无人机航测可以用于城市的三维建模和仿真，从而为城市规划和管理提供高精度的数据支持。在应急救灾方面，无人机航测可以快速获取灾区的影像数据，为救援队伍提供准确的数据支持，从而提高救援效率，有助于灾后重建。

无人机航空摄影测量技术在工程测量、地理信息获取等领域有着广泛的应用前景。随着无人机技术的不断发展，无人机航空摄影测量技术也将不断创新和完善，为各领域的数字化建设和发展提供更加高效、精确、快速的数据支持。

航拍摄影的质量控制和优化是保证影像资料的有效性和实用性的关键环节。

1. 飞行质量检查

在航拍摄影之前，需要进行飞行质量检查，包括像片重叠度、像片倾斜角、像片旋偏角、航线弯曲度、航高保持等指标。其中，像片重叠度是保证相邻像片之间有一定程度的重叠度，以便于后期的图像处理和拼接。一般而言，航向重叠度应在 60%～65%，个别最大不应大于 75%，最小不应小于 56%；旁向重叠度应在 30%～35%，个别最小不应小于 13%。根据项目具体情况灵活调整航向及旁向重叠度，像片倾斜角应尽可能小，以便获取尽可能接近水平线的影像。

2. 影像质量优化

在航拍摄影过程中，需要注意影像质量的优化。首先，要避免无人机航拍影像曝光过度或不足、重影、散焦与噪点等问题，这些问题会严重影响三维建模的质量。在外出航拍时尽量提前看天气预报，选择多云的天气拍摄比大晴天更好，如果必须在晴天拍，最好选择中午左右使阴影区域最小化。其次，需要对相机进行检校，确保相机处于最佳工作状态，并使用合适的快门、光圈、ISO 值进行拍摄，以获取明暗合适、画质清晰的影像。

3. 航线规划优化

在航拍摄影过程中，需要对航线进行规划优化。首先，应尽可能选择直飞航线，避免弯曲度过大影响影像质量。其次，应考虑航线的长度和高度，根据实际需要选择合适的航线和高度以便获取高质量的影像。最后，在规划航线时还需要考虑一些特殊因素，如空中禁飞区、电磁干扰等，以避免影响航拍效果。

4. 飞行稳定性优化

在航拍摄影过程中，需要保证无人机的飞行稳定性。这可以通过选择合适的无人机型号、调整无人机的各项参数来实现。此外，也可以通过使用无人机减震设备来减少飞行过程中的震动，从而提高影像的稳定性。

航拍摄影的质量控制和优化需要从飞行质量检查、影像质量优化、航线规划优化和飞行稳定性优化等多个方面进行考虑和实施。只有这样，才能确保获取高质量的航拍影像资料，以满足不同领域的需求。

无人机航空影像采集（三维动画）

5.2 无人机航空影像数据采集

无人机航空影像数据采集是指利用无人机搭载的相机设备，对目标区域进行空中拍摄，从而获取高质量、高精度的影像数据的过程。

在进行无人机航空影像采集之前，需要进行一些必要的准备工作。首先，需要确定数据获取的区域和高度，并了解当地的飞行规定和法律法规，以确保操作合法合规。其次，需要检查无人机和附属设备的状态，包括电池、相机、遥控器等，以保证设备正常运行和数据安全。具体见表 5-1。

在准备工作完成后，可以开始进行无人机航空影像采集。

表 5-1 无人机飞行前检查

环境勘察及准备	□ 1. 天气良好，无雨、雪、大风 □ 2. 起飞地点避开人流 □ 3. 起飞点上方开阔无遮挡 □ 4. 起飞点地面平整 □ 5. 操作设备（手机/平板）电量充足
开箱检查	□ 1. 飞行器电量充足 □ 2. 遥控器电量充足 □ 3. 飞行器无损坏 □ 4. 所有部件齐全 □ 5. 螺旋桨安装牢固 □ 6. 相机卡扣已取下
开机检查	□ 1. 打开遥控器 □ 2. 确保飞行器水平放置后打开飞行器电源 □ 3. 自检正常（模块自检/IMU/电池状态/指南针/云台状态） □ 4. 无线信道质量为绿色 □ 5. GNSS 信号为绿色 □ 6. SD 卡剩余容量充足 □ 7. 刷新返航点（如果没有自动刷新，请手动刷新） □ 8. 确认遥控器的姿态选择及模式选择

5.2.1 选择合适的无人机和传感器

在进行航飞项目时，选择合适的无人机和传感器是非常重要的。不同的无人机和传感器组合可以满足不同的航拍需求。以下是一些常见的无人机和传感器类型，以及它们在不同航拍需求中的应用。

1. 消费级无人机和手机相机

消费级无人机（图5-2），如大疆的“精灵”和“御”系列，通常搭载的是普通的相机模块，主要适用于拍摄简单的风景、城市风光、旅游照片等。这类无人机操作简单，适合普通摄影爱好者使用。但需要注意的是，这类无人机的飞行时间和拍摄能力相对有限，一般只能拍摄一些基础的影像资料。

图5-2 消费级无人机

无人机手控拍摄影像

无人机自主飞行拍摄影像

2. 专业级无人机和单反相机

专业级无人机（图5-3）通常搭载的是专业的单反相机模块，如佳能和尼康等品牌。这些无人机适合对影像品质和拍摄能力有更高要求的专业用户或摄影机构使用，如拍摄电影、电视剧等。这类无人机需要更严格的操作技能和培训，同时对后期制作处理也有更高的要求。

图5-3 专业级无人机

3. 工业级无人机和多种传感器

工业级无人机（图5-4）通常搭载的是多种传感器模块，如高精度相机、多光谱相机、激光雷达等。这些无人机适用于需要高精度测量和检测的领域，如农业植保、电力巡检、城市规划等。这类无人机需要更强的稳定性和可靠性，同时对数据处理和解析能力也有更高的要求。

图5-4 工业级无人机

除无人机类型外，选择合适的传感器也是非常重要的。以相机为例，不同类型的相机适合拍摄不同的场景。例如，普通手机相机适用于拍摄简单的风景和旅游照片；专业单反相机适用于拍摄高质量的影像资料；而高精度相机则适用于需要高精度测量和检测的领域。

另外，在选择无人机和传感器时，还需要考虑以下因素。

1. 飞行时间和飞行距离

根据工作需求和现场环境的不同，需要选择具有相应飞行时间和飞行距离的无人机；如果需要在较大的区域内进行航拍，那么就要选择具有较长飞行距离的无人机；如果需要长时间进行空中拍摄，那么就要选择具有较长飞行时间的无人机。

2. 成像质量

对于一些专业级的航拍任务，需要选择具有高质量成像能力的无人机和传感器。例如，如果需要拍摄高精度的测量数据或检测物品的细节，那么就要选择搭载高精度相机的无人机。

3. 数据处理和传输能力

在选择无人机和传感器时，需要考虑其数据处理和传输能力。例如，如果需要实时传输和处理大量数据，那么就要选择具有高速数据传输和处理能力的无人机和传感器。

4. 操作难度和维护成本

不同的无人机和传感器组合具有不同的操作难度和维护成本。如果需要经常进行航拍任务或需要长时间使用无人机，那么就要选择易于操作、维护的无人机和传感器组合。

5. 安全性和稳定性

在选择无人机和传感器时，还需要考虑其安全性和稳定性。例如，如果需要在人员密集的区域进行航拍或需要长时间悬停拍摄，那么就要选择具有良好安全性和稳定性的无人机和传感器组合。

总之，在选择无人机和传感器时，需要根据具体的工作需求、目标、预算和技术要求等多方面因素进行综合考虑，以取得最佳的航拍效果。同时，还需要注意无人机的飞行安全和使用规范，确保航拍任务的顺利进行。

5.2.2 无人机的组装和调试

无人机的组装和调试是无人机整个生命周期中非常重要的 2 个环节。

图 5-5 组装无人机

1. 无人机的组装

如图 5-5 所示，无人机的组装过程涉及许多零配件的组合和连接，包括但不限于机架、电机、电调、螺旋桨、电池、GNSS 模块、遥控接收器等。在组装过程中，需要仔细检查每个零配件的完好性和功能性，并严格按照说明书或者专业的组装指导进行操作。以下是一些主要的组装步骤：

(1)检查零配件。根据无人机的组装清单，仔细检查所有零配件的完好性和功能性。例如，检查电机是否正常旋转、电调是否工作、螺旋桨是否完好等。

(2)组装机架。机架是无人机的骨架，也是其他零配件的安装基础。在组装机架时，需要注意各个支架的连接方式和位置，确保机架稳固、可靠。

(3)安装电机和螺旋桨。电机是无人机的动力来源，需要将电机安装到机架上，并根据机架的形状和大小调整电机位置。然后，根据电机的型号和规格选择合适的螺旋桨，并将螺旋桨安装到电机上。

(4)安装电池和遥控接收器。电池为无人机提供电力,需要将电池固定在机架上。同时,根据无人机的遥控距离和功能选择合适的遥控接收器,并将其连接到机架上。

(5)连接线和调试。根据无人机的功能和说明书的要求,连接各种线缆,如电源线、控制线、数据线等。在连接过程中,需要注意线的颜色和接口的匹配,避免混淆和错误连接。

2. 无人机的调试

如图5-6所示,在完成无人机的组装后,需要对无人机进行调试,以确保其工作正常和安全。以下是一些主要的调试步骤:

(1)检查电源和电量。为无人机接通电源,检查电源是否正常工作,并确保电池电量充足。

(2)检查电机旋转。启动无人机,检查电机是否正常旋转。如果旋转方向错误或旋转无力,需要对电机进行调整或更换。

(3)检查飞行稳定性和操控性。通过遥控器或者手机App对无人机进行飞行测试,检查无人机的飞行稳定性和操控性能。如果存在不稳定或者操控困难的情况,需要对无人机进行调整或更换部件。

(4)检查传感器和GNSS模块。无人机通常搭载有多种传感器和GNSS模块,这些部件的功能需要进行检查和调试。例如,检查陀螺仪和加速度计是否正常工作,GNSS模块是否能够准确锁定位置等。

(5)参数调整和优化。根据无人机的实际飞行情况和任务需求,对无人机的参数进行调整和优化。例如,调整无人机的电机转速、飞行控制器参数、遥控器设置等。

(6)安全防护措施。在进行无人机调试时,需要注意安全防护措施。例如,确保无人机在飞行测试时远离人群、建筑物和其他障碍物,避免对他人造成伤害或损失。同时,需要遵守当地的法律法规和飞行规定,确保无人机在合法的范围内飞行。

图5-6 调试无人机

无人机的组装和调试是无人机生命周期中非常重要的2个环节。在进行这2个环节时,需要仔细、认真地进行操作,并遵循相关的规范和要求。同时,需要不断学习和积累经验,提高自己的技能水平和对无人机的认识和控制能力。

5.2.3 飞行前的场地勘察和安全措施

无人机飞行前的场地勘察和安全措施是确保无人机飞行安全的重要步骤。

1. 飞行前的场地勘察

在无人机飞行前,对飞行场地进行详细的勘察是非常必要的。

首先,要了解并遵守当地的法律法规和飞行限制区域。不同地区对无人飞行器的使用有不同的规定,有些地方甚至禁止使用无人机。因此,在飞行前务必了解并遵守相关法律法规。

其次,选择合适的飞行场地也是至关重要的。应避免选择人口密集区、交通繁忙的地方或有高压电线、建筑物等障碍物的地方。应选择空旷、无人的地方,确保飞行器有足够的空间进行飞行，并且不会对他人和财产造成伤害。

最后，还需要对飞行场地进行实地勘察。要观察场地的地形、地貌、气候等自然条件，以及障碍物、电磁环境等人为因素。特别是复杂环境和特殊条件下的飞行，更需要进行细致的场地勘察，以保障无人机的飞行安全。

2. 飞行前的安全措施

在无人机飞行前，还需要采取一些必要的安全措施。

首先，要检查无人机的电池电量是否充足，以免在飞行过程中电量不足导致飞行器失控或坠毁。同时，要确保无人机设备的完好性，如螺旋桨是否完好、电机是否正常旋转等。这些设备的完好性直接关系到无人机的飞行安全。

其次，需要制订详细的飞行计划。飞行计划包括飞行路线、高度、速度、时间等内容。在制订飞行计划时，需要考虑无人机在飞行过程中可能遇到的各种情况，并制订相应的应对措施。

再次，还需要进行飞行前的安全培训。初次使用者需要了解无人机的使用方法、操作流程和注意事项；对于经验丰富的使用者，需要重点了解无人机的安全规程、应急处置等方面的知识。

最后，在无人机飞行前，需要进行风险评估和安全检查。风险评估是指对无人机飞行过程中可能出现的各种风险进行评估，并制订相应的应对措施；安全检查则是检查无人机的设备是否处于完好状态，以及各种安全附件是否齐备。只有经过充分的风险评估和安全检查，才能确保无人机的飞行安全。

总之，无人机飞行前的场地勘察和安全措施是保障无人机飞行安全的重要步骤。对于无人机使用者来说，应该充分了解当地的法律法规和飞行限制区域，选择合适的飞行场地，并采取必要的场地勘察和安全措施，以确保无人机的飞行安全。同时，还需要不断提高自身的技术水平和安全意识，以应对各种复杂环境和特殊条件下的飞行任务。

5.2.4 飞行操作的基本流程和注意事项

无人机飞行操作的基本流程和注意事项如下。

1. 基本流程

(1)熟悉操作规程。无人机操作与管理需要遵循一定的规程与技巧。为了防止可能的飞行事故，用户在使用无人机前应该熟悉厂家提供的使用说明书以及相关法律法规，如航空局关于飞行无人机的规定等。

(2)遥控器操作。无人机的控制器是其飞行的核心。用户在使用前需要充分了解遥控器的使用方法和细节问题，以免对飞行造成影响。

(3)无人机结构与性能了解。无人机的参数设置和构造比较复杂，而性能差异又很大，所以用户需要深入了解无人机的构造、工作原理和性能参数，才能充分发挥其性能。

(4)合理起降与飞行。无人机的起降和飞行都需要进行合理的规划和操作。在起飞前，要检查无人机的各项参数，比如电量、方向、风速等情况。在起飞后，要保持飞行方向、飞行高度等参数的平衡，调整好云台与相机的姿态，以免飞行器失控或摔毁。

(5)电池充电和保养。无人机的电池是其能源来源，因此，在使用时需要特别注意对电池的充电和保养。同时，需要选择合适的充电方式和时间，否则电池寿命会大幅度缩短。

2. 注意事项

(1)进行充分的安全评估。在使用无人机前，需要进行充分的安全评估。这包括安全环境评估、飞行距离评估以及飞行不良后果评估等。

(2)避免非正常情况发生。防止非正常情况发生对无人机的使用有着重要的意义。在飞行过程中，及时处理无人机出现的问题，比如电池电量不足、航行异常等。同时，注意不要让其他人员在无人机附近走动，以防造成不必要的事故。

(3)尊重他人的隐私和安全。在使用无人机时，要尊重他人的隐私和安全，特别是在拍摄时，避免拍摄被拍对象的私人活动，侵犯他们的隐私。

(4)遵守法律法规。在使用无人机时，需要遵守航空局等颁布的相关法律法规。例如，不得飞越机场、高速公路等区域，也不得在夜间飞行等。

(5)注意周围环境，避免与建筑物、电线、树木等障碍物发生碰撞。

5.2.5 数据的质量评估和分析

无人机影像数据的质量评估和分析主要涉及以下方面。

1. 分辨率和清晰度

评估无人机拍摄的影像分辨率和清晰度，通常需要对比地面控制点和目标检测的结果。一般来说，无人机的拍摄能力越强，其影像的分辨率和清晰度就越高。

2. 色彩还原性

色彩还原性是指无人机拍摄的影像与实际场景颜色的匹配程度。色彩还原性越好，影像数据的真实性和可用性就越高。

3. 姿态稳定性

姿态稳定性是指无人机在飞行过程中，其摄像头角度和姿态的稳定性。如果无人机的姿态稳定性较差，拍摄的影像可能会出现抖动、晃动或失真等情况，从而影响影像数据的质量。

4. 光照和阴影

光照和阴影也是影响无人机影像数据质量的重要因素。如果无人机在强光或逆光条件下拍摄，或者在阴影区域拍摄，可能会影响影像的对比度和清晰度。

5. 噪声和干扰

无人机拍摄的影像中可能会出现噪声和干扰，如飞鸟、昆虫、气球等。这些干扰因素会影响影像数据的准确性和可靠性。

针对这些评估和分析，可以采取以下措施来提高无人机影像数据的质量。

(1)选择性能好的无人机和传感器。选择拍摄能力强的无人机和高质量的传感器是提高无人机影像数据质量的基础。

(2)做好飞行计划和航线规划。在拍摄前，应该做好飞行计划和航线规划，确保无人机在最佳的拍摄条件下进行拍摄。

(3)保持稳定的飞行姿态。在拍摄过程中，应该尽量保持无人机的稳定性和平衡性，避免出现晃动或失真等情况。

(4)选择合适的拍摄角度和曝光时间。在拍摄过程中，应该选择合适的拍摄角度和曝光时间，以取得最佳的影像效果。

(5)进行数据分析和处理。对采集到的无人机影像数据进行数据分析和处理，如去噪、图像增强、特征提取等，以提高数据的质量和应用效果。

总之，无人机影像数据的质量评估和分析是保证无人机应用效果的重要环节，需要认真对待每一个评估和分析方面，采取相应的措施来提高数据质量和应用效果。

思政小课堂

测绘届的“工人师傅”——刘先林

刘先林，1939 年 4 月 19 日出生于河北省无极县，摄影测量与遥感专家，被誉为测绘界的“工人师傅”，受聘担任首都师范大学资源环境与旅游学院、山东科技大学测绘学院、河南理工大学测绘与国土信息工程学院博士生导师。

1962 年毕业于武汉测绘学院；1987 年成为国家测绘局测绘科学研究所教授级工程师；1994 年当选为中国工程院首批院士。

刘先林一直致力于航空摄影测量理论与航测仪器的研究工作，他取得了一系列重大科研成果，多项成果填补国内空白，结束了中国先进测绘仪器全部依赖进口的历史。他通过仪器研制有力地推动了整个行业的发展，大大加快了中国测绘从传统技术体系向数字化测绘技术体系的转变。

刘先林院士长期从事中国航测仪器的研制，取得多项重大成果，为中国测绘科技事业的发展做出了突出贡献。1963 年他提出的解析辐射三角测量方法，是写入规范的第一个由中国人发明的方法。

刘先林和他的创新团队创造性地研制出具有中国特色的先进测绘仪器，为中国建立数字化测绘技术体系奠定了基础。其牵头研制的具有自主知识产权的测量仪器在全国测绘、水电、铁道、地质、冶金、煤炭、农林、城建等行业应用广泛，对中国测绘技术体系全面实现数字化起到了关键作用，极大地提高了中国测绘生产力水平。有的还出口美国、日本等国家，有力地促进了中国测绘科技实力跻身世界先进行列，为中国测绘赢得了国际声誉。

刘先林几十年来致力于摄影测量和航测仪器的研究，用很少的经费，取得了一系列重大科研成果，多项成果填补了国内空白，结束了中国先进测绘仪器全部依赖进口的历史，为国家节省资金近 2 亿元，创汇 1 000 多万元；他通过仪器研制有力地推动了整个行业的发展，大大加快了中国测绘从传统技术体系向数字化测绘技术体系的转变。他打破了中国数字航空测量仪器领域长期被国外垄断的局面，改写了中国航空摄影测量采用胶片的历史，推动中国测绘从传统技术体系向数字化测绘技术体系的跨越式发展，将中国测绘仪器研制水平推进到世界先进水平。

作业习题

一、选择题

1. 无人机航空摄影测量技术主要用于获取什么信息？（　　）
   A. 地形高度模型　　B. 土壤含水量
   C. 植被种类　　D. 气候变化数据
2. 在进行无人机航空摄影测量时，选择合适的无人机主要考虑哪个或哪几个因素？（　　）
   A. 无人机的最大飞行速度　　B. 无人机的续航能力
   C. 无人机的载荷能力　　D. 以上都是
3. 在无人机航空影像数据采集过程中，通常哪个传感器被用于获取可见光图像？（　　）
   A. 多光谱传感器　　B. 热红外传感器
   C. 数字相机　　D. 激光雷达
4. 无人机的组装和调试过程中，哪项操作是必要的？（　　）
   A. 检查电池电量　　B. 调整螺旋桨角度
   C. 清洁机身表面　　D. 随机组装各部件
5. 飞行前的场地勘察是为了确定什么？（　　）
   A. 起飞和降落地点　　B. 飞行路线的长度
   C. 无人机的最大飞行速度　　D. 飞行区域的天气条件
6. 飞行操作的基本流程中，哪一步骤是首先进行的？（　　）
   A. 检查无人机状态　　B. 制订飞行计划
   C. 启动无人机　　D. 监控飞行过程
7. 在无人机航空摄影测量中，数据的质量评估主要依据什么？（　　）
   A. 图像的分辨率　　B. 无人机的型号
   C. 传感器的类型　　D. 飞行速度
8. 无人机飞行时，哪项安全措施是最重要的？（　　）
   A. 确保飞行区域内无障碍物
   B. 保持无人机与遥控器之间的通信稳定
   C. 选择适当的飞行高度
   D. 监控无人机的电池电量
9. 在数据的质量评估和分析阶段，如果发现数据存在误差，应该怎么做？（　　）
   A. 忽略误差　　B. 重新采集数据
   C. 调整数据处理方法　　D. 仅依赖软件自动校正
10. 无人机航空摄影测量中，为何要进行飞行前的安全措施检查？（　　）
   A. 为了确保飞行效率　　B. 为了保护无人机设备
   C. 为了保证数据质量　　D. 为了保障人员安全和环境安全

二、简答题

1. 无人机航空摄影测量包括哪些技术环节？
2. 飞行前场地勘察时，选择起飞点应注意什么？
3. 航飞完成后，应检查影像哪些方面的质量是否合格？

项目6

无人机航空摄影测量数据处理

【思维导图】

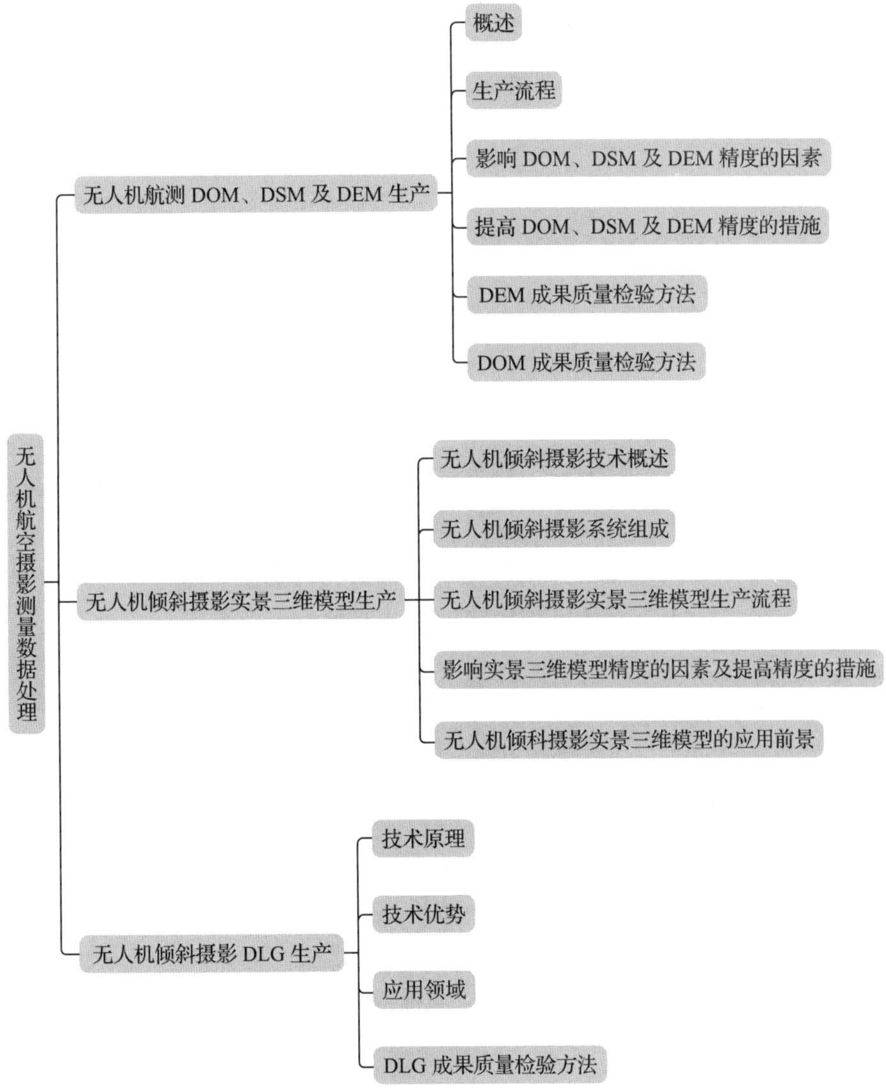

【项目导读】

无人机航空摄影测量数据处理是无人机技术在测量领域中的核心应用,涉及多种成果的生产,如DOM、DSM及DEM等。通过学习,掌握数据处理的基本流程、影响精度的因素及提高精度的措施。同时,了解先进技术如倾斜摄影实景三维模型和DLG生产的应用原理、优势和应用领域。通过实践操作,熟悉数据处理软件的使用和数据处理流程,掌握各种成果的质量检验方法。通过案例分析,深入理解实际应用中的数据处理流程和问题解决策略。

【学习指南】

在学习过程中,首先,了解无人机航测DOM、DSM及DEM的基本概念和生产流程,理解影响其精度的因素及提高精度的措施。其次,通过实践操作,熟悉数据处理软件的使用和数据处理流程,掌握各种成果的质量检验方法。最后,通过案例分析,深入理解实际应用中的数据处理流程和问题解决策略。

6.1 无人机航测 DOM、DSM 及 DEM 生产

6.1.1 概述

图 6-1 数字正射影像(DOM)

DOM(digital orthophoto map,数字正射影像图):DOM是指通过无人机航测获取的影像,经过几何纠正和镶嵌,按标准分幅形成的数字正射影像集,如图6-1所示。它具有地图的几何精度和影像特征,是地理信息系统中重要的基础数据之一。在生产过程中,需要对获取的无人机影像进行几何纠正,以消除地形起伏和相机畸变等因素对影像的影响。然后,将纠正后的影像进行镶嵌和裁切,生成符合标准分幅的DOM。

DSM(digital surface model,数字表面模型):DSM是指通过无人机航测获取地表三维坐标数据,然后利用这些数据构建出地表的数字模型,如图6-2所示。DSM可以真实地反映地表形态,包括建筑物、树木等自然和人工地物的高度信息。在生产过程中,首先,需要对获取的无人机影像进行预处理,如畸变纠正、辐射定标等,以提高数据的质量和精度;然后,利用三维重建技术,将预处理后的影像转换为三维点云数据;最后,通过滤波、插值等算法生成DSM。

DEM(digital elevation model,数字高程模型):DEM是指通过无人机航测获取地表高程

数据，然后利用这些数据构建出地表的数字高程模型，如图 6-3 所示。DEM 可以反映地表的高程信息，是地形分析、三维可视化等领域中重要的基础数据之一。在生产过程中，首先，需要对获取的无人机影像进行预处理，如滤波、去噪等，以提高数据的质量和精度；然后，利用高程提取算法，从预处理后的影像中提取出高程信息；最后，通过插值等算法生成 DEM。

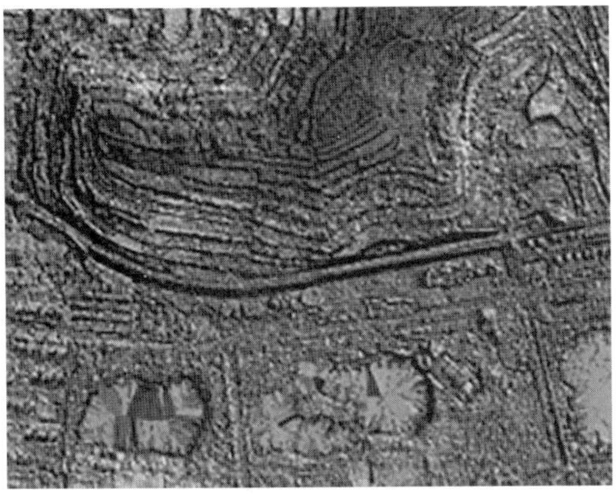

图 6-2　数字表面模型(DSM)

图 6-3　数字高程模型(DEM)

6.1.2　生产流程

1. 无人机航测 DOM 生产流程

(1)数据准备。收集无人机航测获取的原始影像数据，并进行检查，确保数据的完整性和质量。

(2)空中三角测量。利用空中三角测量技术对原始影像进行定向和定位，获取影像的外方位元素。

空中三角测量
(三维动画)

(3)密集匹配。通过密集匹配算法，生成三维点云数据。

(4)DSM 生成。利用三维点云数据构建 DSM。

(5)DOM 纠正。将 DSM 与 DEM 进行配准，纠正因地形起伏引起的影像变形。

(6)色调均衡和镶嵌处理。对纠正后的影像进行色调均衡处理和镶嵌处理，生成最终的 DOM 产品。

2. 无人机航测 DSM 生产流程

(1)数据准备。与 DOM 生产流程相同，收集并检查原始影像数据。

(2)空中三角测量。对原始影像进行空中三角测量，获取外方位元素。

(3)密集匹配。通过密集匹配算法生成三维点云数据。

(4)滤波处理。对三维点云数据进行滤波处理，去除噪声和离群点。

(5)DSM 构建。利用滤波后的三维点云数据构建 DSM。

3. 无人机航测 DEM 生产流程

(1)数据准备。收集并检查原始影像数据和地面控制点数据。

(2)空中三角测量。对原始影像进行空中三角测量,获取外方位元素。

(3)密集匹配与滤波。通过密集匹配算法生成三维点云数据,并进行滤波处理。

(4)DEM 构建。利用滤波后的三维点云数据构建 DEM。

(5)DEM 编辑与修正。对初步生成的 DEM 进行编辑和修正,去除错误的高程信息,提高 DEM 的精度。

6.1.3 影响 DOM、DSM 及 DEM 精度的因素

1. 传感器性能

传感器的像素大小、光谱分辨率、辐射分辨率等性能参数直接影响 DOM、DSM 及 DEM 的精度和可靠性。高精度的传感器能够获取更加清晰的地表信息,从而提高成果的精度。因此,选择高精度、高稳定的传感器是提高 DOM、DSM 及 DEM 精度的关键。

2. 航拍测量参数

航高、分辨率、重叠度等参数的选择对 DOM、DSM 及 DEM 精度有重要影响。在航拍测量时,需要根据实际需求和地形情况选择合适的参数,以保证获取足够的地表信息。例如,过低的航高可能会导致地表细节信息丢失;过高的航高则可能导致 DOM、DSM 及 DEM 精度降低。因此,需要根据实际情况选择合适的航高,以取得最佳的测量效果。

3. 数据处理算法

表面重建和正射校正等算法的优劣直接决定了 DOM、DSM 及 DEM 模型的精度和可靠性。选择合适的算法可以提高 DOM、DSM 及 DEM 模型的精度和可靠性。在实际应用中,需要根据具体情况选择合适的算法。例如,基于特征的表面重建算法可以更好地保留地形细节信息;基于模型的表面重建算法则可以更好地处理复杂地形和地表覆盖物类型。因此,需要根据实际需求选择合适的算法。

4. 地形复杂度和地表覆盖物类型

地形复杂度和地表覆盖物类型对 DOM、DSM 及 DEM 精度有一定影响。在测量复杂地形或植被覆盖区域时,需要采用针对性的测量和数据处理方法,以保证 DOM、DSM 及 DEM 精度。例如,茂密的植被区域需要适当调整无人机的飞行高度和角度,以获取更多的地表信息;山峰、山谷等地形变化较大的区域需要采用更加精确的表面重建算法,以保证 DOM、DSM 及 DEM 的精度。

5. 地面控制点精度

地面控制点是进行正射校正的基础数据。地面控制点的精度直接影响 DOM、DSM 及 DEM 的精度。因此,在选择地面控制点时,需要确保其具有较高的精度和代表性。同时,也需要控制地面控制点的数量,以减少数据处理的时间和成本。

6. 空域和气象条件

空域和气象条件也对无人机航测 DOM、DSM 及 DEM 生产有影响。恶劣的气象条件和云层遮挡可能影响无人机获取清晰的地表影像,进而影响 DOM、DSM 及 DEM 的精度。同时,空域限制也可能限制无人机的飞行范围和高度,从而影响测量效果。因此,在选择测量时间和区域时,需要充分考虑空域和气象条件的影响。

6.1.4 提高 DOM、DSM 及 DEM 精度的措施

1. 选择高精度传感器

尽可能选择高像素大小、高光谱分辨率和高辐射分辨率的传感器，以提高 DOM、DSM 及 DEM 精度。同时，还需要保证传感器的稳定性，以降低数据处理的难度。

2. 优化航拍测量参数

根据实际需求和地形情况，合理设置航高、分辨率和重叠度等参数，以保证获取足够的地表信息。同时，还需要注意无人机的飞行稳定性和安全性。

3. 采用先进的处理算法

选择合适的表面重建和正射校正算法可以提高 DOM、DSM 及 DEM 模型的精度和可靠性。在实际应用中，可以根据具体情况选择基于特征的表面重建算法、基于模型的表面重建算法等。同时，还可以结合多种算法的优势进行优化处理。

4. 结合多种数据处理方法

针对复杂地形或植被覆盖区域，可以采用多种数据处理方法相结合的方式提高 DOM、DSM 及 DEM 精度。例如，可以利用多光谱影像进行地表覆盖物分类和滤波处理；利用高程数据和高分辨率影像进行地形特征提取和表面重建等。

5. 进行数据后处理和质量控制

在数据处理过程中，需要进行数据后处理和质量检查，及时发现并纠正误差。例如，可以利用数字微分纠正技术对 DOM 进行几何纠正，提高其几何精度。同时，还需要对 DSM 及 DOM 的精度进行评估和分析，确保其满足要求。

6. 建立完善的质量控制体系

建立完善的质量控制体系是保证无人机航测 DOM、DSM 及 DEM 精度的关键措施之一。该体系应该包括数据采集、数据处理、数据质量评估等各个环节的质量控制标准和方法，以确保最终产品的质量和可靠性。

无人机航测 DOM、DSM 及 DEM 生产是一项复杂而精细的任务，需要综合考虑传感器性能、航拍测量参数、数据处理算法、地形复杂度和地表覆盖物类型等多种因素。为了提高成果的精度和可靠性，需要采用高精度传感器、优化航拍测量参数、采用先进的处理算法、结合多种数据处理方法、进行数据后处理和质量控制以及建立完善的质量控制体系等措施。随着无人机技术和数字摄影测量技术的不断发展，无人机航测 DOM、DSM 及 DEM 生产将会更加成熟和可靠，为数字城市建设和地理信息产业发展提供更加精准的数据支持。

6.1.5 DEM 成果质量检验方法

1. 空间参考系

核查分析数据的平面坐标系统、高程基准、地图投影参数的正确性。

2. 位置精度

(1)高程中误差。高程中误差检测按下列要求进行。

①检测控制按以下要求执行。利用成图区域的图根控制成果时，按 CH/T 1020-2010 的规定对所需的图根点进行检测；当被检项目图根控制成果不能满足检测需要时，在等级控制点基础上布设检测控制点，检测控制点测量应符合相关规范和技术要求；采用摄影测量法时，应核查分析控制点或加密成果，当其符合相关技术要求时才能采用。

②高程检测点按以下原则选择。检测点数量视成果规格、成图范围、地形类别、成果生产方式、高程检测点的获取方式等情况确定，每个样本图幅一般选择 20～50 个检测点；高程检测点位置应分布均匀，避免选择高程急剧变化处、桥面等非自然地表处；选择位于草绘等高线区域、雪域、沙丘、乱掘地，以及大面积森林、建筑物密集覆盖区等高程推测区的高程检测点，应予以标注说明。

③高程检测点主要用以下方法获取(根据项目特点、成果生产方式、资料、仪器设备、软件、自然条件等情况，在满足测图精度的前提下，选择最适宜的方法)。

野外实测法：采用全球导航卫星系统(GNSS)测量法或极坐标法采集检测点坐标。当采用 GNSS 测量法观测时，应进行测前、测后与已知点坐标比对检核；当采用极坐标法观测时，应进行后视坐标和高程检核。

已有成果比对法：利用高精度或同精度的地形图、数字高程模型等成果获取检测点坐标。

摄影测量法(适用于摄影测量方式生产的 DEM)：利用不低于加密点精度的已知点作为控制点，采用空三加密方法，按加密点的精度要求选取、观测、平差计算出检测点坐标；或利用被检项目的加密成果，在摄影测量系统中恢复或重建立体模型，在立体模型上采集检测点坐标。

④高程中误差统计。利用采集的检测点与成果中同名点进行高程比较，计算出 DEM 内插点高程中误差。

⑤精度统计要求：精度统计按参照项目 11 中的数学精度检测执行。

(2)套合差。套合差检查包括以下几个方面。

①对于利用等高线、高程点等高程要素构造不规则三角网(TIN)内插生成的 DEM 成果，比对分析 DEM 成果反生成的等高线与原始等高线间同名等高线的套合误差是否超限，或将 DEM 成果与立体模型套合，比对分析 DEM 高程点与立体的切合是否满足精度要求。

②对照数字正射影像图(DOM)、数字线划图(DLG)、地形图等资料数据，比对分析静止水域处的 DEM 高程值是否一致、合理，流动水域的 DEM 高程值是否自上而下平缓过渡、关系合理。

③核查分析高程推测区高程处理方式的正确性。

④核查分析高程空白区高程值的正确性。

(3)同名格网点高程值。利用程序自动检查或调用相邻图幅比对分析同名格网点高程值接边是否符合要求。

(4)逻辑一致性。利用程序自动检查或调用数据核查分析数据文件存储、组织的符合性，数据文件格式、文件命名的正确性，数据文件有无缺失、多余，数据是否可读。

(5)时间精度。比对分析生产中使用的各种资料是否符合现势性要求，核查分析成果是否符合现势性要求。

(6)栅格质量。

①格网尺寸。利用程序自动检查或调用数据核查分析格网尺寸的正确性。

②格网范围。利用程序自动检查或调用数据核查分析格网起点坐标、格网行列数或格网起止点坐标，分析 DEM 有效范围的正确性。

(7)附件质量。

①元数据。利用程序自动检查或调用数据核查分析元数据文件的命名、格式，元教据项数目、期序以及各项内容填写的正确性、完整性。

②图历簿。核查分析各项内容填写的正确性、完整性。

③附属资料。核查分析各种基本资料、参考资料的完整性、正确性和权威性；技术设计、技术总结、检查报告以及其他文档资料的完整性、规整性；检查生产过程中技术问题处理情况在技术总结中有无描述和说明，是否符合相关的技术标准、规范以及技术设计要求；根据相关的技术标准、规范以及技术设计要求，检查技术总结是否能真实、客观地反映整个生产的技术过程，以及结果分析的真实性、可靠性。

6.1.6　DOM 成果质量检验方法

1. 空间参考系

核查分析数据的平面坐标系统、高程基准、地图投影参数的正确性。

2. 位置精度

(1)平面位置中误差。平面位置中误差检测按下列要求进行。

①检测控制按以下要求执行。利用成图区域的图根控制成果时，按 CH/T 1020-2010 的规定对所需的图根点进行检测；当被检项目图根控制成果不能满足检测需要时，在等级控制点基础上布设检测控制点，检测控制点测量应符合相关规范和技术要求；采用摄影测量法时，应核查分析控制点或加密成果，当其符合相关技术要求时才能采用。

②平面检测点按以下原则选择。检测点数量视规格、成图范围、地形类别、成果生产方式、平面检测点的获取方式等情况确定，每个样本图幅一般选取 20～50 个检测点；平面检测点位置应分布均匀，尽量选在影像特征点上，主要包括独立地物点、线状地物或影像明显的脊谷交叉点、地物明显的角点或拐点等。

③平面检测点主要通过以下方法获取(根据项目特点、成果生产方式、资料、仪器设备、软件、自然条件等情况，在满足测图精度的前提下，选择最适宜的方法)。

野外实测法：采用全球导航卫星系统(GNSS)测量法或极坐标法采集检测点坐标。当采用 GNSS 测量法观测时，应进行测前、测后与已知点坐标比对检核；当采用极坐标法时，应进行后视坐标检核。

已有成果比对法：利用高精度或同精度的地形图、正射影像图等成果获取检测点坐标。

摄影测量法(适用于摄影测量方式生产的 DOM)：利用不低于加密点精度的已知点作为控制点，采用空三加密方法，按加密点的精度要求选取、观测、平差计算出检测点坐标；或利用被检项目的加密成果，在摄影测登系统中恢复或重建立体模型，在立体模型上采集检测点坐标。

④平面位置中误差统计，利用采集的平面检测点与成果中同名点位置比较，计算出地物点平面位置中误差。

⑤精度统计要求：精度统计按参照项目 11 中的数学精度检测执行。

(2)影像接边。利用程序自动检查或调用相邻图幅比对分析重叠区域处同名点的平面位置较差是否符合限差要求。

(3)逻辑一致性。利用程序自动检查或调用数据核查分析数据文件存储、组织的符合性，数据文件格式、文件命名的正确性，数据文件有无缺失、多余，数据是否可读。

(4)时间精度。比对分析生产中使用的各种资料是否符合现势性要求，核查分析成果的现势性是否符合要求。

(5)影像质量。

①分辨率。分辨率检查包括：地面分解率，利用程序自动检查或调用数据核查分析影像地面分辨率是否符合要求。

②格网参数。图幅范围，利用程序自动检查或调用数据核查影像起止点坐标是否符合要求。

③影像特性。

色彩模式：利用程序自动检查或调用数据核查分析影像色彩模式、像素位是否符合要求。

色彩特征：利用目视检查的方法检查，影像是否存在色调不均匀、明显失真、反差不明显的区域；影像是否色彩自然、层次丰富；影像是否存在明显拼接痕迹，拼接处影像亮度、色调是否一致；影像直方图是否接近正态分布；影像拼接处和相邻图幅接边处影像的亮度、反差、色彩是否均衡一致；影像是否模糊错位。

影像噪声：目视检查影像是否存在噪声、污点、划痕、云及云影、烟雾等。

信息丢失：利用目视检查的方法检查影像是否存在因数据处理造成的质量问题，影像是否存在纹理不清、模糊、清晰度差的区域；影像是否存在因亮度及反差过大导致的信息丢失；影像是否存在大面积噪声和条带；影像是否存在因纠正造成的数据丢失，地物扭曲、变形，漏洞等现象；影像拼接处是否存在重影、模糊、错开或者纹理断裂现象，建筑物等实体的影像是否完整。

(6)表征质量。

①符号。符号检查包括：

符号配置，调用数据核查分析符号配置的合理性。

符号规格，调用数据核查分析各类符号图形、颜色、尺寸及位置的正确性。

②注记。注记检查包括：

注记规格，调用数据核查分析各类注记颜色、大小、字体及位置的正确性。

注记内容，调用数据对照参考资料比对分析注记内容的正确性。

注记配置，调用数据核查分析注记配的合理性。

③整饰。整饰检查包括：

调用数据对照参考资料比对分析内图廓线注记内容的完整性、正确性，核查各要素位置、规格、颜色的符合性。

调用数据核查分析内图廓线、公里网线、经纬网线的正确性。

(7)附件质量。

①元数据。利用程序自动检查或调用数据核查分析元数据文件的命名、格式，元数据项数目、顺序以及各项内容填写的正确性、完整性。

②图历簿。核查分析各项内容填写的正确性、完整性。

③附属资料。附属资料检查包括：

核查分析各种基本资料、参考资料的完整性、正确性和权威性。

技术设计、技术总结、检查报告以及其他文档资料的齐全性、规整性。

检查生产过程中技术问题处理情况在技术总结中有无描述和说明，是否符合相关的技术标准、规范以及技术设计要求。

根据相关的技术标准、规范以及技术设计要求，检查技术总结是否能真实、客观地反映整个生产的技术过程，以及结果分析的真实性、可靠性。

图 6-4 为 DOM 及 DSM 生成流程。

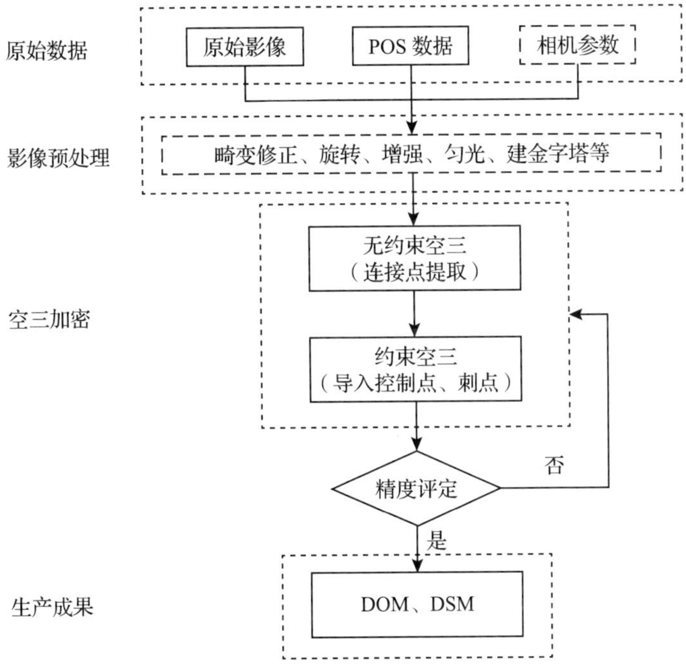

图 6-4　DOM 及 DSM 生成流程

【项目案例 1：基于 Pix4Dmapper 软件的 DSM 与 DOM 生产】

Pix4Dmapper 是一款由瑞士 Pix4D 公司研发的无人机数据和航空影像处理软件。它集全自动、快速和专业精度于一体，可以快速地将数千张影像制作成专业的二维地图和三维建模，无须专业知识或人工干预。该软件具有以下特点。

1. 全自动处理

通过摄影测量与多目重建的原理，Pix4Dmapper 可以快速获取点云数据，并进行后期的加工处理，自动化程度非常高。

2. 完善的工作流

Pix4Dmapper 可以将原始航空影像转化为用户所需的 DOM、DSM 和三维模型数据，成果输出多种格式，适用于各种应用行业的软件。

3. 自动获取相机参数

Pix4Dmapper 可以自动从影像 EXIF 中读取相机的基本参数，如相机型号、焦距、像主点等，智能识别自定义参数。

Pix4Dmapper 的应用领域非常广泛，包括测绘、文物保护、矿业等多个领域，也可以为航测制图、灾害应急、安全执法、农林监测、水利防汛、电力巡线、海洋环境、高校科研、军事等多个领域提供帮助。在这些领域中，该软件可以用于无人机数据的快速处理，制作专业的二维地图和三维建模，为相关行业提供更好的数据支持和解决方案。

【任务描述】

某土地整理项目的规划设计阶段。需要结合 DOM 与 GIS 等地理信息系统，实现土地利用布局的优化和设计方案的调整；DSM 用于分析项目区域内的地形起伏、坡度变化和地表覆盖物等。请以提供的原始影像数据、POS 数据、像控点数据为基础，生产 DOM 及 DSM。

【任务实施】

1. 新建项目

(1)双击软件快捷方式打开软件，如图 6-5 所示。

图 6-5 Pix4Dmapper 软件界面

(2)单击【新项目】新建一个项目，新建项目名称并选择项目保存位置，如图 6-6 所示。

2. 原始影像及 POS 数据导入

(1)原始影像数据导入。新建完项目后，单击【添加影像】导入影像数据，如图 6-7 所示。

(2)POS 数据导入。

①单击【Next】进行下一步，提示图像坐标与相机模型相同，点击【OK】即可，单击图像地理位置菜单中的【编辑】，选择 POS 数据坐标系，如图 6-8 所示。

图 6-6　新建项目

图 6-7　导入原始影像数据

图 6-8 选择 POS 数据坐标系

②单击【从文件中导入】，根据 POS 数据中 X 列及 Y 列的位置，选择合适坐标格式，单击【确定】后导入 POS 数据，如图 6-9、图 6-10 所示。

图 6-9 导入 POS 数据

图 6-10　POS 数据导入成果

注意:根据获取的 POS 的精度,可以选择地理定位精度为标准、低、定制,选择“定制”可以人为设置 POS 的水平和垂直精度。如果有准确的相机参数可以点击相机型号菜单中【编辑】输入相机参数,如图 6-11 所示。

图 6-11　编辑相机参数

③单击【Next】,选择成果坐标系,如图 6-12 所示。单击【Next】,选择成果形式,本项目是生产 DOM 和 DSM,所以选择 3D Maps 成果,如图 6-13 所示;点击【Finish】完成原始影像与 POS 数据的导入,如图 6-14 所示。

图 6-12　选择成果坐标系

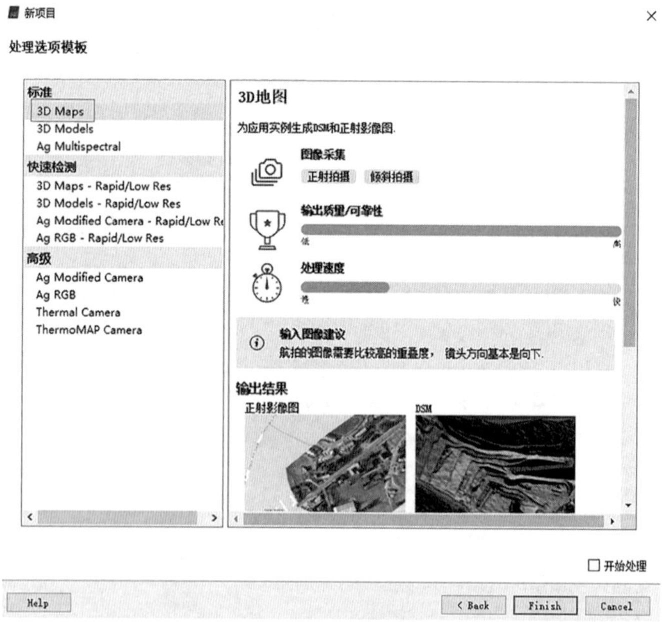

图 6-13　选择输出成果模板

3. 无约束空三加密

(1)单击【处理选项】工具,弹出处理选项对话框。其中“初始化处理”相当于空中三角测量或匹配,可根据不同的生产项目勾选对应的参数选项。通常情况下,外业检查数据质量时,可选择“常规”选项中的快速检测,如图 6-15 所示。

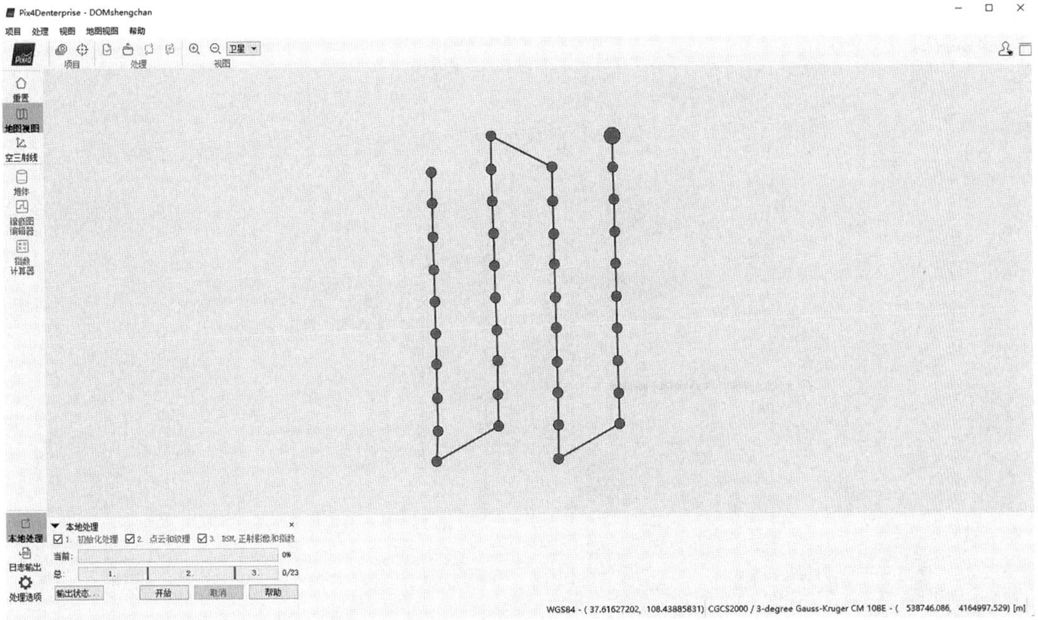

图 6-14 原始影像与 POS 数据导入成果

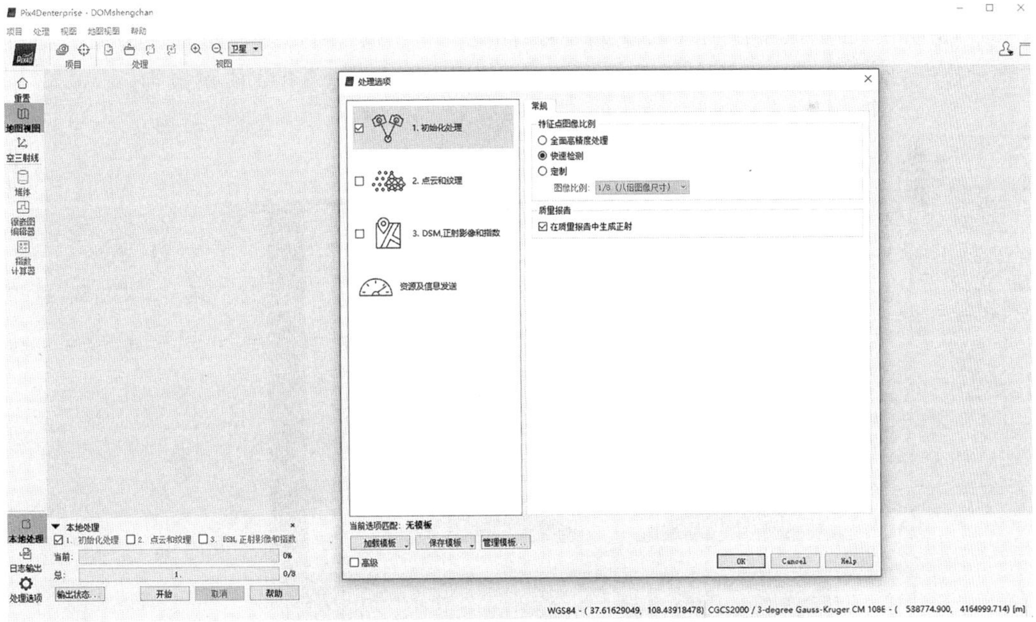

图 6-15 快速检测

(2)在【本地处理】选项中,将“点云和纹理”和“DSM、正射影像和指数”两个选项取消掉,仅保留“初始化处理”选项,单击【开始】进行无约束空三处理,如图 6-16 所示。注意:本地处理中共 3 个步骤,分别为初始化处理、点云和纹理、DSM 正射影像和指数,文字为红色代表该步骤未处理,文字为绿色代表该步骤处理完成。

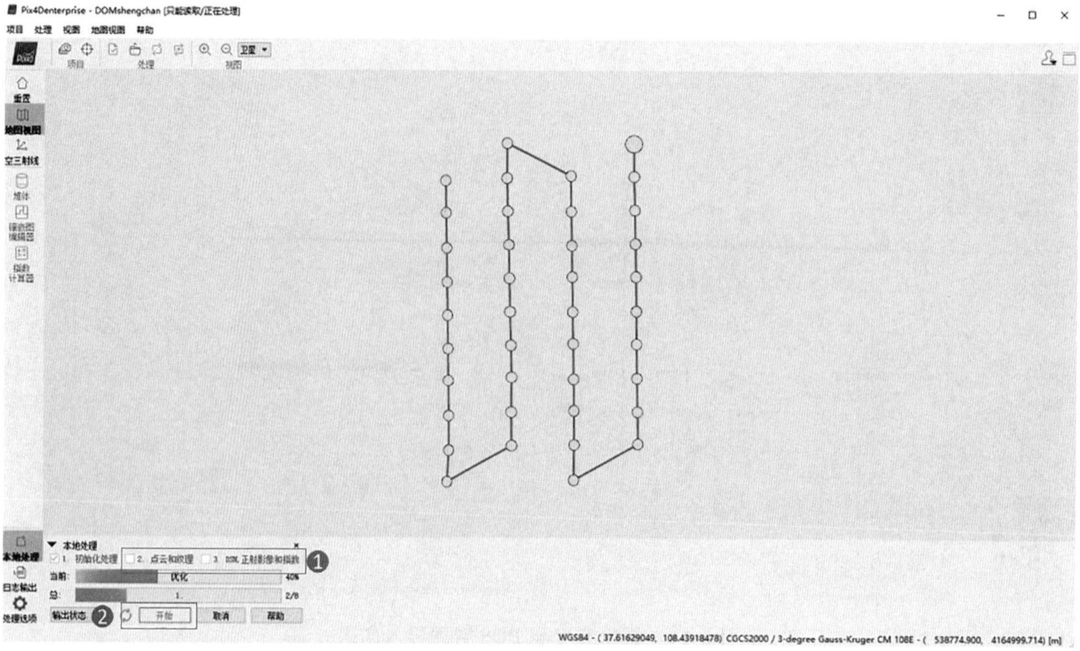

图 6-16 初始化处理

(3)“初始化处理”结束后会弹出质量报告，如图 6-17 所示，可以从质量报告中读出项目概况、质量检查、预览等信息。关闭质量报告后可以单击【输出状态】查找质量报告。

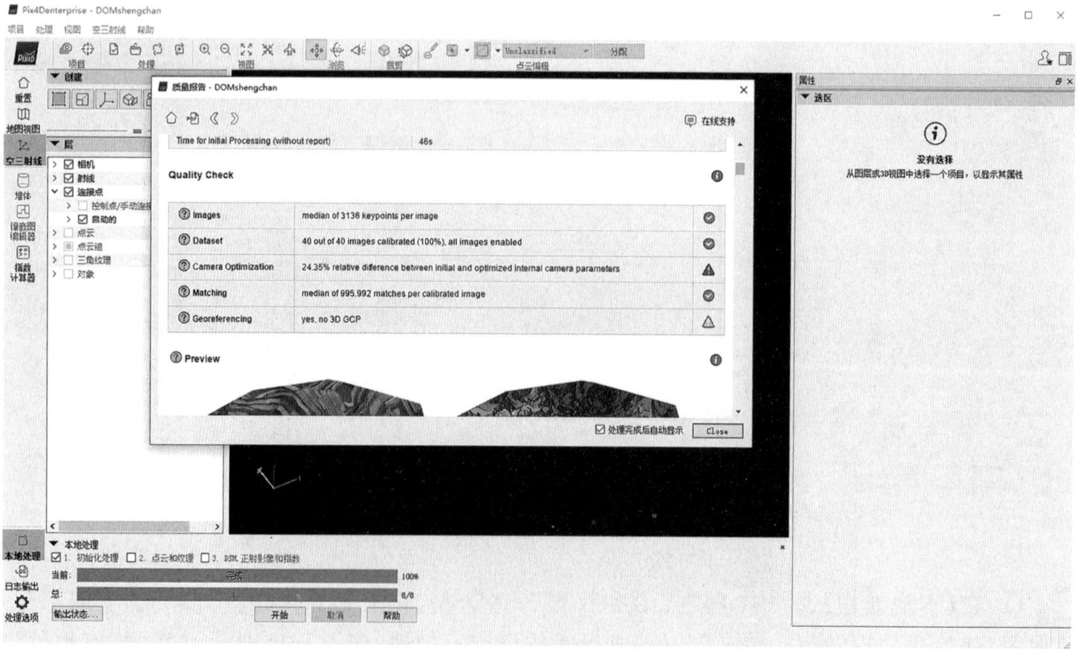

图 6-17 质量报告

4. 约束空三加密

(1)在工具条中单击【GCP/MTP 管理】,弹出“GCP/MTP 管理”对话框,单击【编辑】选择像控点坐标系统;单击【导入控制点】,确定控制点数据 X、Y、Z 顺序后导入控制点,点击【OK】完成控制点导入工作,如图 6-18 所示。

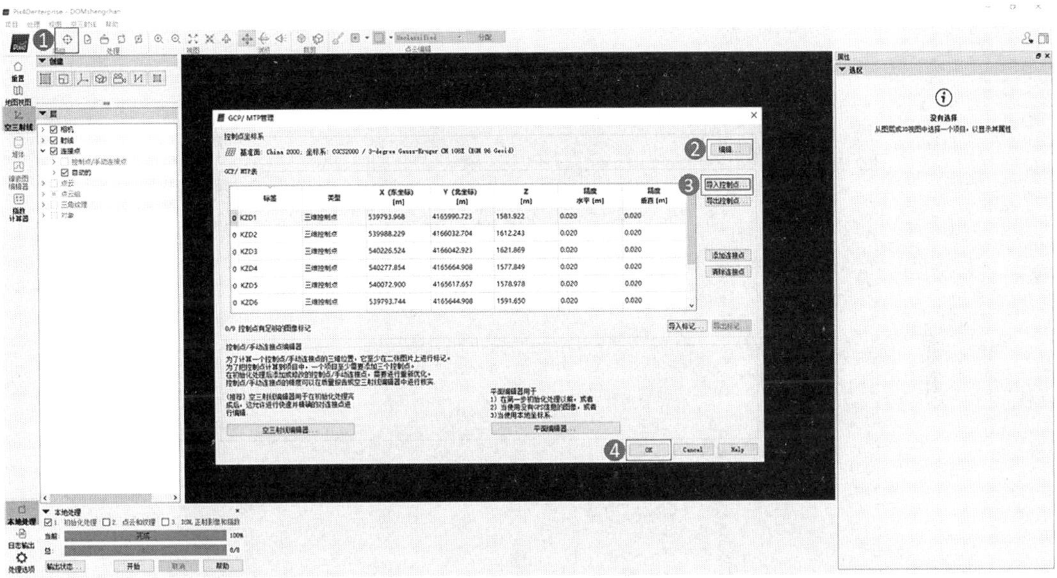

图 6-18　导入控制点

(2)在左侧目录树中选择要刺的控制点,以点之记为参考在右侧图像中将控制点图标放大后,按“Shift 键+左键”进行刺点;在刺点界面,可以先刺 2 张照片,点击【自动标记】;剩下可匹配的照片像控点预测点位置离像控点实际位置很近,稍做调整后,点击【使用】,完成该点的刺点工作,同时可以在选区中看到该点的初始误差及计算误差,如图 6-19 所示。注意:如果预测

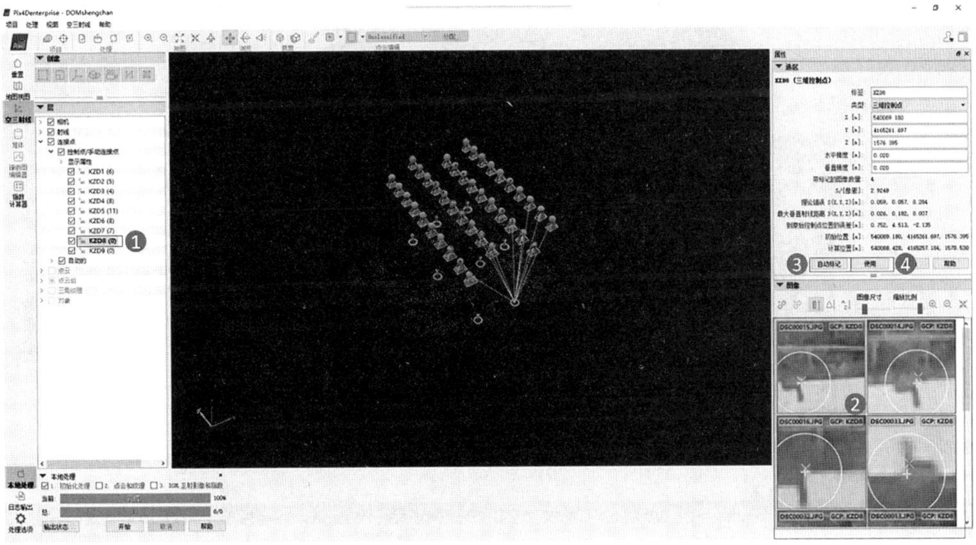

图 6-19　刺点工作

点与像控点平面位置相差较远，则刺完 3 个点之后可以点击【处理】→【重新优化】，这样重新优化后的点预测位置和像控点位置会很接近，便于剩余点刺点。

(3)以同样的方式完成所有像控点的刺点工作，最好能保证每个像控点能刺 5～6 张照片。根据测区大小合理选择检查点数量，至少选择 1 个点作为检查点，在选区中点的类型里将该点的“三维控制点”改为“检查点”并点击【使用】，如图 6-20 所示；点击【处理】→【重新优化】，让控制点参与平差，如图 6-21 所示。

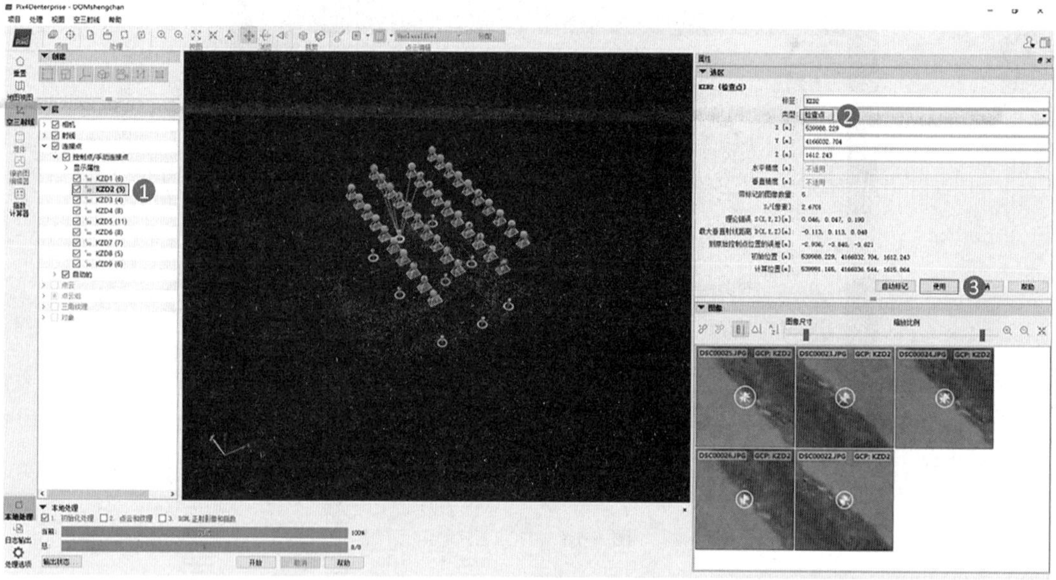

图 6-20　设置检查点

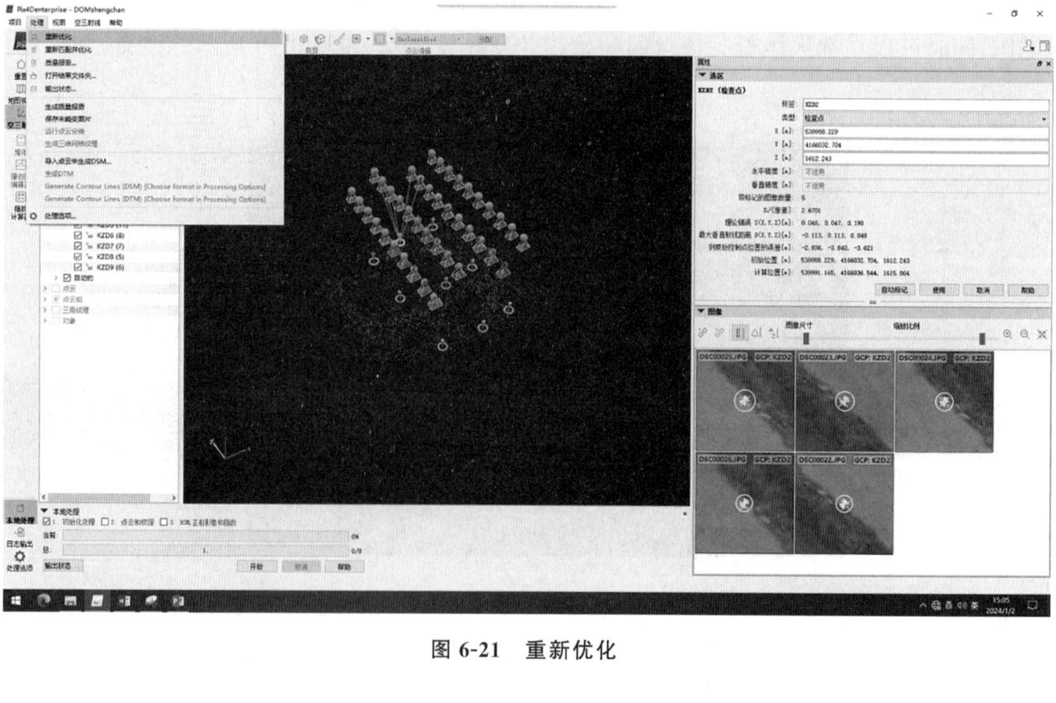

图 6-21　重新优化

5. 精度评定

点击【处理】→【生成质量报告】，如图 6-22 所示；查看报告，重点查看控制点及检查点几何精度，如图 6-23 所示；满足项目精度要求后，方可进行下一步数据处理工作。

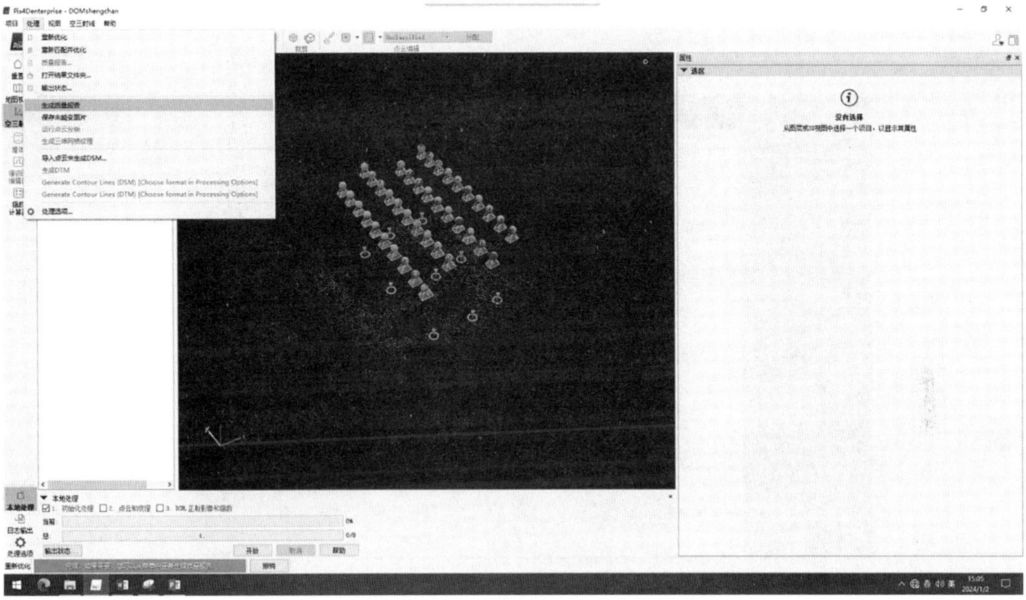

图 6-22　生成质量报告

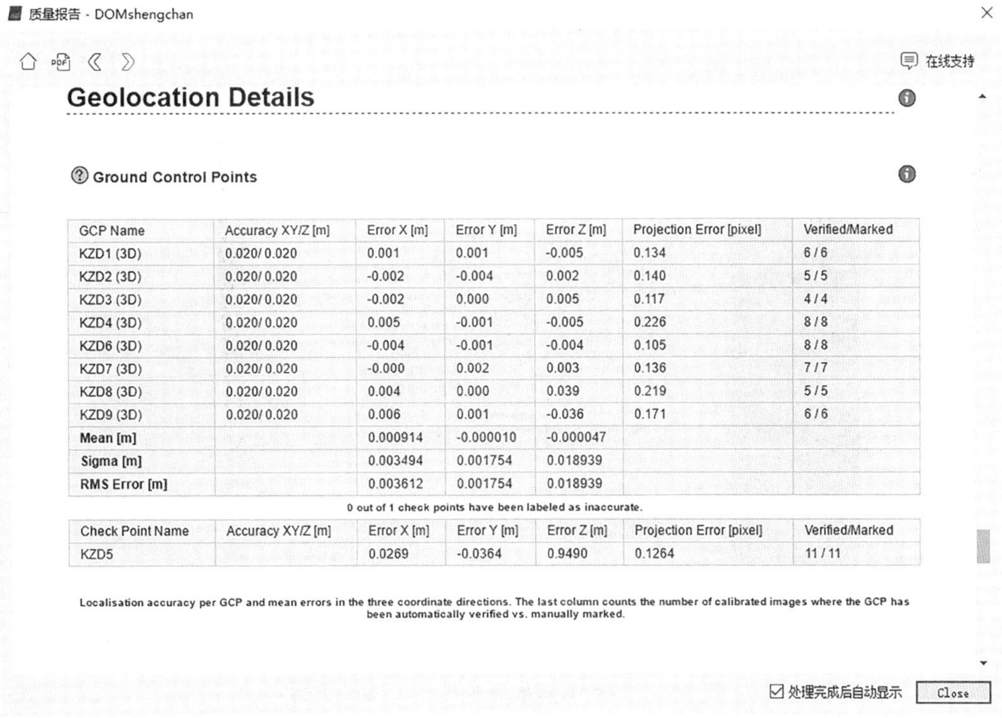

质量报告 - DOMshengchan

在线支持

Geolocation Details

Ground Control Points

GCP Name	Accuracy XY/Z [m]	Error X [m]	Error Y [m]	Error Z [m]	Projection Error [pixel]	Verified/Marked
KZD1 (3D)	0.020/ 0.020	0.001	0.001	-0.005	0.134	6 / 6
KZD2 (3D)	0.020/ 0.020	-0.002	-0.004	0.002	0.140	5 / 5
KZD3 (3D)	0.020/ 0.020	-0.002	0.000	0.005	0.117	4 / 4
KZD4 (3D)	0.020/ 0.020	0.005	-0.001	-0.005	0.226	8 / 8
KZD6 (3D)	0.020/ 0.020	-0.004	-0.001	-0.004	0.105	8 / 8
KZD7 (3D)	0.020/ 0.020	-0.000	0.002	0.003	0.136	7 / 7
KZD8 (3D)	0.020/ 0.020	0.004	0.000	0.039	0.219	5 / 5
KZD9 (3D)	0.020/ 0.020	0.006	0.001	-0.036	0.171	6 / 6
Mean [m]		0.000914	-0.000010	-0.000047		
Sigma [m]		0.003494	0.001754	0.018939		
RMS Error [m]		0.003612	0.001754	0.018939		

0 out of 1 check points have been labeled as inaccurate.

Check Point Name	Accuracy XY/Z [m]	Error X [m]	Error Y [m]	Error Z [m]	Projection Error [pixel]	Verified/Marked
KZD5		0.0269	-0.0364	0.9490	0.1264	11 / 11

Localisation accuracy per GCP and mean errors in the three coordinate directions. The last column counts the number of calibrated images where the GCP has been automatically verified vs. manually marked.

☑ 处理完成后自动显示　Close

图 6-23　控制点及检查点几何精度

6. DOM 及 DSM 生产

(1)如果只需要一个快拼的 DOM,则可以仅勾选第三个选项"DSM、正射影像和指数",并根据项目要求设置相关参数。本项目是生产 DOM 及 DSM,所以"点云和纹理""DSM、正射影像和指数"都需勾选,并且在【处理选项】中可调整相应参数,如图 6-24、图 6-25 所示。

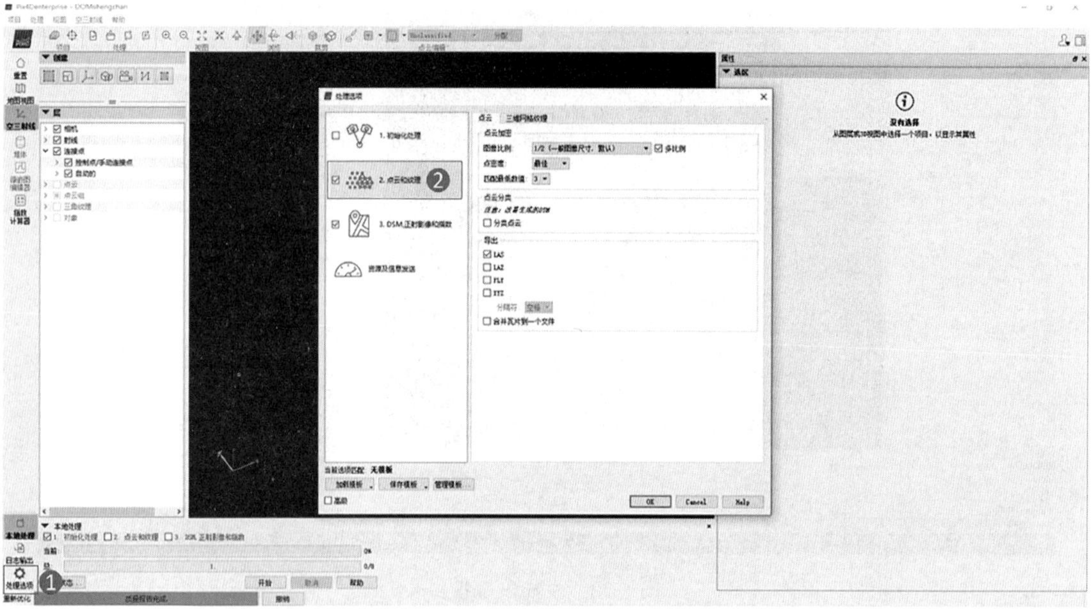

图 6-24 "点云和纹理"选项参数设置

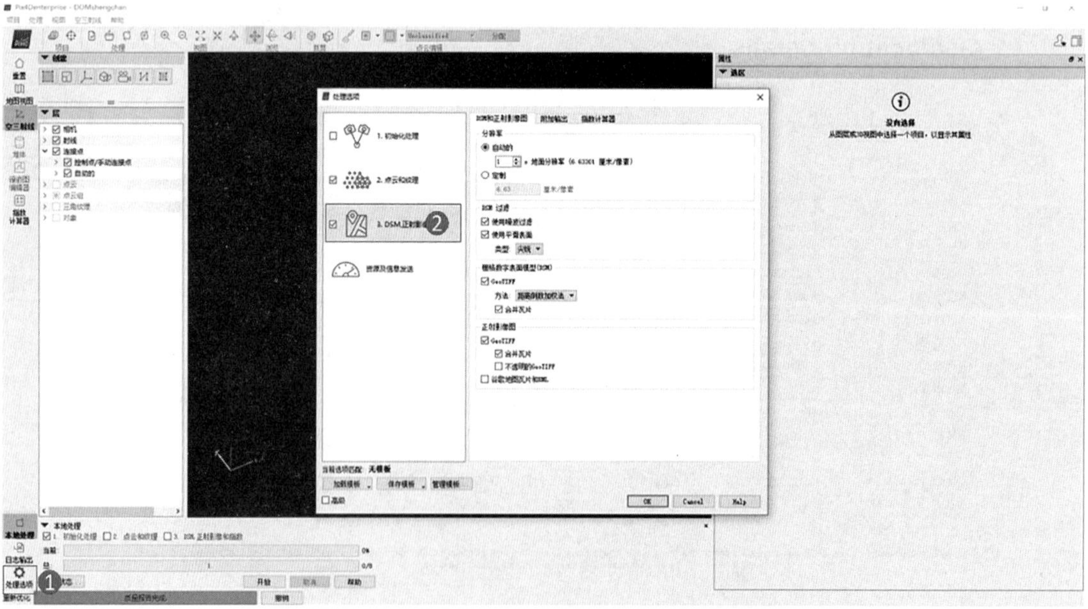

图 6-25 "DSM、正射影像和指数"参数设置

(2)各项参数设置完成后，点击【本地处理】→【开始】，如图6-26所示，软件即可全自动完成生产DSM、DOM等产品。从"输出状态"中可查看产品输出状态，绿色标识代表已完成，红色标识代表正在处理，如图6-27所示。

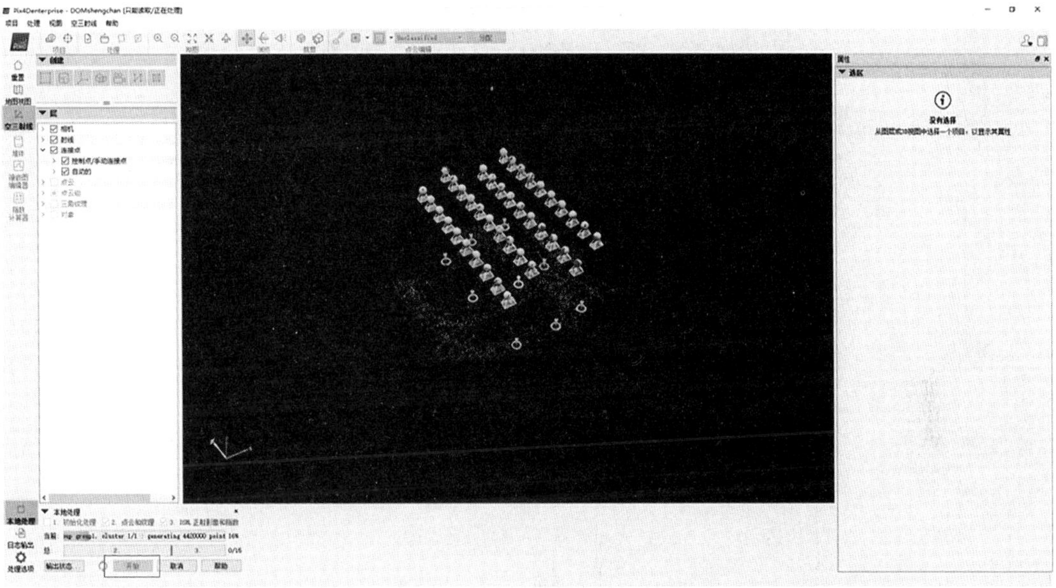

图6-26　本地处理

(3)生产完成后可以在【输出状态】中，查找已生产好的DOM及DSM等产品。通过其他第三方软件可查看已生产的DOM及DSM成果，如图6-28、图6-29所示。

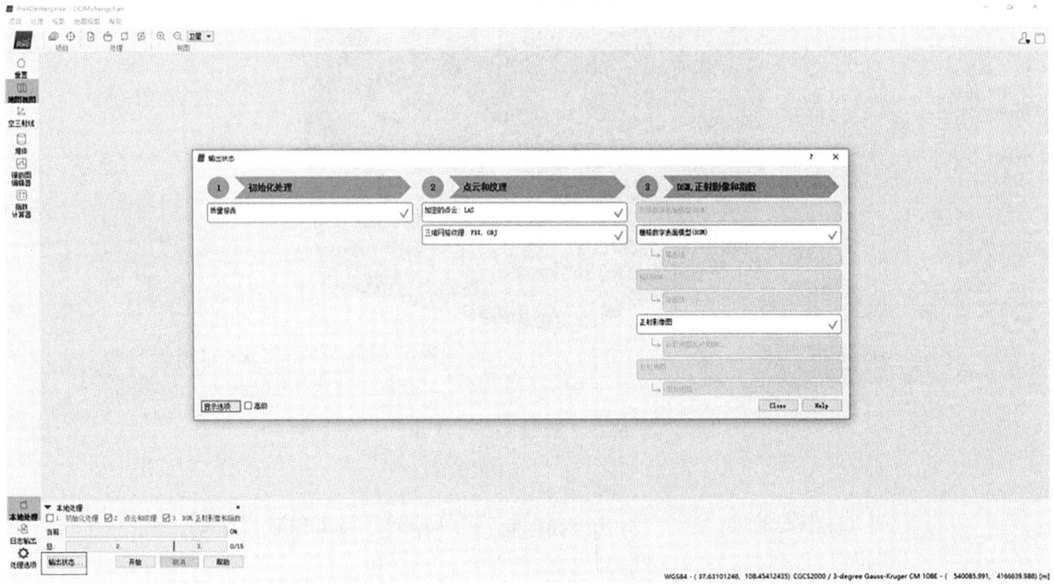

图6-27　产品输出状态

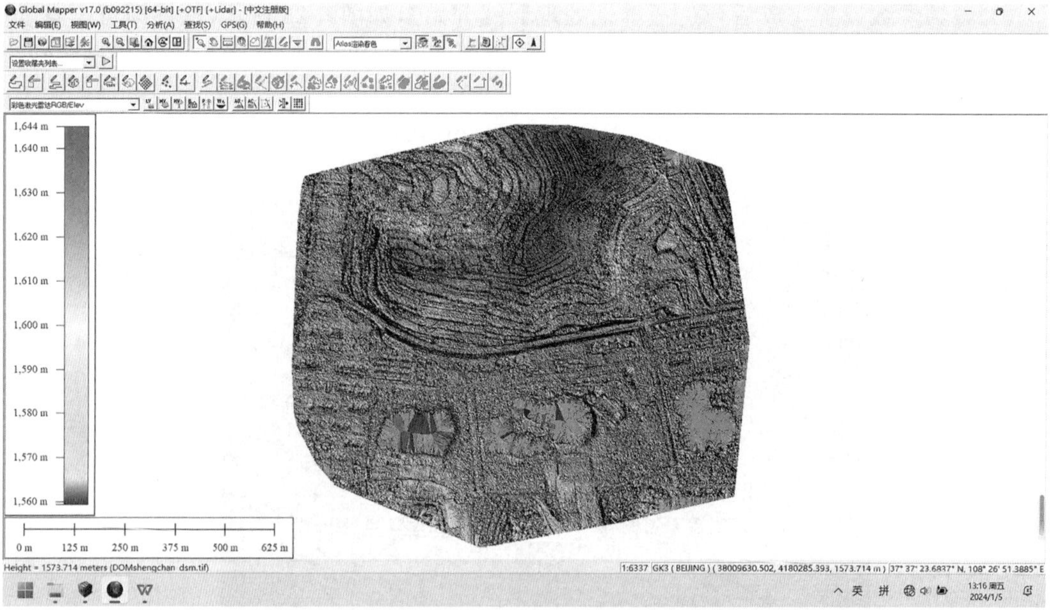

图 6-28　查看 DSM 成果

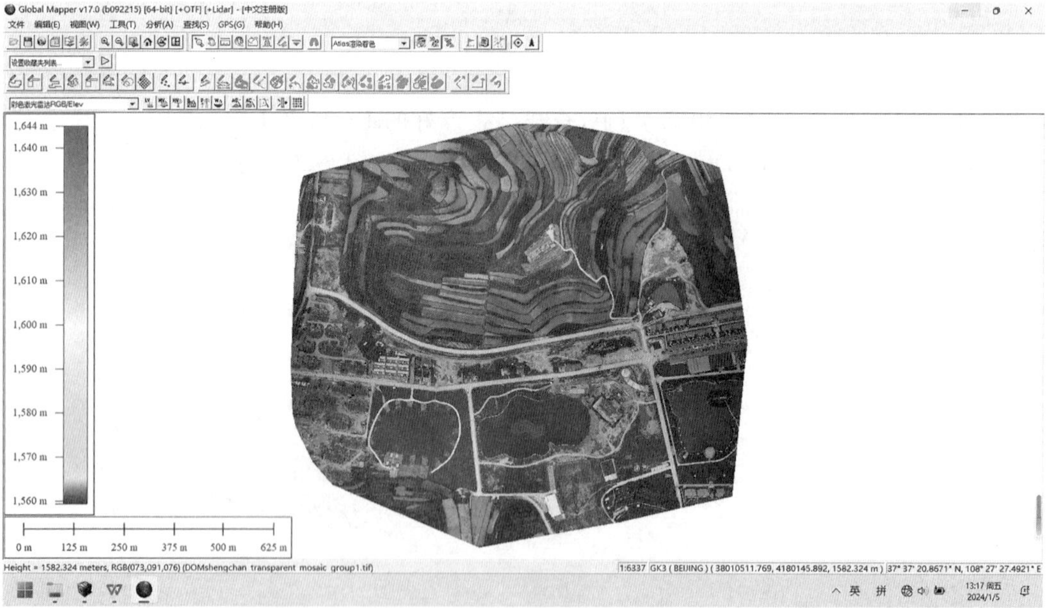

图 6-29　查看 DOM 成果

【项目案例 2：基于 PhotoScan 软件的 DSM 与 DOM 生产】

PhotoScan 软件是俄罗斯 Agisoft 公司开发的，PhotoScan 的主要优势在于其自动化和高效性。它无须复杂的相机校准步骤，只需通过多视图三维重建技术，就可以自动处理任意来源的照片，生成高质量的三维模型。无论是航拍照片还是高分辨率的数码相机影像，PhotoScan

都可以轻松处理。

PhotoScan 的工作流程完全自动化，包括影像定向和三维模型重建。通过使用控制点，PhotoScan 能够生成具有高分辨率、真正射影像（使用控制点可达 5cm 精度）以及带精细色彩纹理的 DEM 模型。即使非专业人员也可以在一台电脑上处理成百上千张航空影像，生成专业级别的摄影测量数据。

此外，PhotoScan 还支持多航高、多分辨率影像等各类影像的自动空三处理，具有影像掩模添加、畸变去除等功能，可以顺利处理非常规的航线数据或包含航摄漏洞的数据。操作简单、容易掌握等优点，使 PhotoScan 成为摄影测量领域的强大工具。

总的来说，PhotoScan 是一款自动化、高效、易用的三维建模软件，适用于广泛的 3D 建模需求，包括但不限于航拍照片、高分辨率数码相机影像的处理，以及专业级别的摄影测量数据的生成。

【任务描述】

某城市规划项目，规划师和设计师想通过 DOM 了解城市景观的构成和特点，以评估城市设计的可行性和优劣，为城市景观和空间设计的优化提供支持；通过 DSM 数据了解地形起伏、坡度变化等情况，为城市道路设计、排水工程等提供依据。请以提供的原始影像数据、POS 数据、像控点数据为基础，生产 DOM 及 DSM。

【任务实施】

1. 原始影像及 POS 数据导入

(1)设置 GPU 增速。双击软件快捷方式打开软件，单击【工具】→【偏好设置】，单击【GPU】选项卡，勾选该选项，提高 GPU 处理影像速度，如图 6-30 所示。

图 6-30　偏好设置

(2)原始影像数据导入。单击【工作流程】→【添加照片】选项，添加所有原始影像数据，如图 6-31 所示。

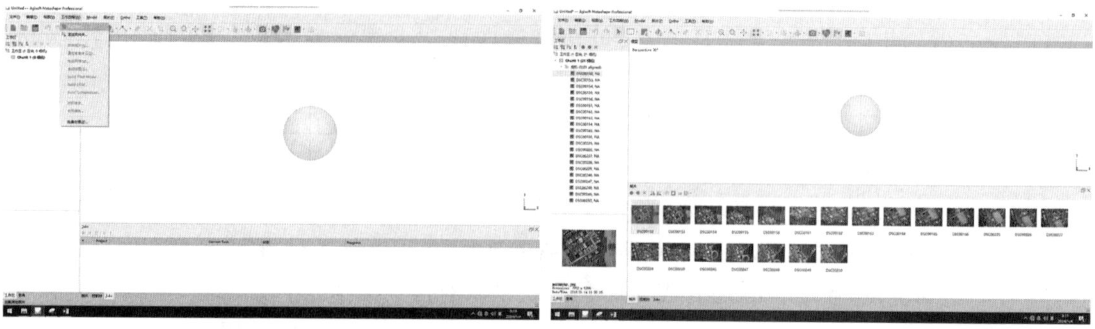

图 6-31　导入原始影像数据

(3)POS 数据导入。

①单击【参考】→【设置】选项，选择 POS 数据对应的坐标系统，可根据 POS 数据精度调整其计算权重，如图 6-32 所示。

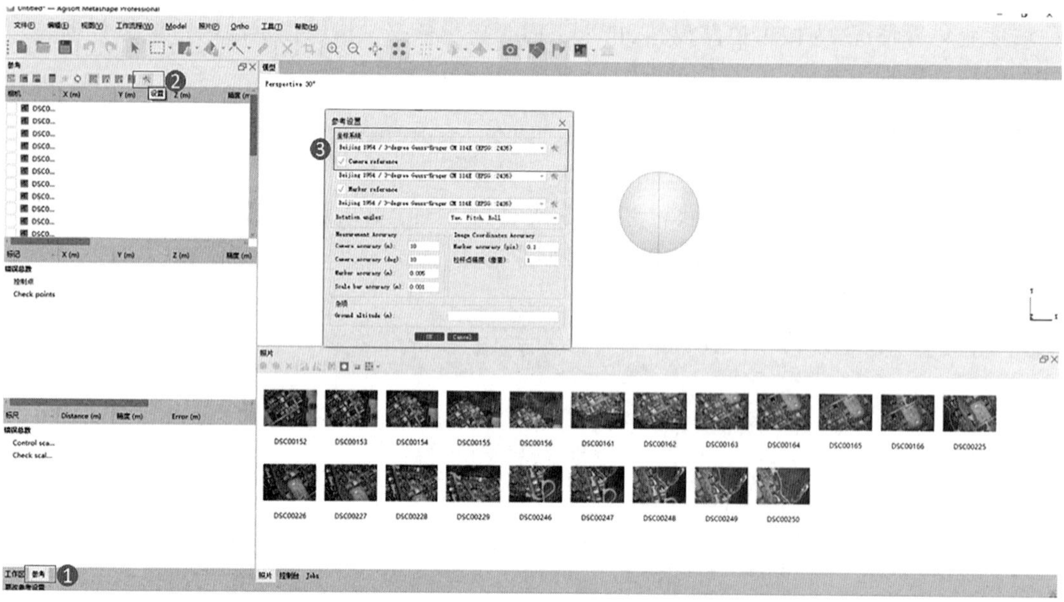

图 6-32　设置 POS 数据坐标系统

②单击【参考】→【导入】选项，选择 POS 数据坐标系统、分隔符、POS 数据各列对应标签、数据计算起始行，在预览窗口 POS 数据显示正确，如图 6-33 所示。POS 数据导入成果如图 6-34 所示。

2. 控制点数据导入

(1)单击【参考】→【设置】选项，选择控制点数据对应的坐标系统，并根据控制点数据精度调整其计算权重，如图 6-35 所示。

(2)单击【参考】→【导入】选项，选择控制点数据坐标系统、分隔符、POS 数据各列对应标签、数据计算起始行，在预览窗口控制点数据显示正确，如图 6-36 所示。弹出“找不到匹配的条目”对话框，点击“Yes to All”，成果如图 6-37 所示。

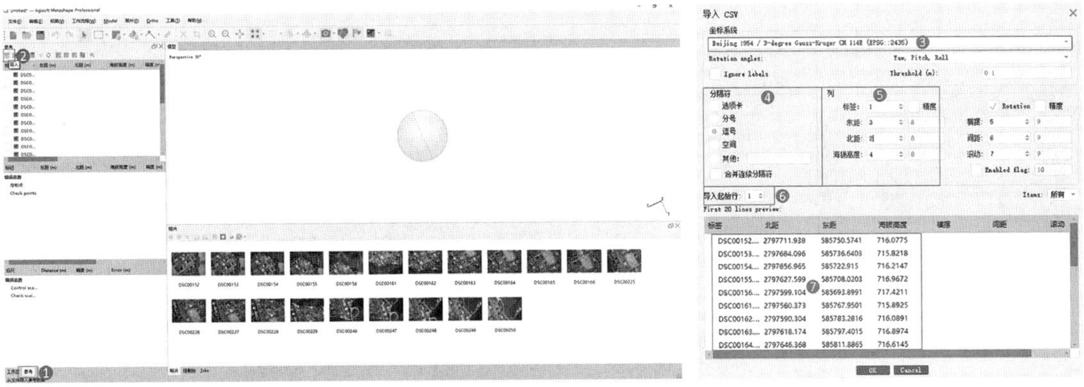

图 6-33 导入 POS 数据

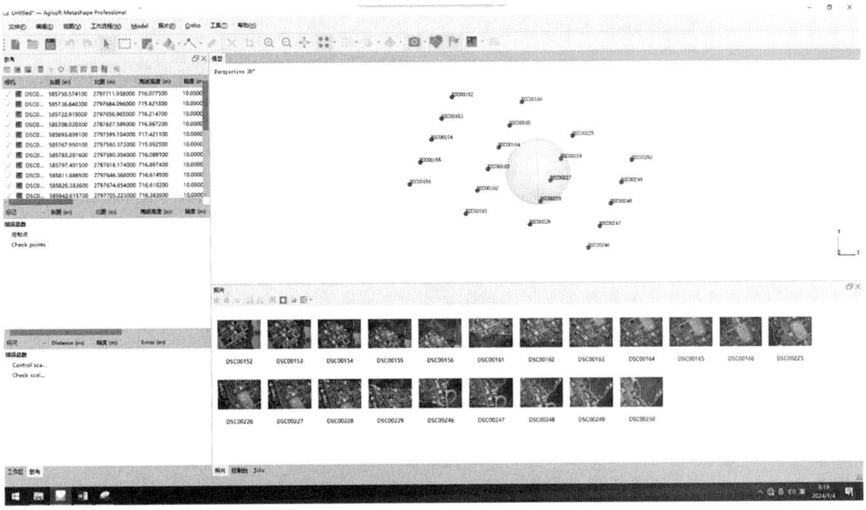

图 6-34 POS 数据导入成果

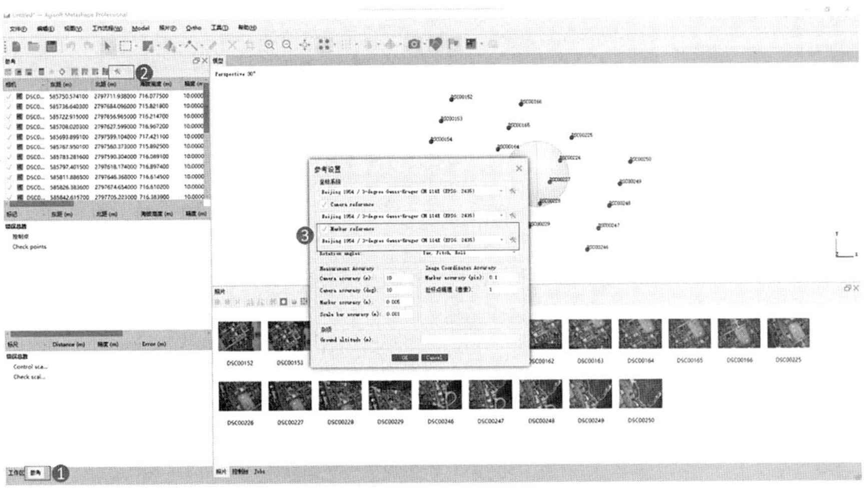

图 6-35 设置控制点数据坐标系统

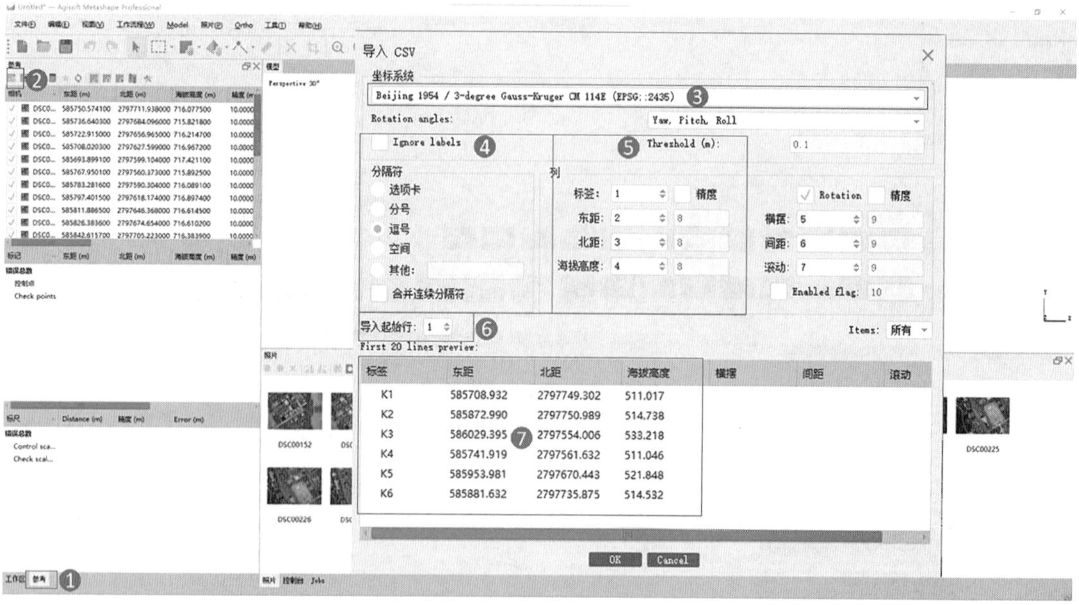

图 6-36 导入控制点数据

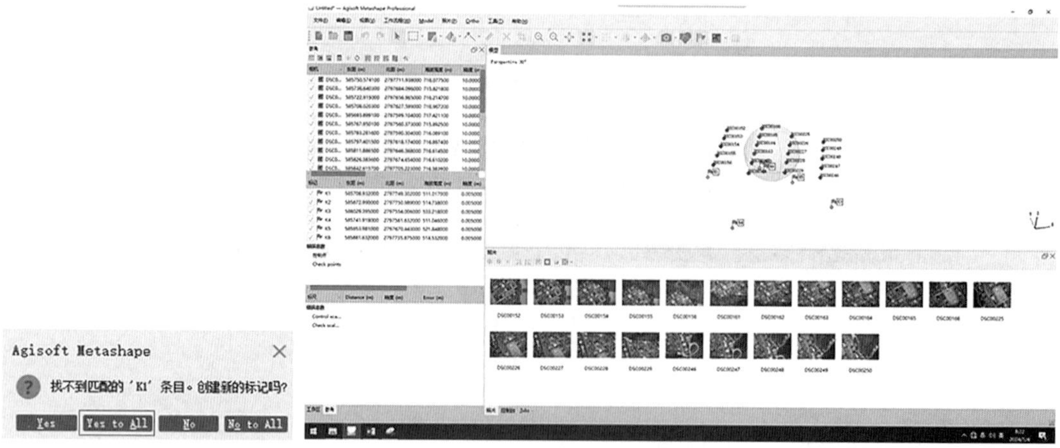

图 6-37 控制点数据导入成果

3. 无约束空三加密

单击【工作流程】→【对齐照片】,根据项目要求选择匹配精度(注:不同的匹配精度匹配出的点云数量有差异,同样匹配时间也不尽相同),如图 6-38 所示。点击【OK】进行无约束空中三角测量,匹配成果如图 6-39 所示。

4. 约束空三加密

(1)选择软件左侧要刺的控制点右键,选择【标记筛选照片】,如图 6-40 所示。

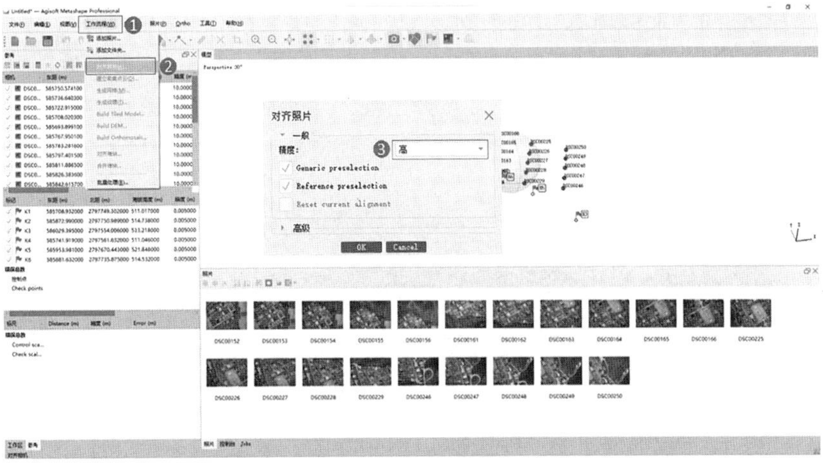

图 6-38　对齐照片

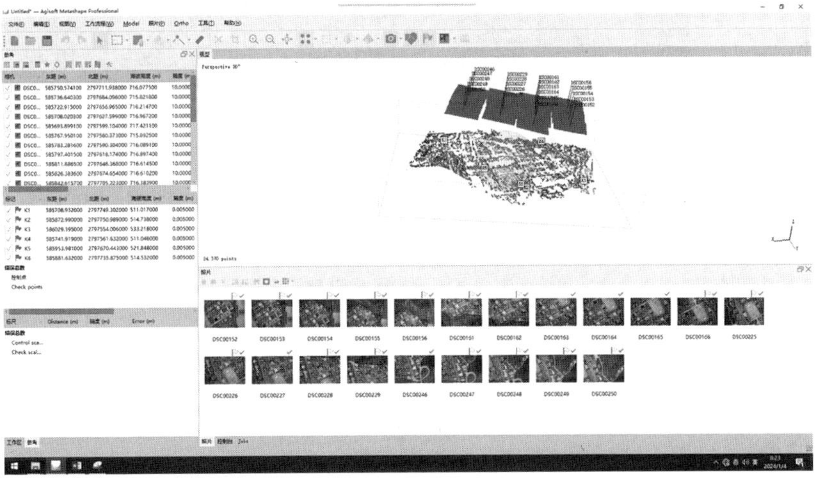

图 6-39　无约束空三匹配成果

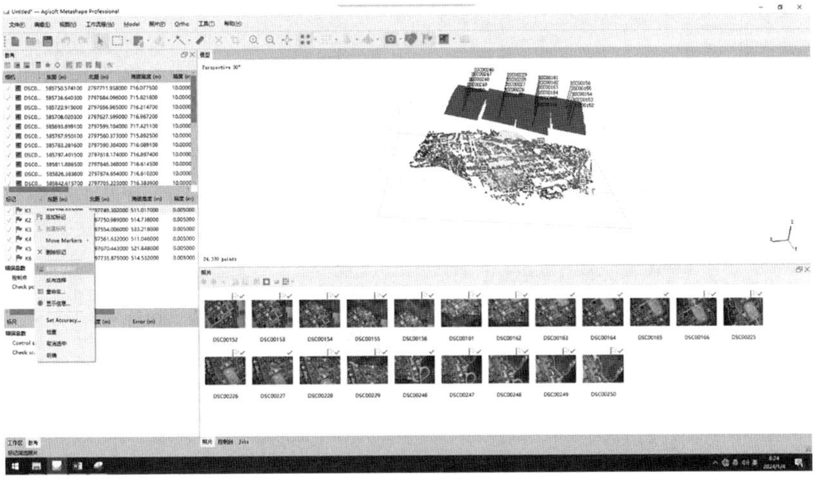

图 6-40　标记筛选照片

(2)在“照片”选项卡能够筛选出航拍到该像控点的所有照片,选中其中 1 张照片,将预测出来的点位移动到像控点测量的点位,通常情况下每个像控点刺 5～6 张照片即可(注:选择清晰、不同航带的照片)。已经刺点的照片上方会出现 1 个绿色小旗子图标,如图 6-41 所示。同样的方法完成其他像控点刺点工作。

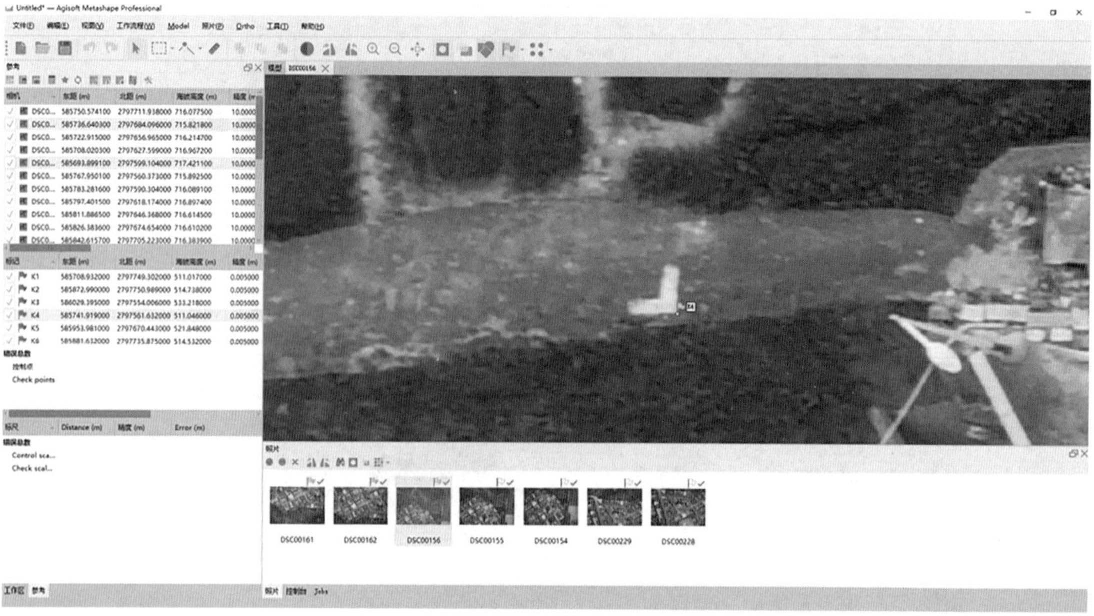

图 6-41　已刺点照片

(3)该项目选择 K6 号点作为检查点,将该像控点前标记符号取消,如图 6-42 所示。

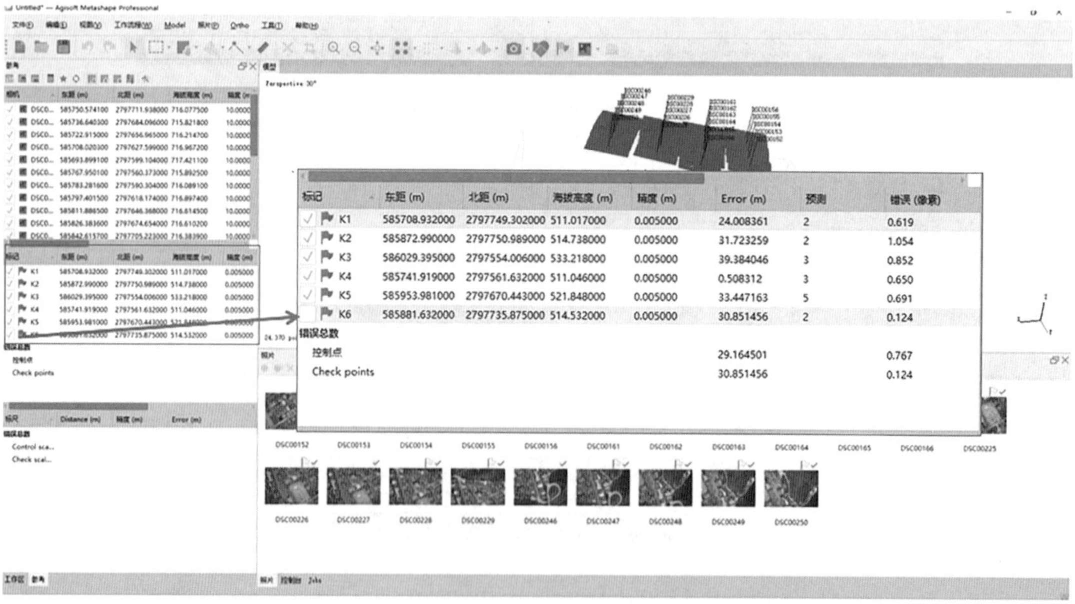

图 6-42　设置检查点

(4)单击【参考】→【误差】,查看 POS 预测点及控制点刺点误差。单击【参考】→【优化图片对齐方式】,选择优化焦距、主点位置、切向畸变、径向畸变等参数,点击【OK】进行平差计算,如图 6-43 所示。空三加密成果如图 6-44 所示。

图 6-43　优化图片对齐方式

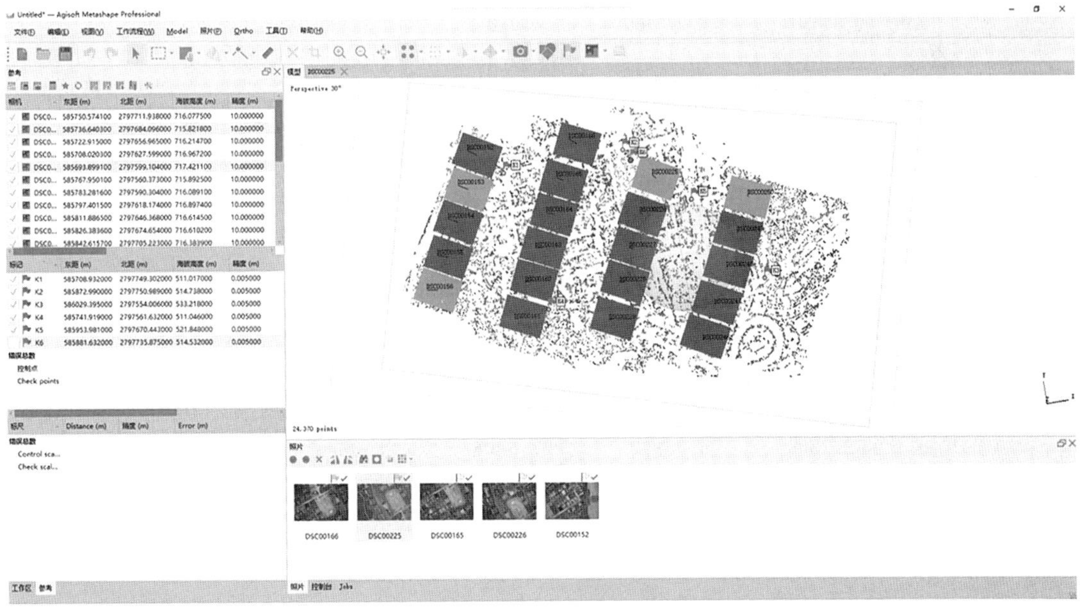

图 6-44　空三加密成果

5. 精度评定

单击【文件】→【导出】→【生成报告】,如图 6-45 所示。选择导出的位置,保存后查看质量报告，重点查看控制点及检查点几何精度，如图 6-46 所示。符合项目要求便可进行下一步生产工作。

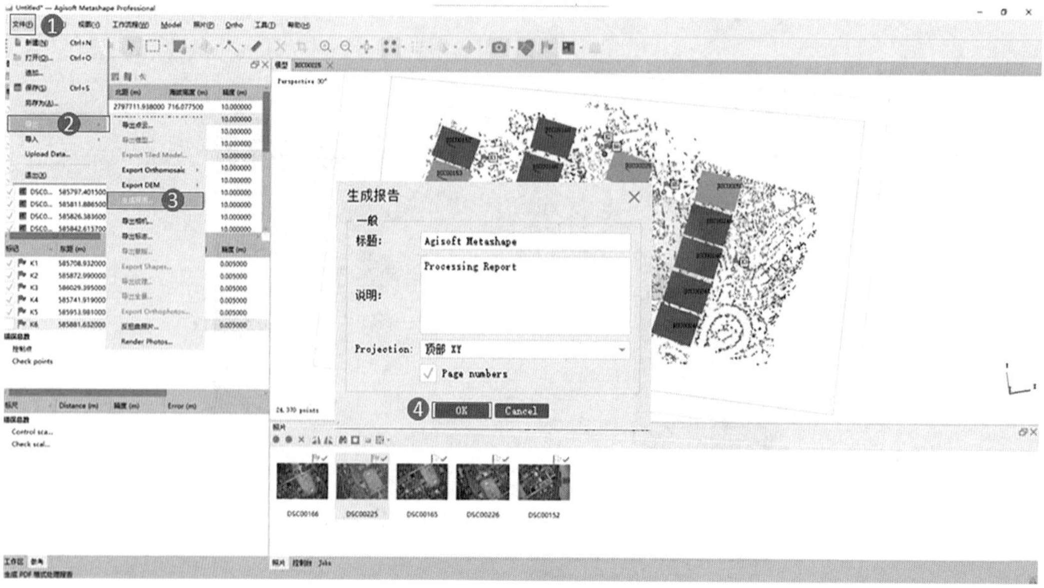

图 6-45 导出报告

标签	X error (cm)	Y error (cm)	Z error (cm)	总计 (cm)	图像 (pix)
K1	0.80626	0.273465	-2.75619	2.88469	0.138 (2)
K2	-0.303342	-1.16744	3.34581	3.5566	0.620 (2)
K3	1.25016	-0.520152	-0.971869	1.66673	0.378 (3)
K4	-0.688894	0.169069	0.270258	0.759077	0.166 (3)
K5	-0.907428	1.05507	-1.28939	1.89713	0.347 (5)
总计	**0.848878**	**0.754985**	**2.07225**	**2.36322**	**0.358**

控制点

X - 东距; Y - 北距; Z - 海拔高度

标签	X error (cm)	Y error (cm)	Z error (cm)	总计 (cm)	图像 (pix)
K6	-5.49809	-6.05982	27.6808	28.8648	0.459 (2)
总计	**5.49809**	**6.05982**	**27.6808**	**28.8648**	**0.459**

检查点

X - 东距; Y - 北距; Z - 海拔高度

图 6-46 控制点及检查点几何精度

6. DOM 及 DSM 生产

(1)生成密集点云。建立点云是生产其他产品的基础，单击【工作流程】→【生成密集点云】，根据项目精度要求选择相应参数，点击【OK】后等数据处理完成即可，如图 6-47 所示。处理完成后切换到【工作区】选项卡查看成果，可以看到地物的轮廓清晰可见，如图 6-48 所示。

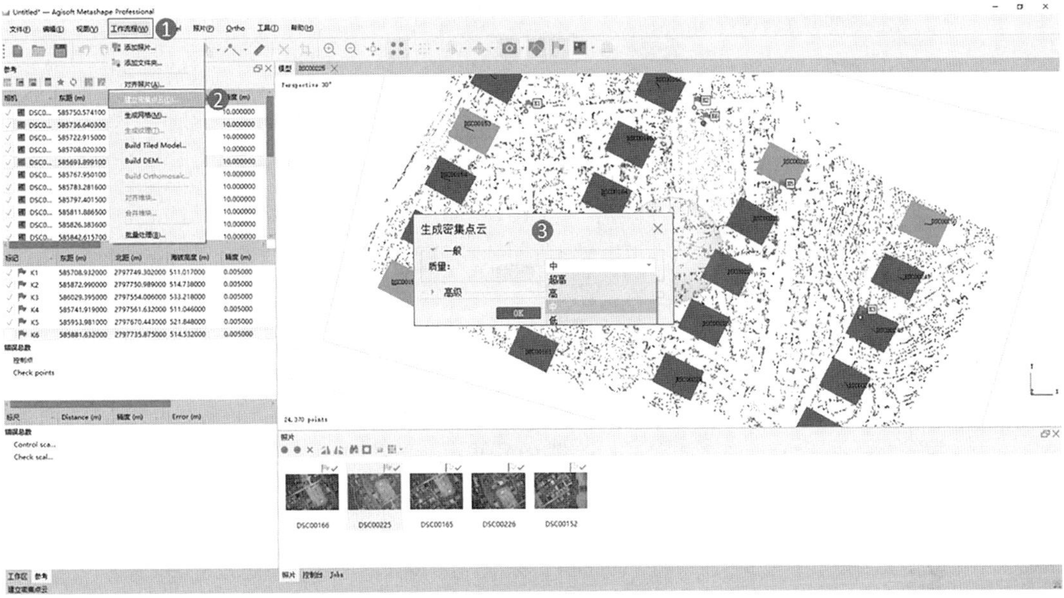

图 6-47　生成密集点云

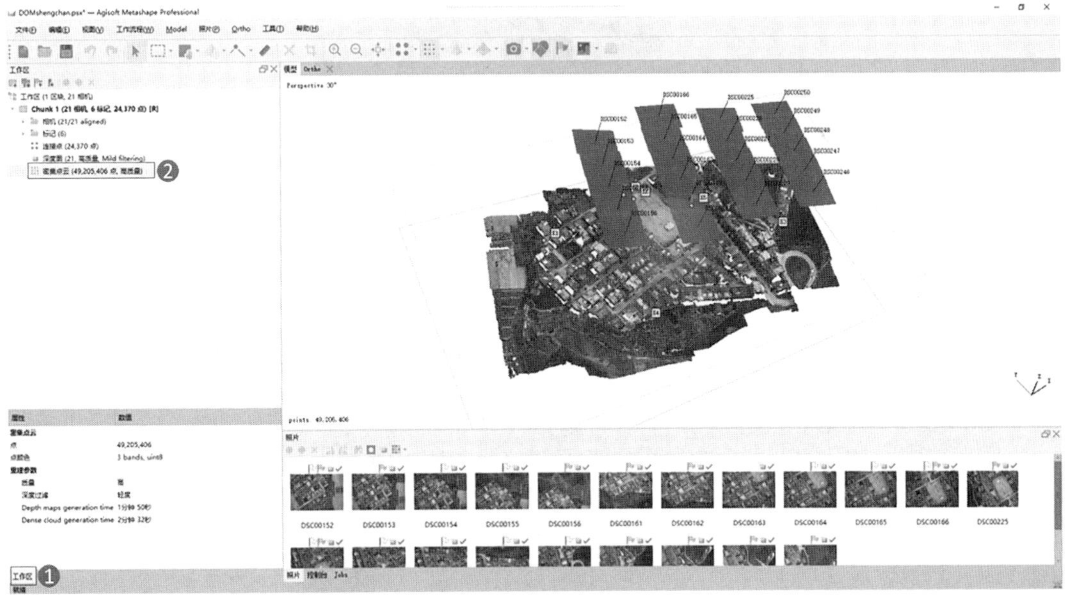

图 6-48　密集点云成果

(2)构建 DSM。单击【工作流程】→【Build DEM】,设置投影类型、点云源数据、产品分辨率等参数,如图 6-49 所示。点击【OK】后等待数据处理完成,处理完成后切换到【工作区】选项卡查看成果,DSM 产品清晰可见,如图 6-50 所示。

(3)DOM 生产。单击【工作流程】→【Build Orthomosaic】,在弹出的对话框中设置输出成果坐标系统、参考的表面模型、影像分辨率等参数,如图 6-51 所示。各项参数设置完成后点击【OK】,处理完成后切换到【工作区】选项卡查看 DOM 成果,如图 6-52 所示。

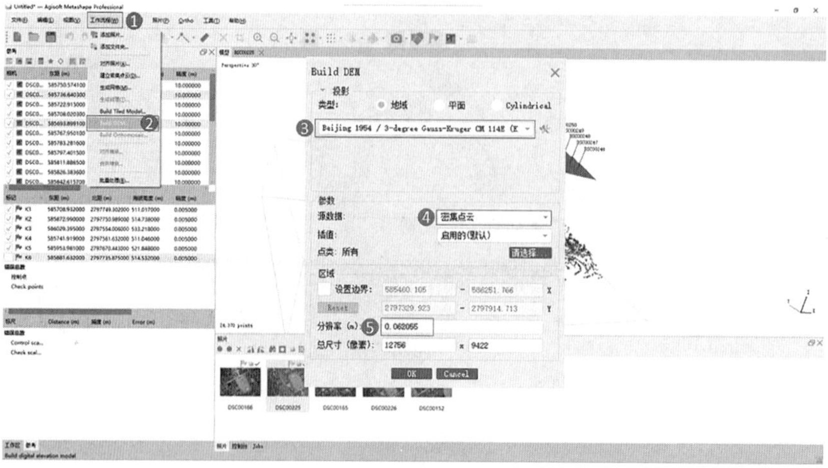

图 6-49　构建 DSM

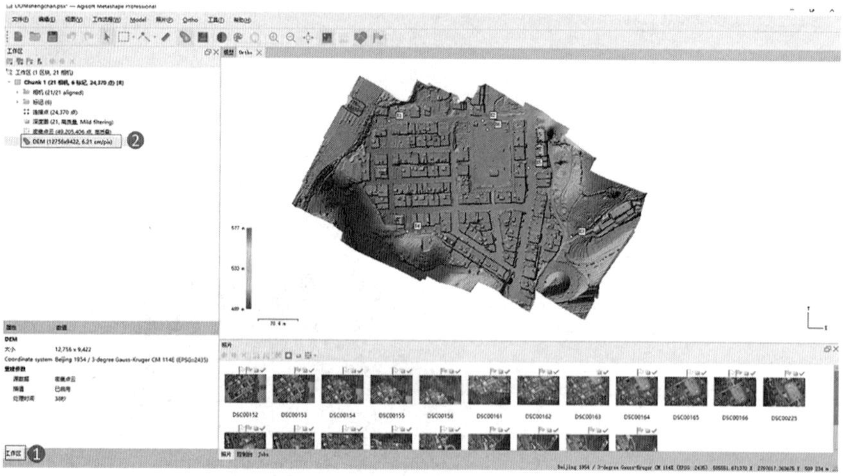

图 6-50　DSM 成果

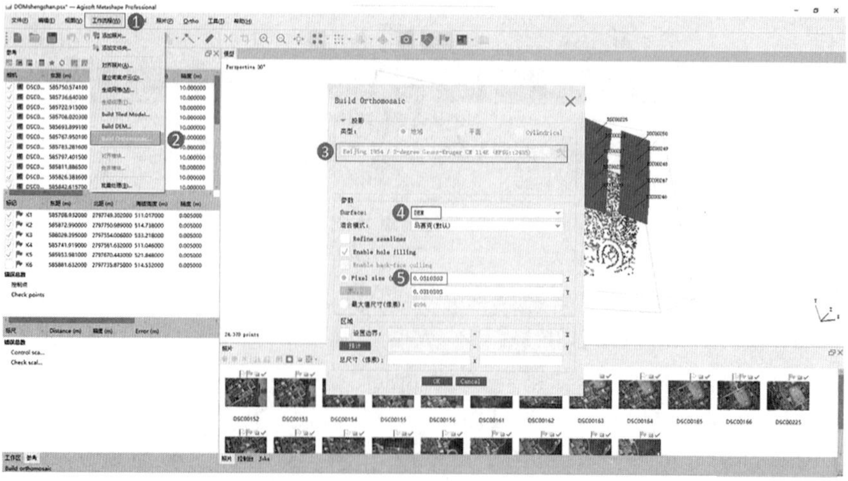

图 6-51　建立正射影像图

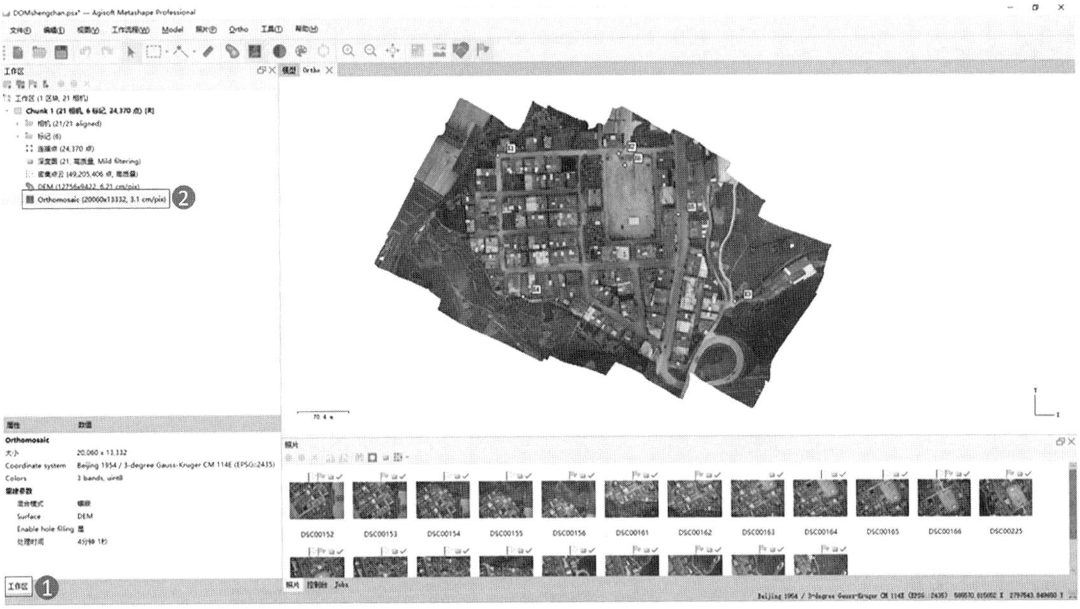

图 6-52　DOM 成果

(4)独立数据产品输出。想要得到独立的数据产品,需要导出相应的产品,选择【文件】→【导出】→【Export DEM】→【导出 TIFF】,设置导出 DSM 产品的坐标系统、像素大小等参数(注:若导出成果带有坐标系统,“写世界(World)文件”复选框必须勾选),导出 DSM 产品,如图 6-53 所示。以同样的方式导出 DOM 时,区块分割尺寸不能超高(4 000×4 000),如图 6-54 所示。

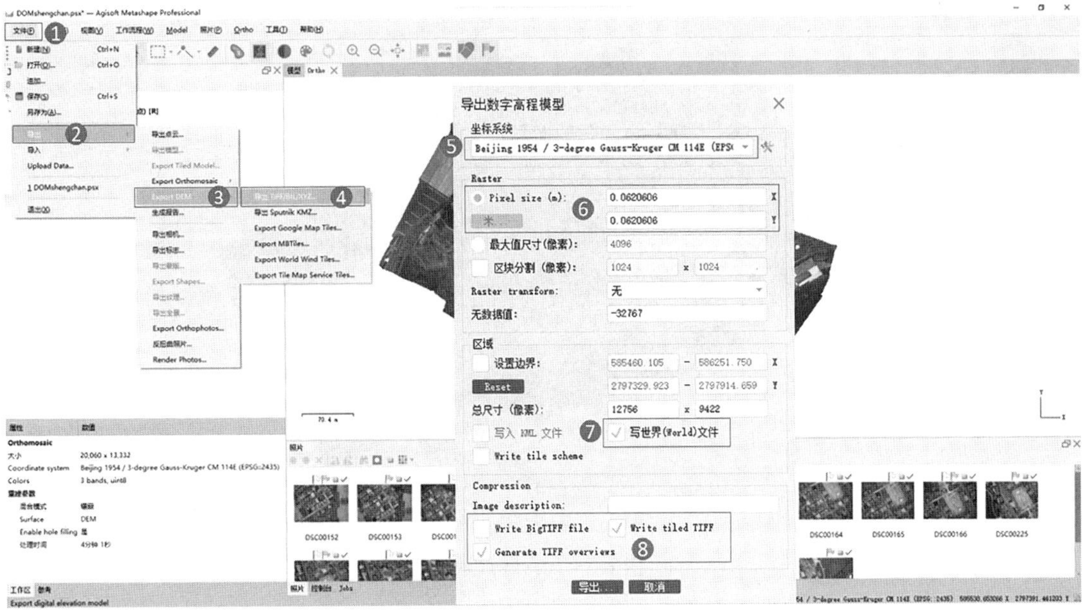

图 6-53　导出 DSM

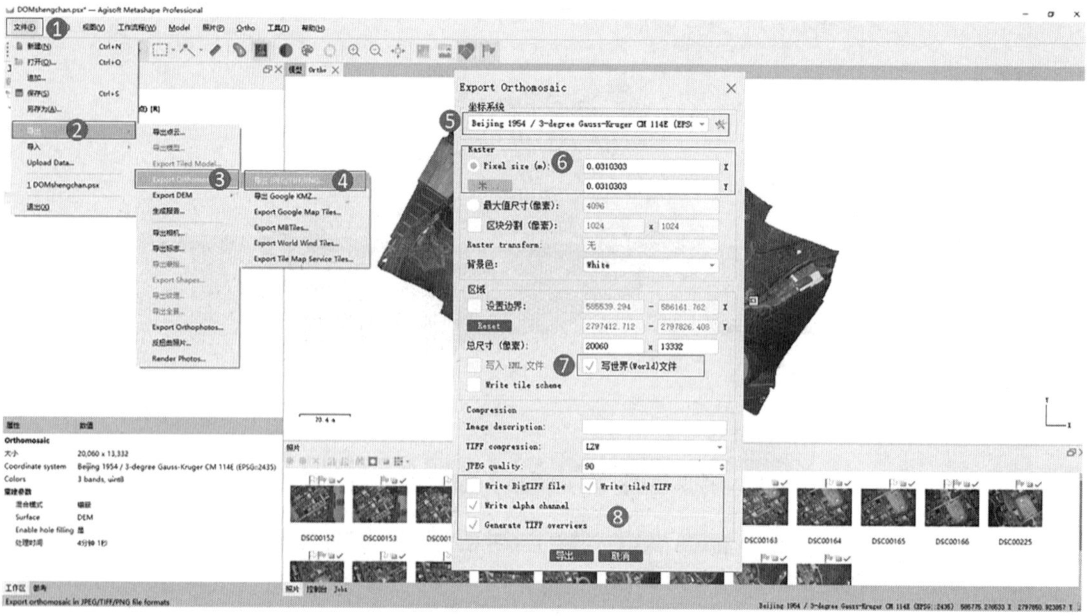

图 6-54　导出 DOM

(5)产品查看。通过其他第三方软件可查看已生产的 DSM 及 DOM 成果,如图 6-55、图 6-56 所示。

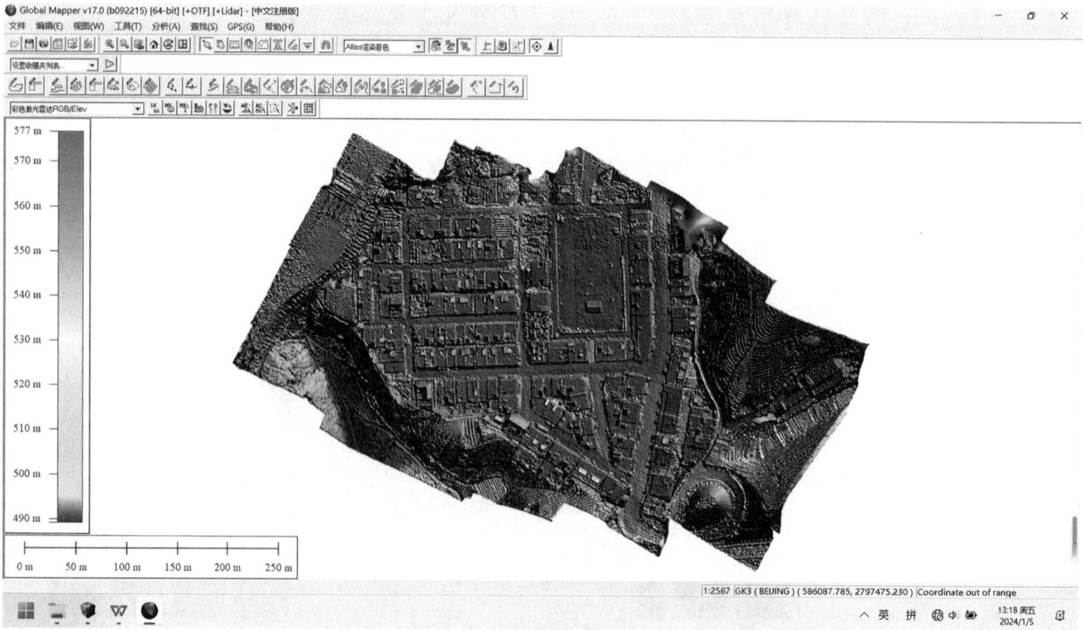

图 6-55　DSM 成果

图 6-56　DOM 成果

(6)批量处理。此外,点云、DSM、DOM 生产过程可以使用“批量处理”功能,将各生产产品参数设置好后,软件会自动进行到下一个产品的生产,人工干预过程较少,生产效率提高。点击【工作流程】→【批量处理选项】,在“批量处理”对话框中,按生产顺序添加生产项目,并设置该项目下对应的参数,勾选“每步必须保存项目”选项,点击【OK】自动完成所有项目生产工作,如图 6-57 所示,成果同分步骤生产效果一样。

图 6-57　批量处理

【项目案例3:基于点云智绘软件的DEM生产】

点云智绘(Point Cloud Automata,简称PCA)是由北京钜智信息科技有限公司开发的一套完整的针对高密度机载激光雷达点云数据处理软件。该软件实现了从“点云→滤波分类→点云分割→语义标注→单体化→3D建模→统计分析”的点云处理和分析流程,提供快速的一键式处理,为行业提供智能的点云解决方案。该软件具有以下特点。

1. 自动化和智能化

点云智绘提供了一键式操作,使得用户可以快速、简便地完成点云数据的处理和分析,没有复杂的操作过程。

2. 多行业应用

软件可应用于测绘、林业、电力、农业、矿山、地质等不同行业,满足各种行业的需求。

3. 全面的数据处理能力

点云智绘可以处理市面上所有点云标准数据格式,包括但不限于点云去噪、点云分割、条带平差、滤波、点云提取、点云分类、林地信息提取、矢量化、生成高程产品等。

4. 可扩展性

软件支持与设计软件联机作业,可以与其他相关软件进行联动,提高了工作效率和数据处理能力。

5. 高效性和易用性

软件支持自定义快捷键,可以快速完成模型单体的构建,同时软件简单易用,学习成本低。

【任务描述】

以“项目案例1”或“项目案例2”生产的成果点云数据为基准,生产该地区DEM。

【任务实施】

1. 原始点云数据导入

打开“点云智绘(测绘版)软件”,点击菜单栏【文件】→【打开LAS文件】,选择数据并导入,如图6-58所示。

2. 地面点分类

单击菜单栏【点云分类和信息提取】→【基于点基元的点云分类】→【地面点识别(点基元版)】,设置“基于点基元的不规则三角网渐进加密滤波”参数,单击【确定】提取地面点,如图6-59所示。

3. 数据对比

打开“点云智绘-Viewer”软件,加载原始点云数据及分类后点云数据,对比分类结果,如图6-60、图6-61所示。

4. DEM生产

点击菜单栏【点云分类和信息提取】→【高程产品】→【生成高程影像产品】,设置“生成高程影像产品”参数,单击【确定】完成DEM生产,如图6-62所示。用第三方软件打开原始DSM产品及DEM产品,查看其异同,如图6-63所示。

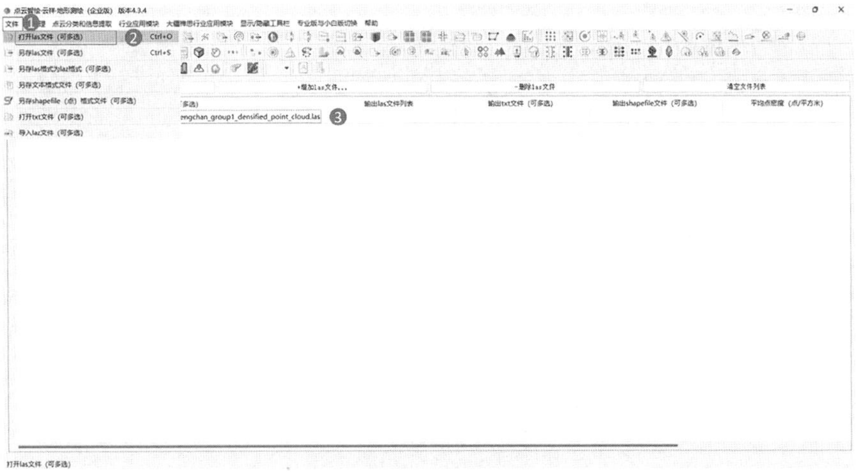

图 6-58　原始点云数据导入

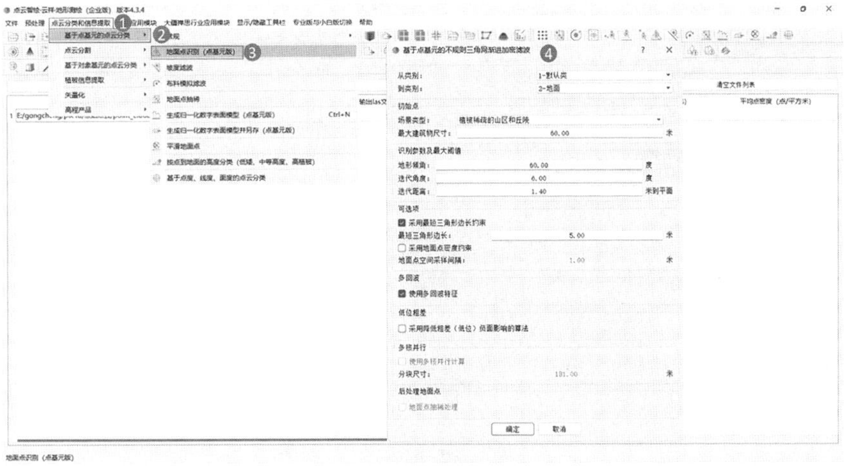

图 6-59　地面点分类

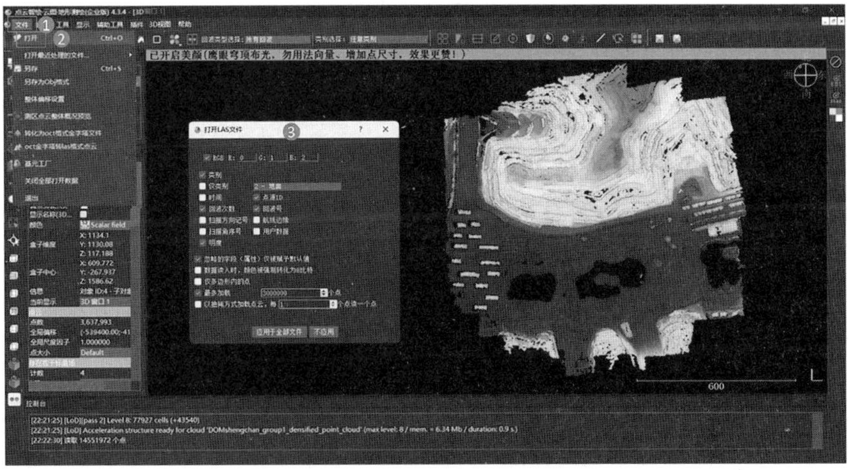

图 6-60　原始点云数据展示

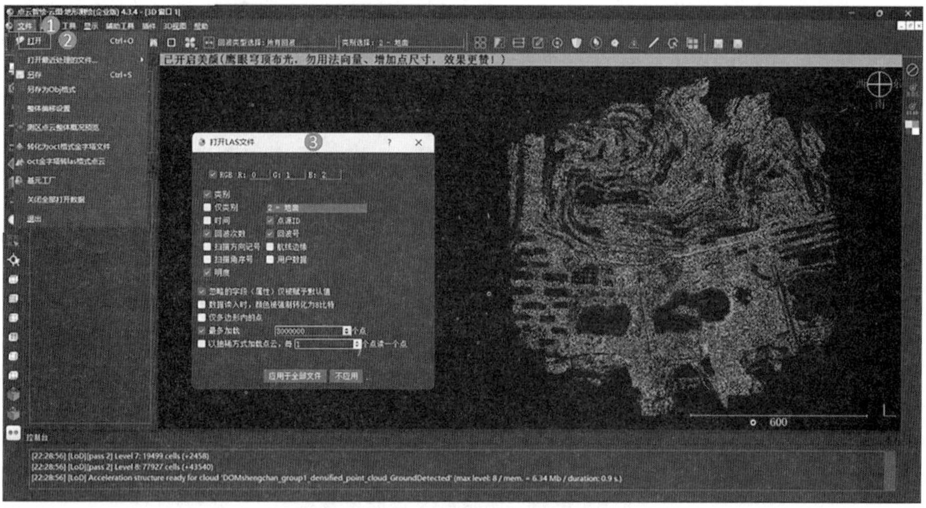

图 6-61　分类后点云数据展示

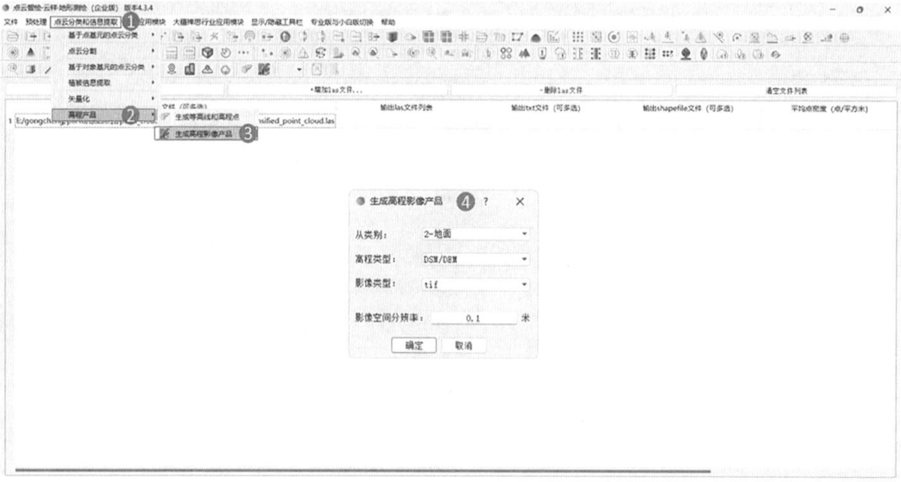

图 6-62　DEM 生产

图 6-63　原始 DSM 产品与 DEM 产品成果对比图

6.2　无人机倾斜摄影实景三维模型生产

实景三维模型生产与建立(三维动画)

三维重建(三维动画)

无人机倾斜摄影实景三维模型生产是近年来快速发展的数字摄影测量技术之一,它通过无人机搭载多台相机从不同角度同时拍摄地物,获取高分辨率的影像数据,再利用专业软件进行数据处理和模型重建,最终生成实景三维模型。图 6-64 为实景三维模型

图 6-64　实景三维模型

6.2.1　无人机倾斜摄影技术概述

无人机倾斜摄影技术是指利用无人机作为飞行平台,搭载多台相机,从多个不同的倾斜角度同时拍摄地物,从而获取高分辨率的影像数据。通过这些影像数据的拼接和处理,可以生成实景三维模型,其精度和真实度远高于传统的二维地图。倾斜摄影技术具有高效率、低成本、高分辨率等优点,广泛应用于城市规划、土地资源调查、灾害监测、农业监测等领域。

6.2.2　无人机倾斜摄影系统组成

无人机倾斜摄影系统主要由无人机飞行平台、倾斜相机、控制系统、数据处理软件等组成。

1. 无人机飞行平台

无人机飞行平台是整个系统的核心,负责搭载倾斜相机并实现空中拍摄任务。无人机的选择应根据实际需求进行,需考虑无人机的载荷能力、续航能力、飞行速度、稳定性等因素。

2. 倾斜相机

倾斜相机是用于拍摄地物的设备,一般由多台相机组成,可以同时从多个角度拍摄地物。

相机的性能参数包括像素大小、焦距、拍摄角度等,这些参数直接影响最终的影像质量和实景三维模型的精度。

3. 控制系统

控制系统负责无人机的起飞、航行、降落等操作,通过地面站或遥控器进行控制。控制系统需保证无人机飞行的稳定性和安全性,以确保拍摄的影像质量。

4. 数据处理软件

数据处理软件是用于对拍摄的影像数据进行处理和模型重建的核心工具。通过软件可以对影像进行预处理、特征提取、模型重建等操作,最终生成实景三维模型。数据处理软件需具备高效、稳定、易操作等特点。

6.2.3 无人机倾斜摄影实景三维模型生产流程

1. 航拍准备

在航拍前需进行现场勘查,了解测量区域的地形地貌、建筑物、植被等情况,制订详细的航拍计划,包括无人机的起飞点、航线设计、拍摄参数等。同时需要搭建临时航拍塔架或使用无人机搭载 GNSS 定位系统,确保拍摄点位置的准确性。

2. 无人机起飞与航拍

根据航拍计划,启动无人机并设置相应的参数,如飞行高度、速度、相机角度等。在确保无人机飞行稳定和安全的前提下,按照预定的航线进行拍摄。在航拍过程中,需要注意相机的曝光时间、光圈大小等参数的设置,以保证获取高质量的影像数据。

3. 数据预处理

完成航拍后,需要对获取的影像数据进行预处理,包括去噪、拼接、坐标转换等操作。预处理的目的是提高影像质量和后续模型重建的精度。在这一步中,还需要对影像数据进行筛选和分类,以区分不同地物类型和地表覆盖物。

4. 特征提取与模型重建

利用专业软件对预处理后的影像数据进行特征提取和模型重建。这一步是整个实景三维模型生产的核心环节。通过特征提取技术,可以从影像中提取出地物的几何特征和纹理信息;然后利用这些信息进行模型重建,生成实景三维模型。在这一过程中,需要选择合适的算法和技术手段,以保证模型的精度和可靠性。

5. 模型优化与后期处理

在初步生成实景三维模型后,需要进行模型优化和后期处理。这一步的目的是进一步提高模型的精度和逼真度,使模型更符合实际情况。优化和后期处理包括模型平滑、纹理映射、细节增强等操作。同时还需要对模型进行色彩调整和风格化处理,以满足不同应用需求。

6. 成果输出与交付

最后将生成的实景三维模型进行输出和交付。常见的输出格式包括 OSGB、OBJ、FBX、DXF 等,这些格式可以满足大部分应用需求。交付时需要提供完整的模型数据和相关文件,并确保模型的版权和使用权有所保障。

6.2.4　影响实景三维模型精度的因素及提高精度的措施

1. 相机性能

相机的性能参数直接影响最终的影像质量和实景三维模型的精度。高分辨率和高精度的相机可以获取更丰富的地物细节信息，提高模型的精度。因此，在选择倾斜相机时，需要综合考虑像素大小、焦距、拍摄角度等参数，以保证获取高质量的影像数据。

2. 航拍参数

航拍参数的选择对实景三维模型的精度也有重要影响。例如，飞行高度和速度的设置会影响影像的重叠度和清晰度；相机角度的设置会影响地物细节的呈现和模型的几何精度。因此，在航拍前需要进行充分的现场勘查和试验，选择合适的航拍参数。同时还需要对航拍过程进行实时监控，及时调整参数，以保证获取最佳的影像效果。

3. 空域和气象条件

空域和气象条件也是影响无人机倾斜摄影实景三维模型精度的因素之一。恶劣的气象条件和云层遮挡可能影响无人机获取清晰的地表影像，进而影响模型的精度。同时，空域限制也可能限制无人机的飞行范围和高度，从而影响测量效果。因此，在选择测量时间和区域时，需要充分考虑空域和气象条件的影响，尽量选择天气晴朗、能见度高的时间段进行航拍。

4. 数据处理算法

数据处理算法的优劣直接决定了实景三维模型的精度和可靠性。选择合适的算法可以提高模型的精度和逼真度。在实际应用中，可以根据具体情况选择基于特征的模型重建算法、基于模型的表面重建算法等。同时，还可以结合多种算法的优势进行优化处理。

5. 地形复杂度和地表覆盖物类型

地形复杂度和地表覆盖物类型对实景三维模型精度有一定影响。在测量复杂地形或植被覆盖区域时，需要采用针对性的测量和数据处理方法，以保证模型精度。例如，可以利用多光谱影像进行地表覆盖物分类和滤波处理；利用高程数据和高分辨率影像进行地形特征提取和模型重建等。

6. 质量控制与检验

建立完善的质量控制体系是保证无人机倾斜摄影实景三维模型精度的关键措施之一。该体系应该包括数据采集、数据处理、模型重建等各个环节的质量控制标准和方法，以确保最终产品的质量和可靠性。同时，还需要对最终的实景三维模型进行精度检验和分析，及时发现并纠正误差。

6.2.5　无人机倾斜摄影实景三维模型的应用前景

无人机倾斜摄影实景三维模型作为一种新型的数字地形模型，具有广泛的应用前景。它可以应用于城市规划、土地资源调查、灾害监测、农业监测等领域，为相关行业提供高精度、高逼真度的数字地形模型。

1. 城市规划

通过模型可以直观地了解城市的地形地貌、建筑物分布、道路交通等情况，为城市规划提供科学依据。同时,实景三维模型还可以用于城市景观设计、古建筑保护等领域。

2. 土地资源调查

通过模型可以快速获取土地利用现状和变化情况,为土地资源管理和规划提供数据支持。同时,实景三维模型还可以用于土地整理、土地评估等领域。

3. 灾害监测

通过模型可以直观地了解灾区的地形地貌、建筑物受损情况、道路交通状况等信息,为灾害救援和重建提供科学依据。同时,实景三维模型还可以用于地质灾害预警和评估等领域。

4. 农业监测

通过模型可以了解农田分布、农作物生长情况、土壤质量等信息,为农业生产和管理提供科学依据。同时,实景三维模型还可以用于农业土地规划和评估等领域。

总之,无人机倾斜摄影实景三维模型作为一种新型的数字地形模型,具有广泛的应用前景。随着无人机技术和数字摄影测量技术的不断发展,实景三维模型的应用领域将进一步拓展,为各行业提供更加精准的数据支持和服务。

6.2.6 无人机倾斜摄影实景三维模型的生产流程

无人机倾斜摄影实景三维模型生产流程如图 6-65 所示。

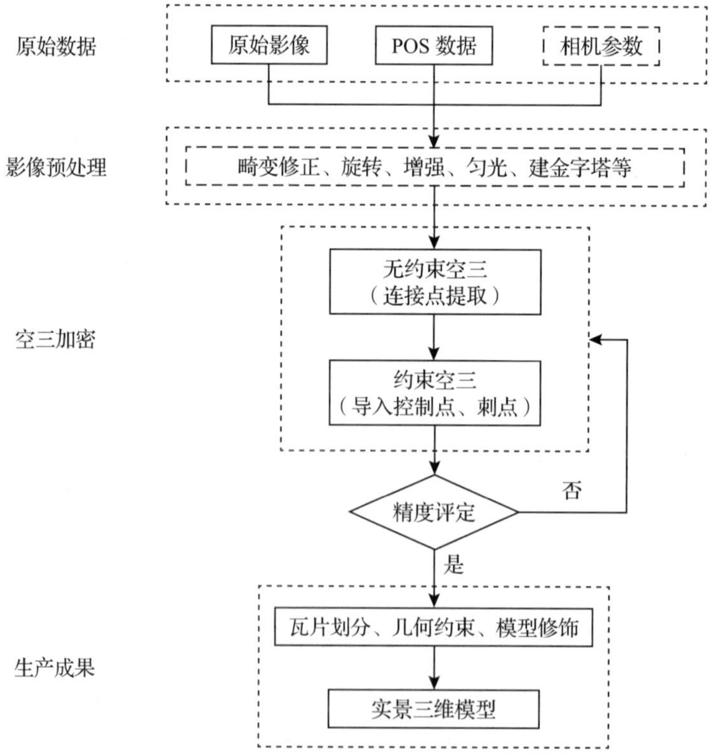

图 6-65 无人机倾斜摄影实景三维模型生产流程

【项目案例 1:基于 ContextCapture 软件的实景三维模型生产】

ContextCapture 是一款由 Bentley 软件公司旗下的实景建模软件,它可以通过运算生成基于真实影像的超高密度点云,将连续的影像数据处理生成栩栩如生的实景三维模型。图 6-66 为软件快捷方式图标。

ContextCapture Center Engine　　ContextCapture Center Master　　ContextCapture Viewer

图 6-66　软件快捷方式图标

这款软件可以快速为各种类型的基础设施项目生成最具挑战性的三维模型,而这一切都源自用户拍摄的普通照片。不需要昂贵的专业化设备,用户就能快速创建细节丰富的三维实景模型,并使用这些模型在项目的整个生命周期内为设计、施工和运营决策提供精确的现实环境背景。

ContextCapture 具有以下特点:

(1)可以快速创建动画、视频和漫游场景,生成高分辨率的平剖图和透视图。

(2)可以创建可扩展的地形模型,以多模式显示,如带阴影的平滑着色、坡向角、立面图等。

(3)可以生成二维和三维 GIS 模型,包括真实正射影像、点云、数字高程模型等。

(4)可以生成三维 CAD 模型,使用一系列传统的 CAD 格式。

(5)可以集成并丰富现实网格与诸如地理空间信息的附加数据。

(6)可以利用地面控制点或 GNSS 标签来生成精确的地理参照模型。

(7)可以测量和分析模型数据,直接在三维视图界面内精确地测量距离、体积和表面积等参数。

【任务描述】

某智慧园区项目。规划师和设计师想通过实景三维模型提供的真实、全面的园区地形、建筑物和景观信息,更好地了解园区现状,优化规划设计方案。并通过对比不同规划方案的效果,评估方案的可行性和优劣,提高规划的科学性和合理性。请以提供的原始影像数据、POS 数据、像控点数据为基础,生产实景三维模型。

【任务实施】

1. 新建项目

打开软件 ContextCapture Center Master,如图 6-67 所示。单击【新工程】创建一个新的工程,如图 6-68 所示。

ContextCapture Center Master

图 6-67　ContextCapture Center Master 主控软件

2. 原始影像及 POS 数据导入

(1)原始影像数据导入。

在"影像"选项卡下,单击【添加影像】→【添加整个目录】,添加五镜头影像数据,如图 6-69 所示。将每个镜头的数据依次导入软件中,如图 6-70 所示。

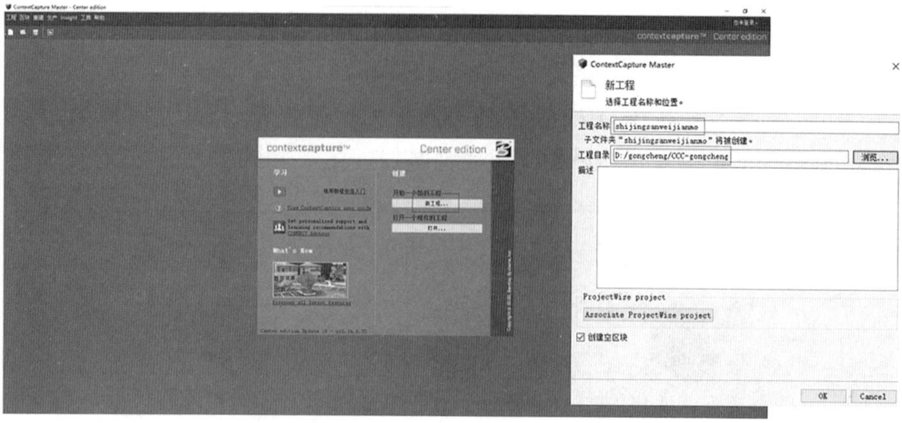

图 6-68　新建工程

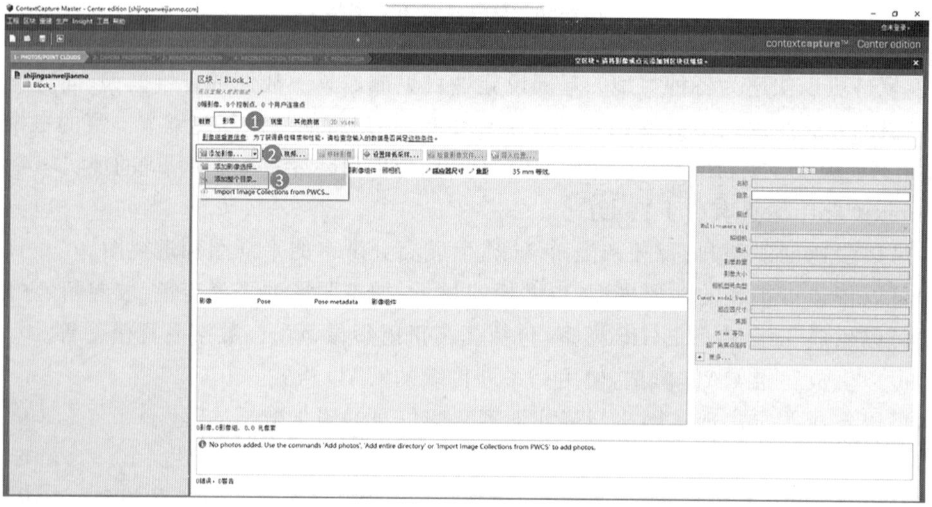

图 6-69　添加影像

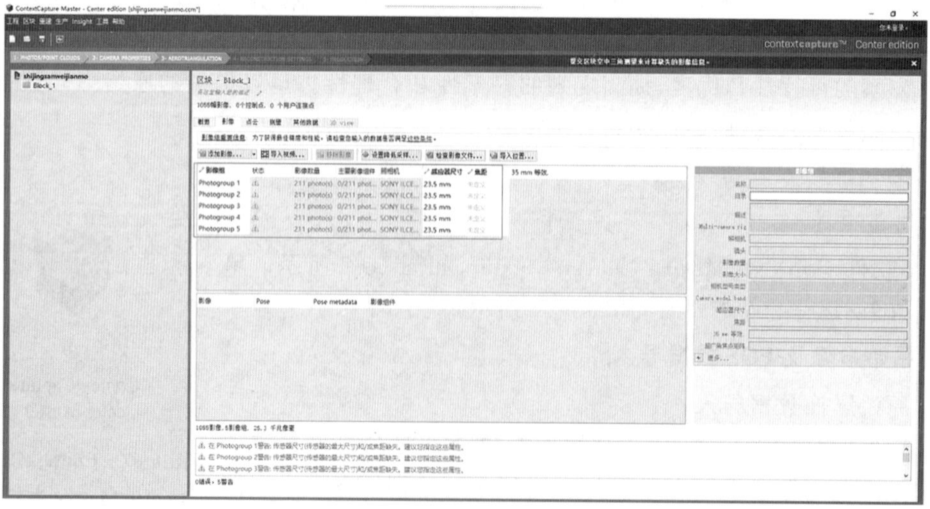

图 6-70　五镜头影像数据导入

(2)POS 数据导入。

①单击【导入位置】选项,依次添加 5 组影像 POS 数据(本项目演示 1 个镜头 POS 数据的添加),如图 6-71 所示。

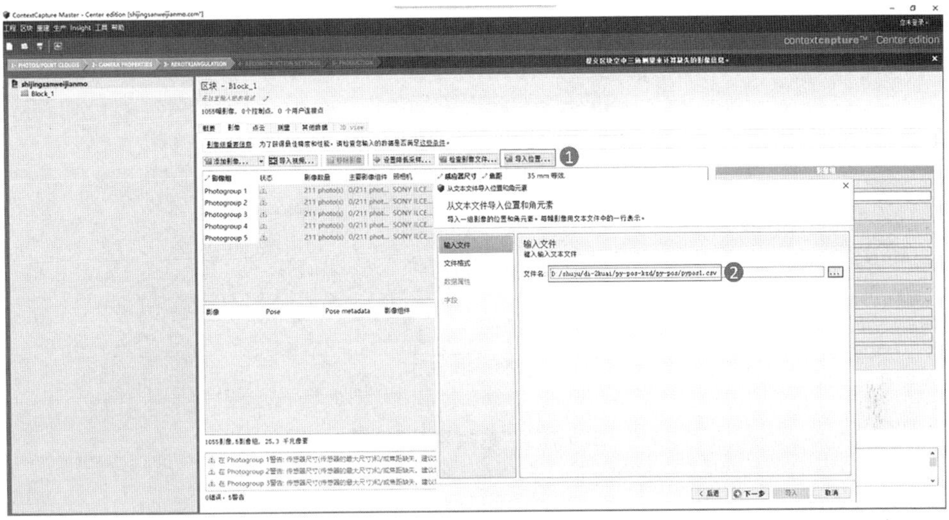

图 6-71　导入 POS 数据

②在“从文本文件导入位置和角元素”选项卡分别设置:“文件格式”选项,根据 POS 数据文件格式,依次选择正确的“忽略行”“分隔符”使数据预览正确,如图 6-72 所示;“数据属性”选项,选择 POS 数据坐标系统,如图 6-73 所示;“字段”选项,对应正确的各列数据字段名,如图 6-74 所示。

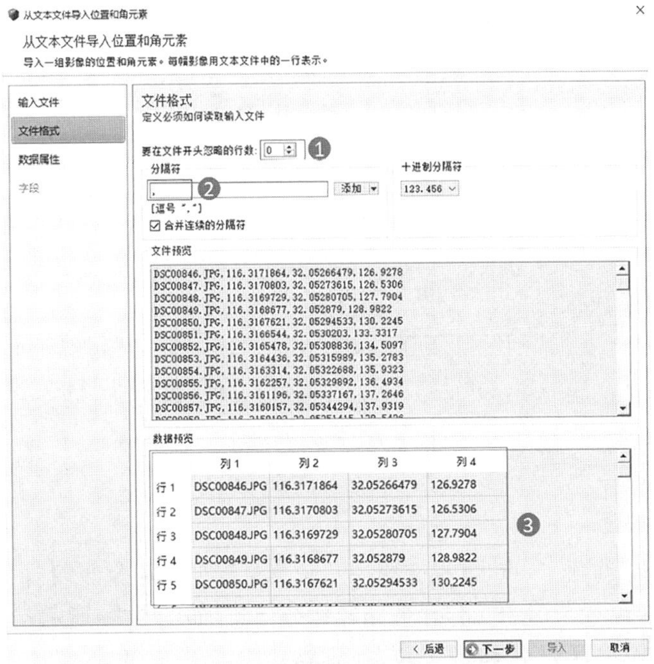

图 6-72　“文件格式”设置

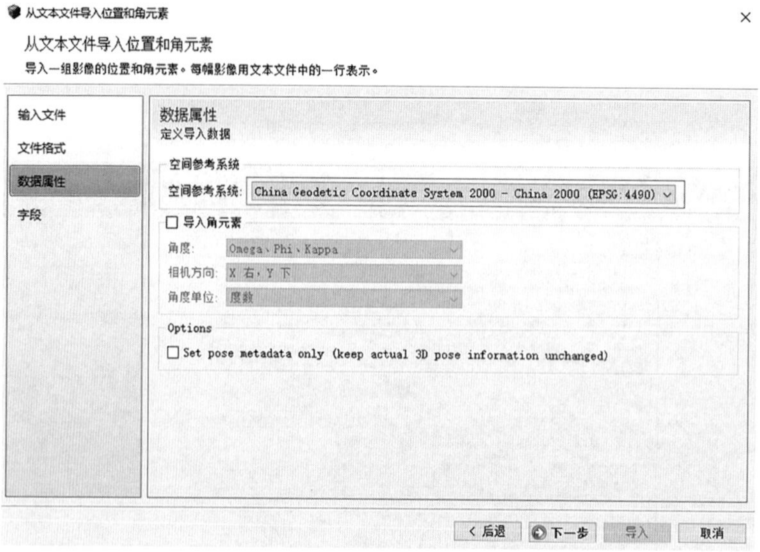

图 6-73 “数据属性”设置

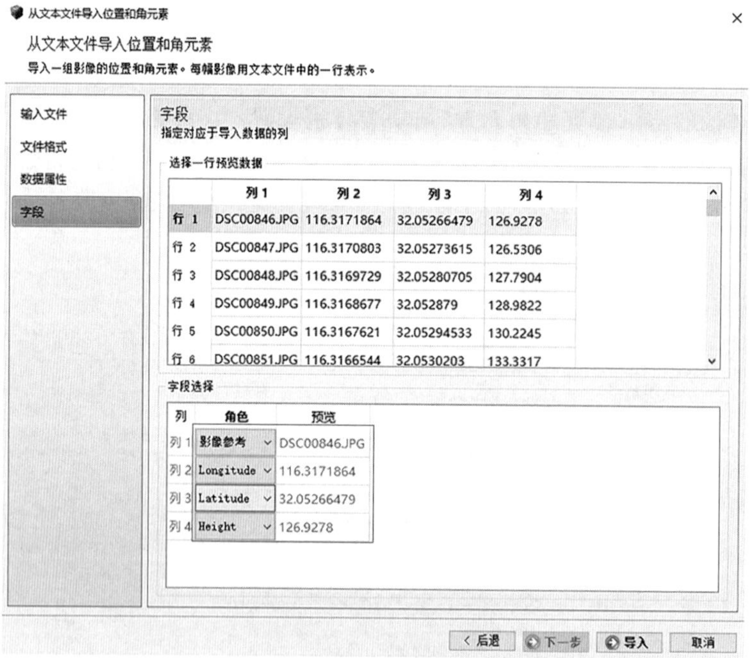

图 6-74 “字段”设置

3. 无约束空三加密

(1)切换到“概要”选项卡,点击【提交空中三角测量】,使用引擎工具计算,如图 6-75 所示。确保工程的工作任务路径与引擎工作任务路径保持一致,如图 6-76 所示。

(2)依次设置“输出区块名称”“定位/地理参考”“空中三角测量计算设置”,如图 6-77 所示。

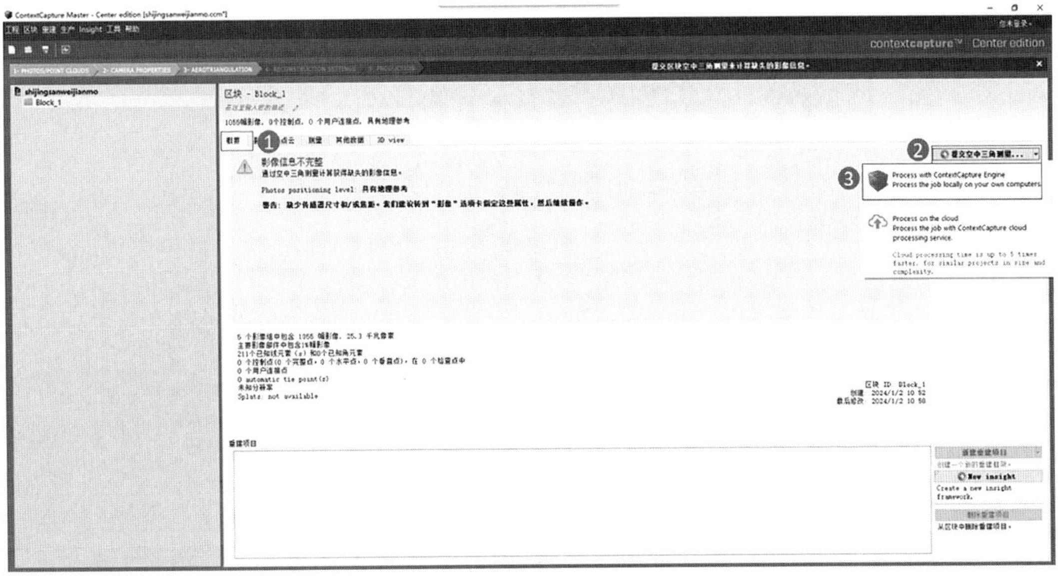

图 6-75　提交空中三角测量

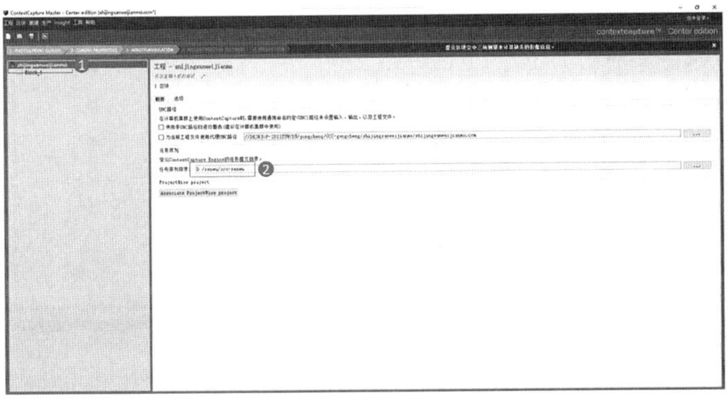
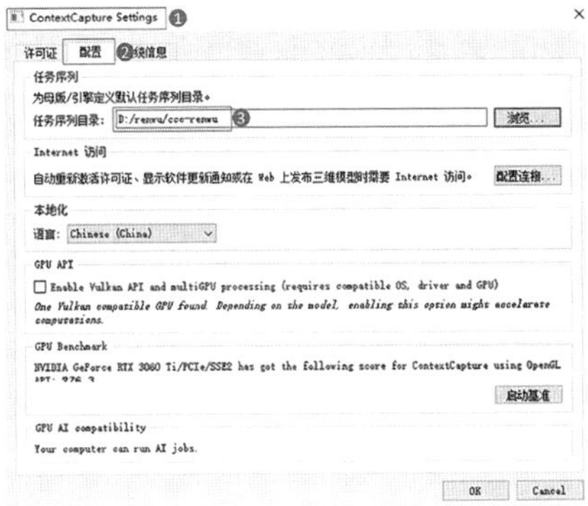

图 6-76　工作任务路径设置

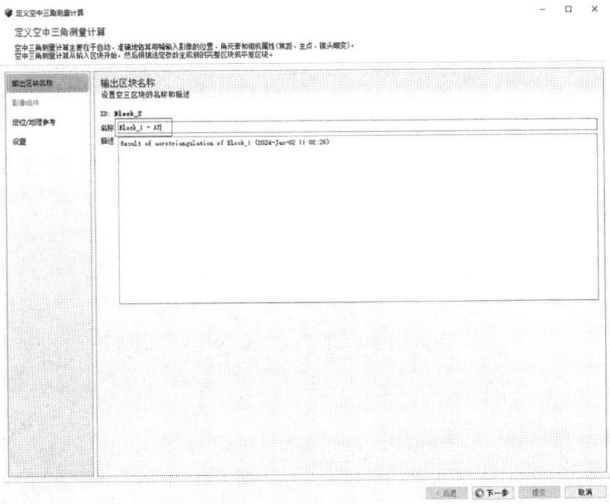

(1)

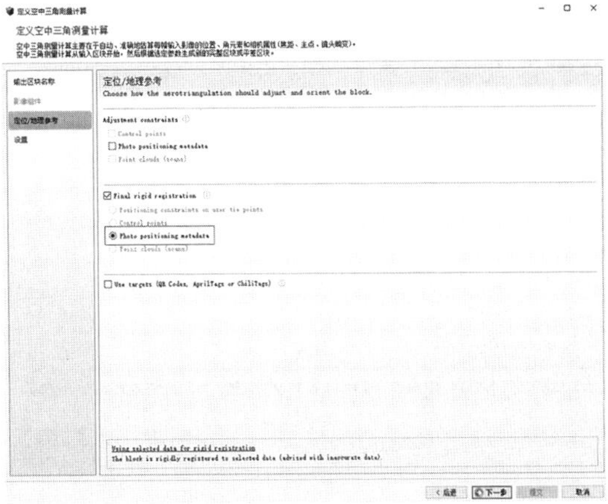

(2)

图 6-77　空中三角测量计算设置

(3)

图 6-77(续)

(3)打开引擎工具,进行无约束空中三角测量计算,如图 6-78 所示。

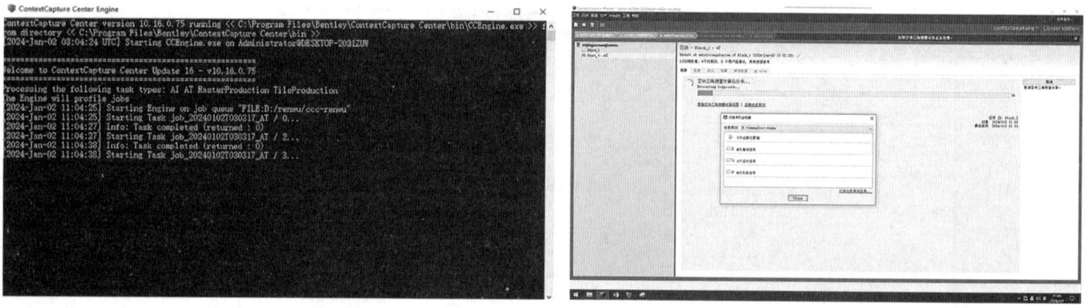

图 6-78 无约束空中三角测量计算

(4)无约束空中三角测量计算完成后,在“概要”选项卡可清晰看见区块影像具有地理参考,在“3Dview”选项卡可清晰看见空三成果,如图 6-79 所示。

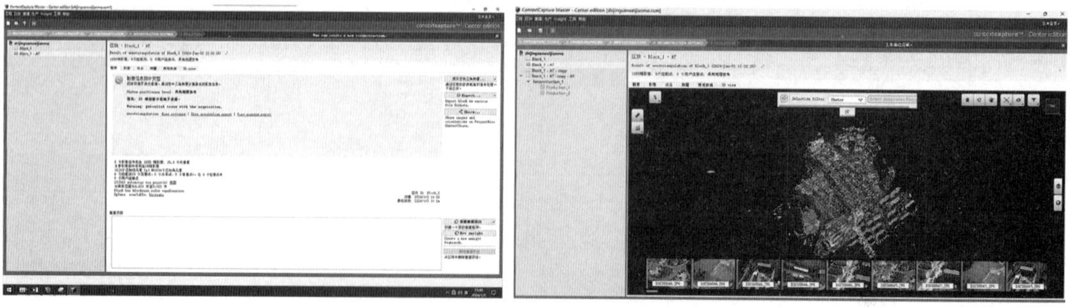

图 6-79 无约束空中三角测量计算成果

4. 约束空三加密

(1)克隆一个新的无约束空中三角测量成果,目的是在之后导入控制点或刺点过程中,即使约束空中三角测量计算过程出现错误，也不会影响无约束空中三角测量成果。选中无约束空三成果文件右键，单击【克隆】，如图 6-80 所示。

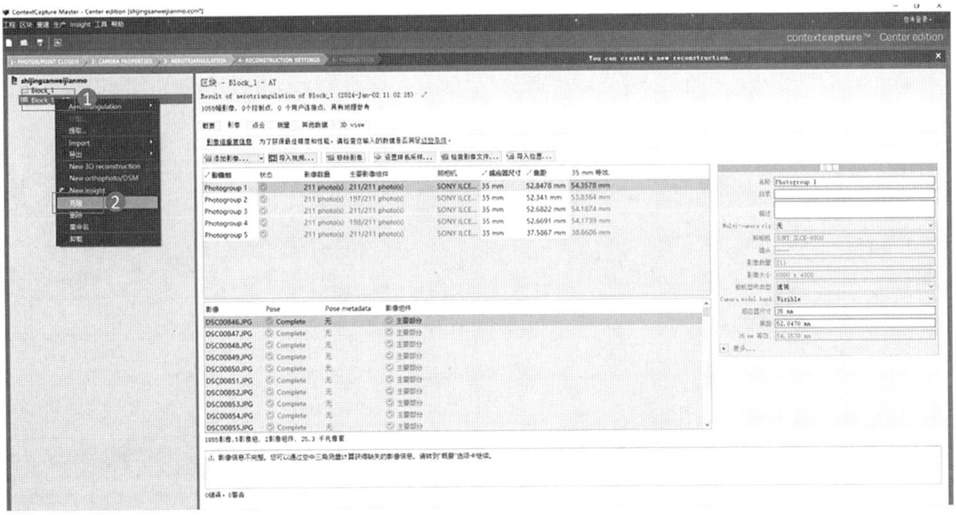

图 6-80　克隆无约束空中三角测量成果

(2)切换到“测量”选项卡，点击【Survey Points】→【Common Formats】，如图 6-81 所示。

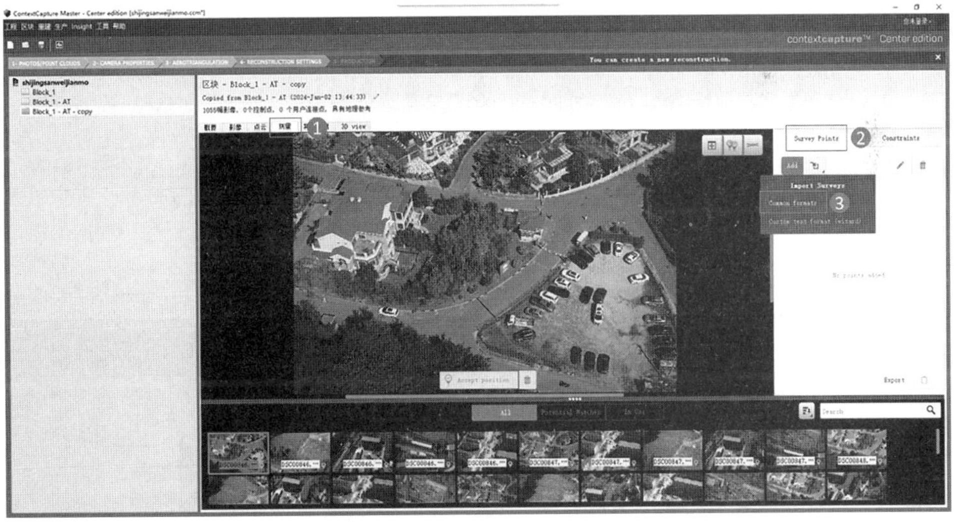

图 6-81　导入控制点数据

(3)设置“控制点导入向导”选项卡：“导入文件”选项，选择控制点数据；“文件格式”选项，设置忽略行及分隔符使数据显示正确；“数据参数”选项，设置控制点坐标系统；“字段”选项，设置各列数据字段名，如图 6-82 所示。

(4)根据点之记数据，选择其中一个控制点，单击【Potential Matches】，双击要刺点的照片，使用“Shift＋鼠标左键”，刺准控制点测量位置，每个镜头刺 3～5 张照片，依次将所有控制点刺完，如图 6-83 所示。

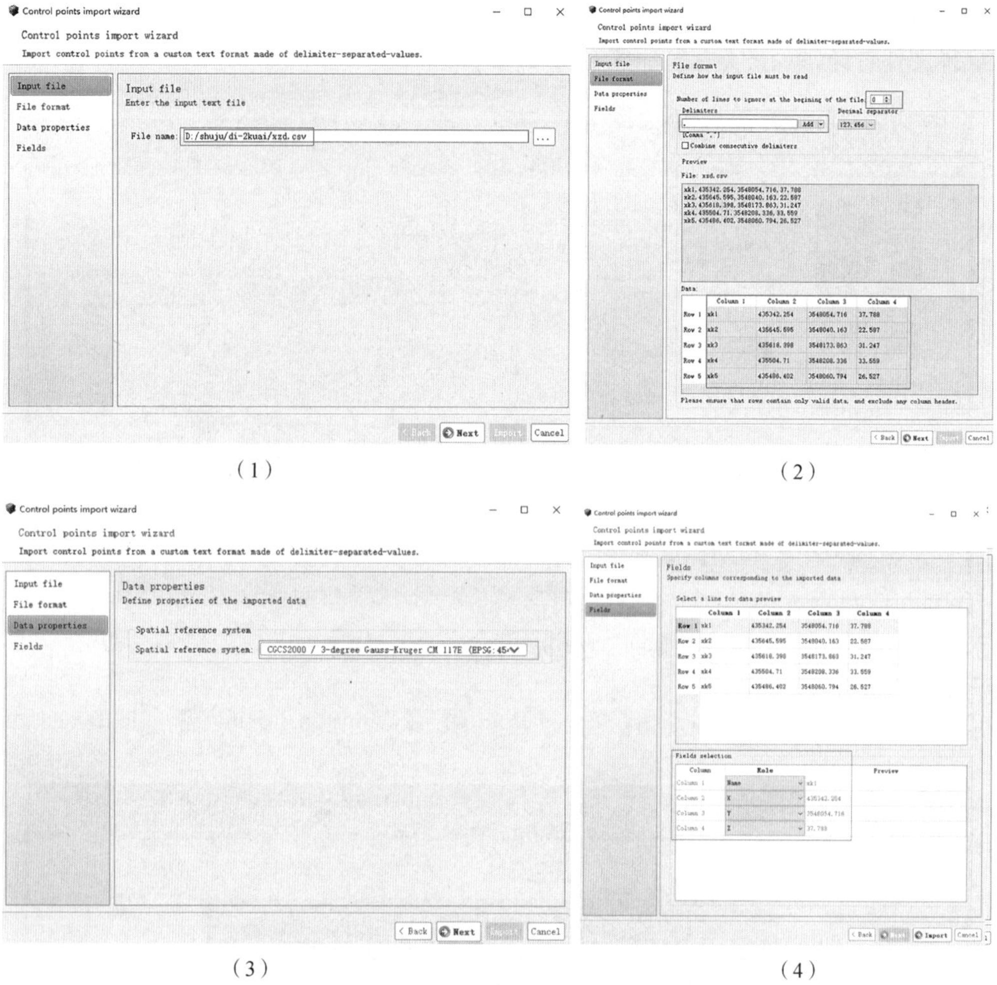

图 6-82 控制点导入属性设置

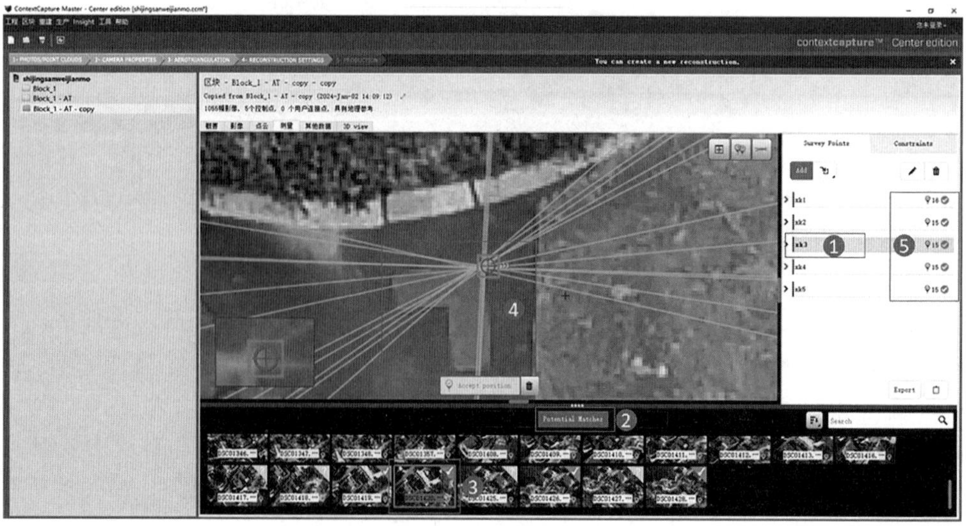

图 6-83 刺点

(5)选择分布在测区中间的控制点作为检查点,如图 6-84 所示。

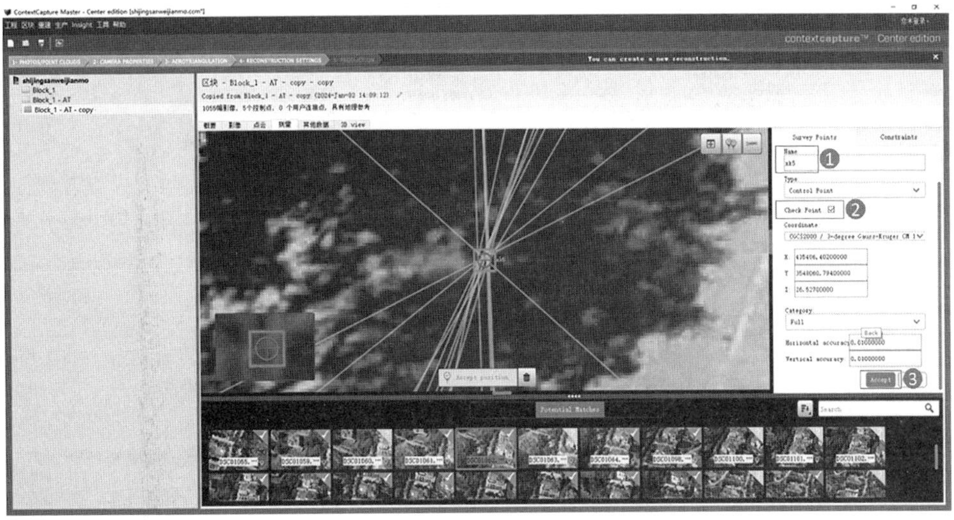

图 6-84　设置检查点

(6)切换到“概要”选项卡,点击【提交空中三角测量】,使用引擎工具计算,如图 6-85 所示。

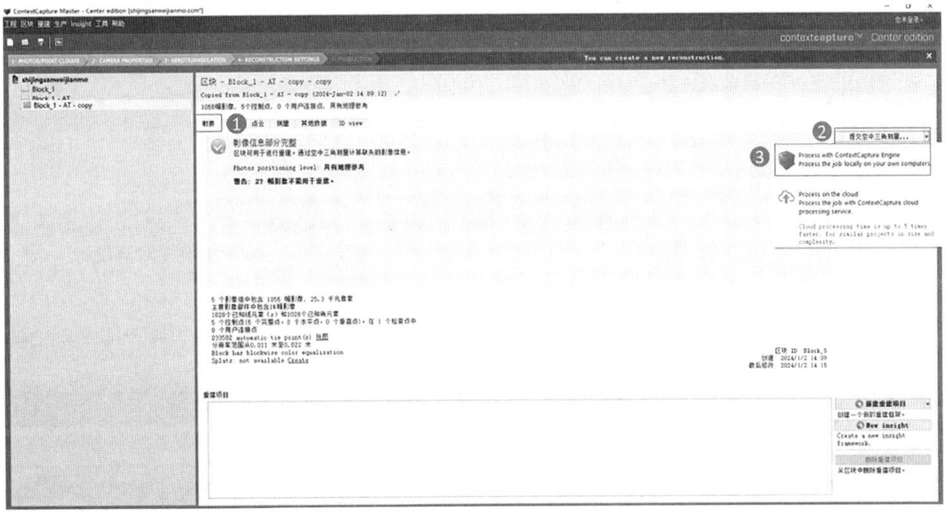

图 6-85　提交空中三角测量

(7)依次设置“输出区块名称”“影像组件”“定位/地理参考”“空中三角测量计算设置”,如图 6-86 所示。

(8)引擎打开状态下,约束空中三角测量计算完成后,得到约束空三测量成果,如图 6-87 所示。

5. 精度评定

切换到“概要”选项卡,单击【View quality report】查看质量报告,如图 6-88 所示。可查看项目概况、相机标定结果、影像匹配等信息,重点查看控制点及检查点的几何精度,如图 6-89 所示。符合项目要求后便可进行三维重建工作。

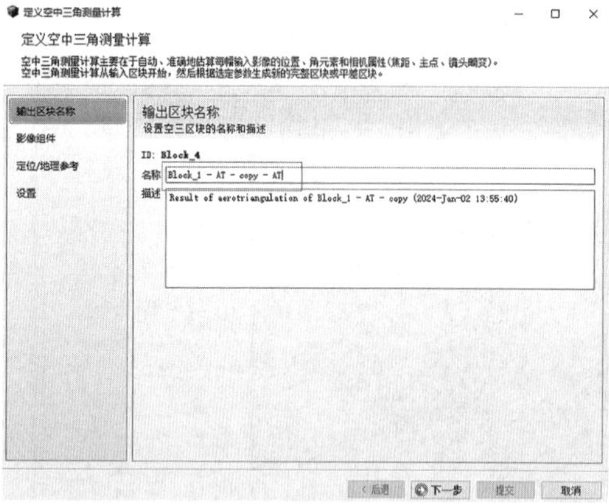

输出区块名称

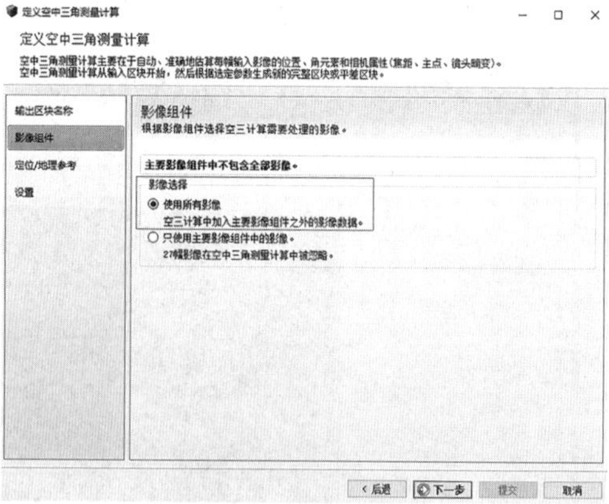

影像组件

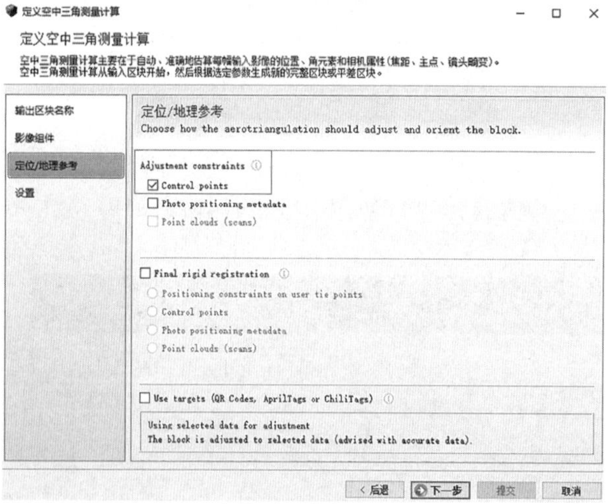

定位/地理参考

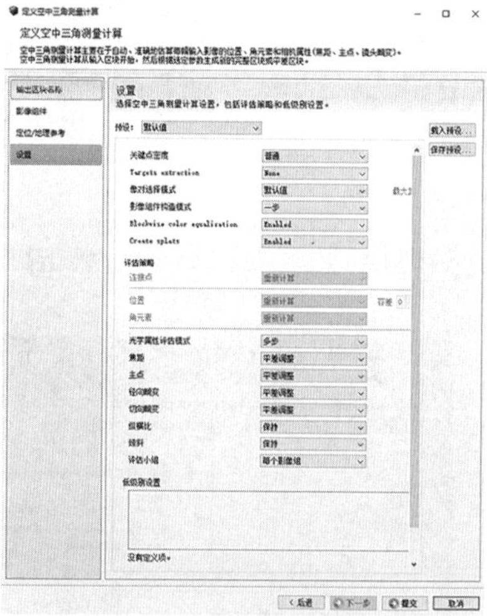

空中三角测量计算设置

图 6-86　定义约束空中三角测量计算

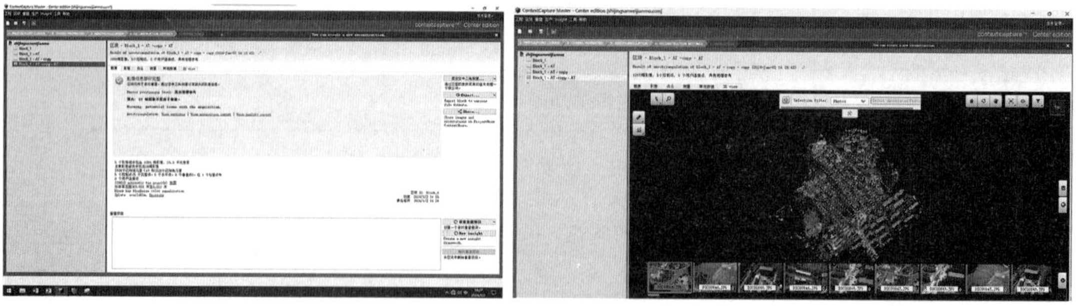

图 6-87　约束空中三角测量成果

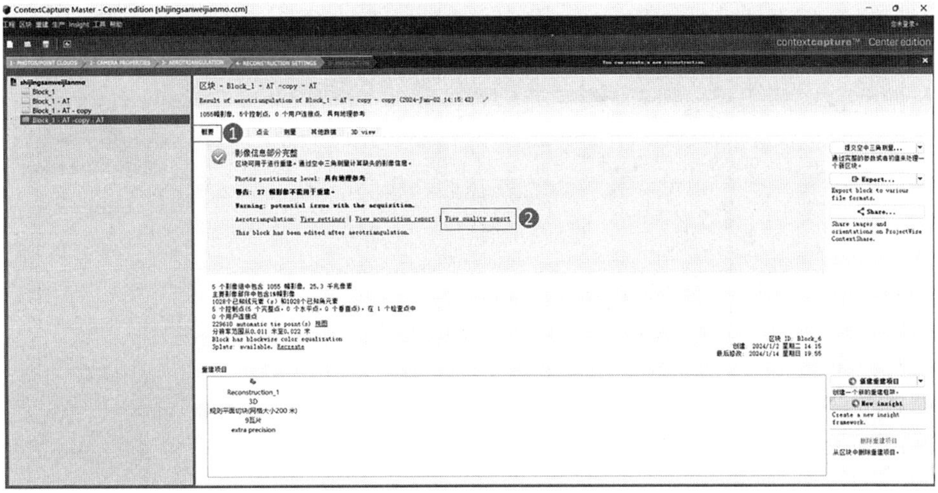

图 6-88　查看质量报告

Quality report

Open file | Export to PDF

Control Points Errors									
Name	Category	Accuracy [meters]	Number of Calibrated Photos	RMS of Reprojection Error [pixels]	RMS of Distances to Rays [meters]	3D Error [meters]	Horizontal Error [meters]	Vertical Error [meters]	
xk1	3D	Horizontal: 0.01; Vertical: 0.010	16 (16 marked photos)	0.74	0.0153	0.0066	X: -0.0046; Y: 0.0041	0.0024	
xk2	3D	Horizontal: 0.01; Vertical: 0.01	15 (15 marked photos)	0.59	0.0195	0.0081	X: 0.0049; Y: 0.0004	-0.0065	
xk3	3D	Horizontal: 0.01; Vertical: 0.01	15 (15 marked photos)	0.99	0.017	0.0175	X: -0.0075; Y: 0.0082	0.0135	
xk4	3D	Horizontal: 0.01; Vertical: 0.010	15 (15 marked photos)	1.0	0.0269	0.0159	X: 0.0033; Y: -0.0113	-0.0108	
Global RMS				0.85	0.0202	0.0129	X: 0.0053; Y: 0.0073	0.0093	
Median				0.99	0.0195	0.0159	X: 0.0033; Y: 0.0041	0.0024	

Check Points Errors for Control Points									
Name	Category	Accuracy [meters]	Number of Calibrated Photos	RMS of Reprojection Error [pixels]	RMS of Distances to Rays [meters]	3D Error [meters]	Horizontal Error [meters]	Vertical Error [meters]	
xk5	3D	Horizontal: 0.01; Vertical: 0.01	15 (15 marked photos)	12.44	0.1945	0.3905	X: -0.043; Y: -0.0099	-0.388	
Global RMS				12.44	0.1945	0.3905	X: 0.043; Y: 0.0099	0.388	
Median				12.44	0.1945	0.3905	X: -0.043; Y: -0.0099	-0.388	

Horizontal and vertical errors are given according to each control point respective spatial reference system

图 6-89　控制点及检查点几何精度

6. 三维重建

(1)选择“概要”选项卡,单击【新建重建项目】→【3D reconstruction】进行三维重建,如图 6-90 所示。

(2)切换到“空间框架”选项卡,依次设置“成果模型空间参考系统”“切块方式”“瓦片大小”等参数,通过编辑包围盒或者导入模型约束边界设置模型边界,如图 6-91 所示。

(3)空间框架设置好后,切换到“概要”选项卡,点击【提交新的生产项目】→【引擎】,如图 6-92 所示。

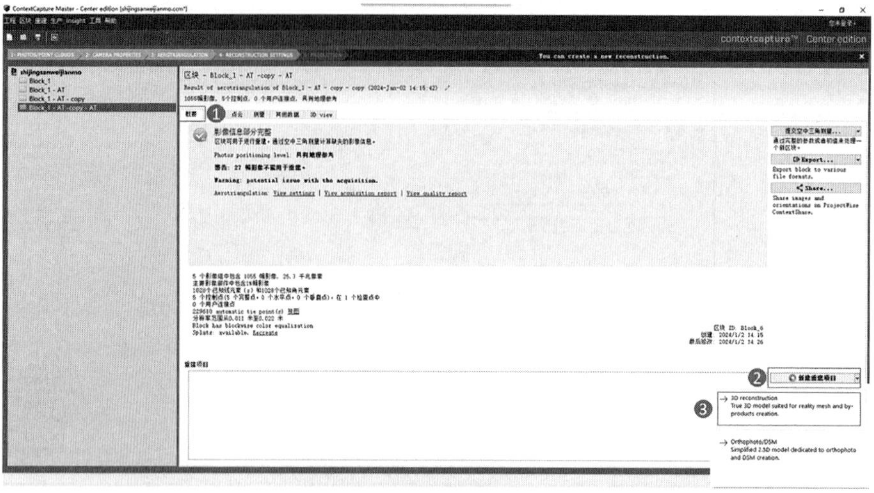

图 6-90　三维重建

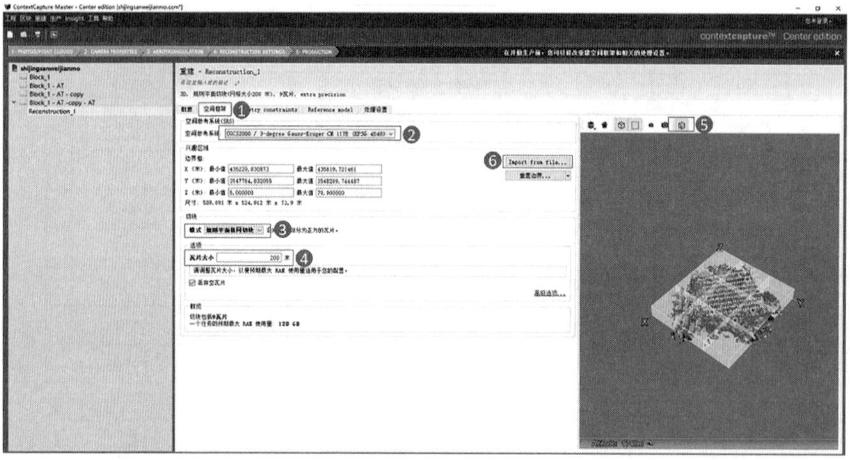

图 6-91　空间框架设置

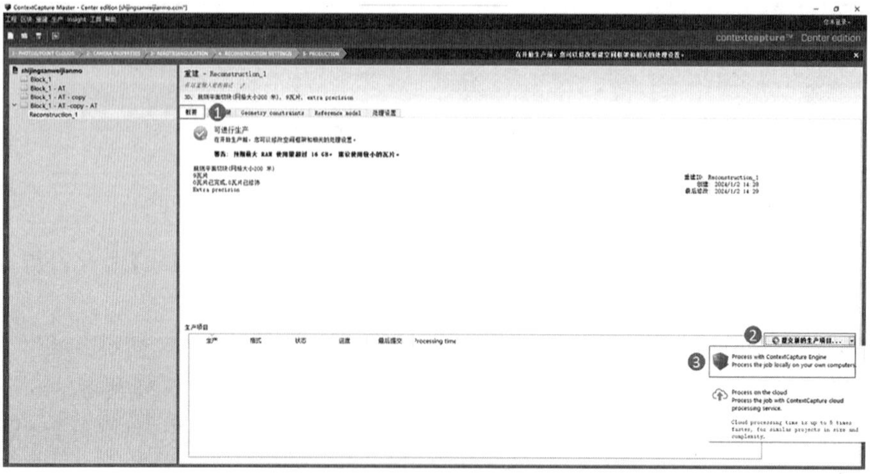

图 6-92　提交新的生产项目

（4）在“生产项目定义”对话框中依次设置“名称”“目的”“格式/选项”“空间参考系统”“范围”“目标”等参数，如图 6-93 所示。

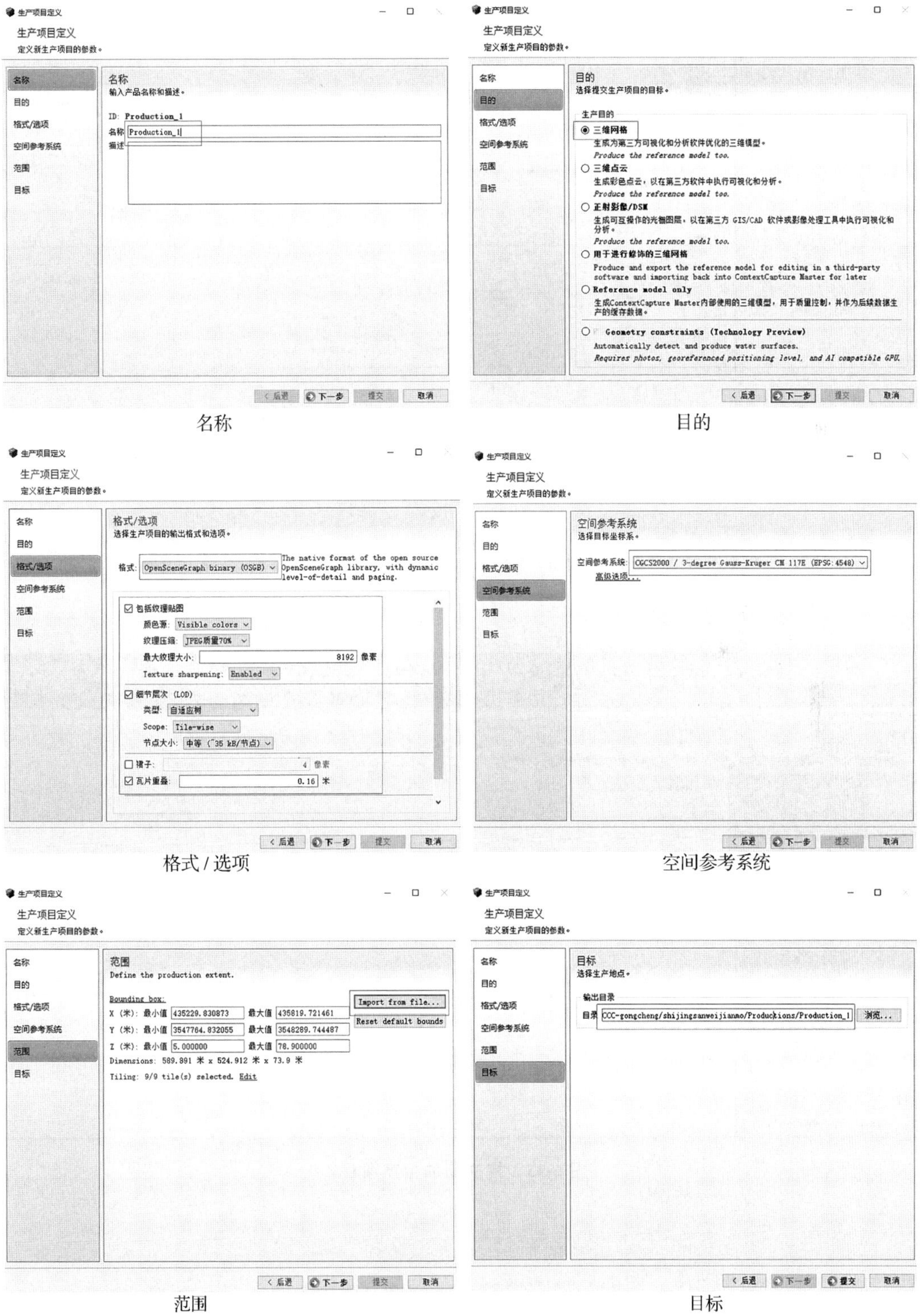

名称　目的　格式/选项　空间参考系统　范围　目标

图 6-93　生产项目定义

(5)点击【提交】后,可在“概要”选项卡查看每个瓦片生产运行情况,如图 6-94 所示。

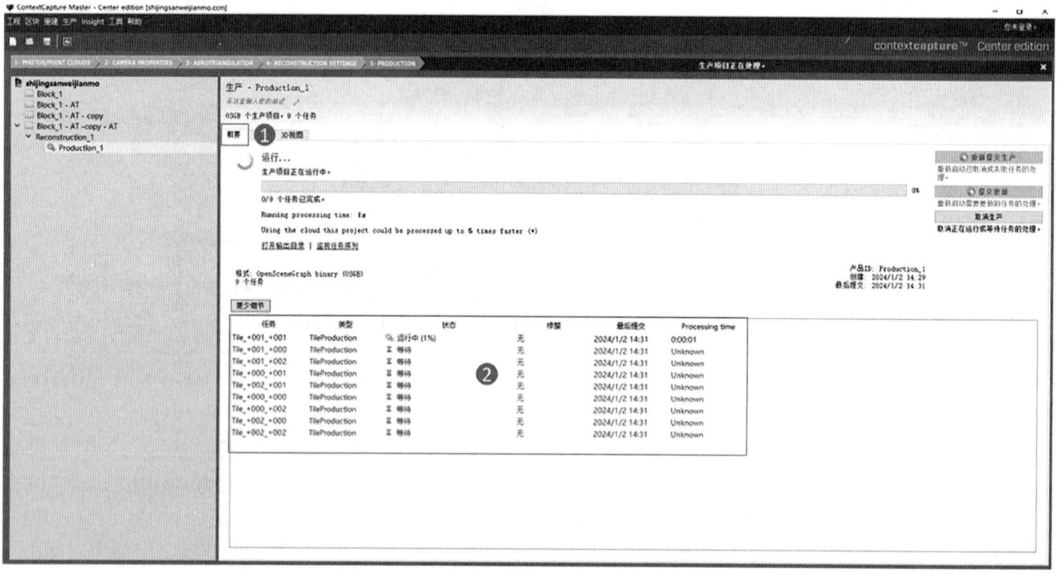

图 6-94　瓦片生产运行情况

(6)也可以右键【重建】→【提交新的生产项目】,生产其他格式的产品,如图 6-95 所示。实景三维模型成果如图 6-96 所示。

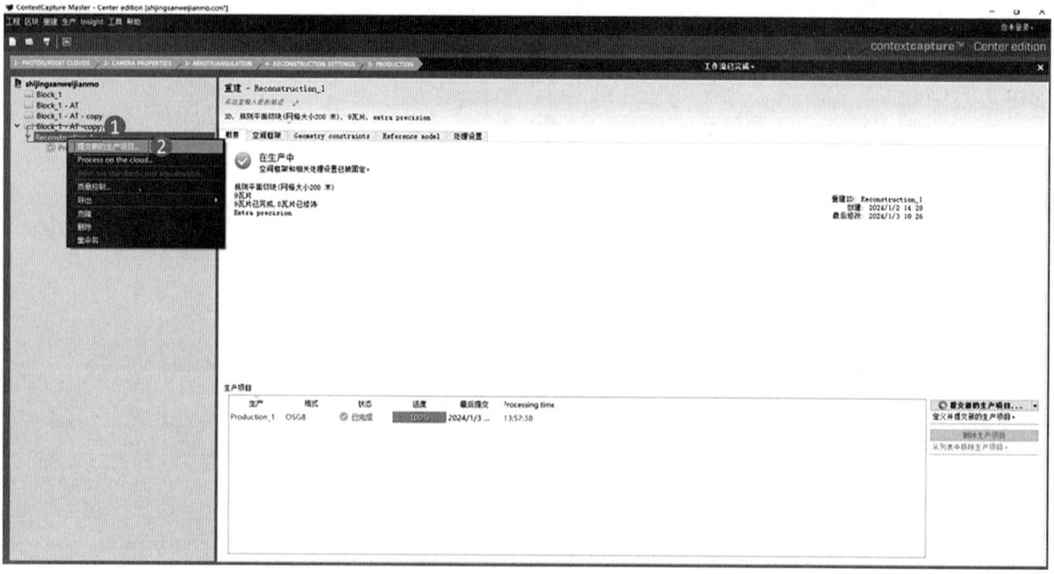

图 6-95　提交新的生产项目

图 6-96　实景三维模型成果

【项目案例 2:基于 Smart3D 软件的实景三维模型生产】

瞰景 Smart3D 实景三维建模软件系统是瞰景科技发展有限公司研发的一款以数字摄影测量、计算视觉、计算机图形学等技术为核心,适用于快速全自动倾斜摄影测量三维实景建模软件。该软件可以将各类数码影像和扫描点云生成三维实景模型,并广泛应用于基础测绘、城市规划、国土资源、军事测量、公路、铁路、水利、电力、能源、环保、农业、林业等众多领域。图 6-97 为 Smart3D 软件图标。

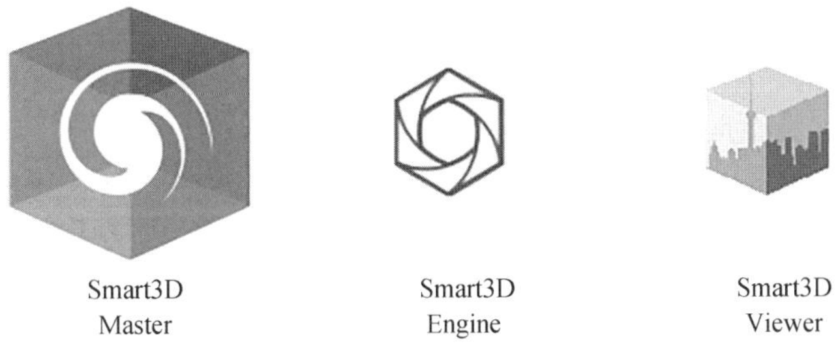

图 6-97　Smart3D 软件图标

Smart3D 软件的优势如下。

1. 空三算法高效

Smart3D 软件采用独有的分布式空中三角测量算法,测量成果更精确、稳健,实现了倾斜实景三维大数据全流程的并行处理。

2. 支持多种操作系统和集群运算

Smart3D 软件不仅支持 Linux 等操作系统,还支持单机多开,充分利用计算机资源,提高处理效率,节省大量建模时间。

3. 模型还原度高

Smart3D 软件建模精度高，可达到毫米级的模型精度。

4. 节点管理与监控先进

Smart3D 软件可以进行完善的节点管理与监控。

5. 多源数据成果丰富

Smart3D 软件可以生成 mesh 模型、DOM、DEM、DOM 等多源数据成果。

Smart3D 软件包含 Smart3D Master、Smart3D Engine、Smart3D Viewer 3 个模块。其中，Smart3D Master 主要负责导入数据集、定义处理过程设置、提交作业任务、监控作业任务进度以及浏览处理结果等；Smart3D Engine 是运行在后台的节点机控制台和运算模块，负责大量的计算密集型工作；Smart3D Viewer 则可以浏览三维模型数据。

【任务描述】

某小区改造项目。规划师想利用实景三维模型分析小区的现状、存在的问题和改造需求，评估改造的必要性和可行性。同时进行方案设计、效果预览和对比，评估不同方案的可行性和优劣，提高改造方案的科学性和合理性。请以提供的原始影像数据、POS 数据、像控点数据为基础，生产实景三维模型。

【任务实施】

1. 新建项目

(1)打开 Smart3D Master 软件，单击【文件】→【新建工程】，设置工程名称、工程路径、任务队列路径，如图 6-98 所示。

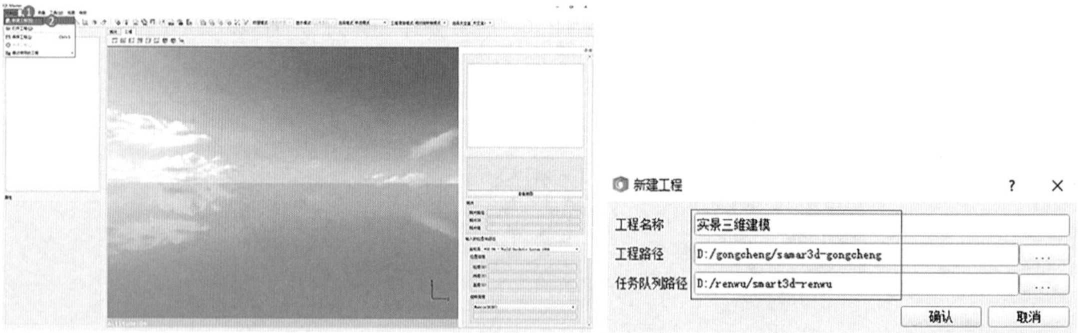

图 6-98 新建工程

(2)单击软件左侧目录树中工程名称，可查看工程项目属性信息，如图 6-99 所示。

(3)引擎的任务序列路径应与 Master 的任务序列路径保持一致，单击工具栏中【启动引擎】，使引擎在打开状态，如图 6-100 所示。

(4)单击【工具】→【引擎管理】，选中引擎右键，单击【修改任务队列路径】，与 Master 任务队列路径一致，如图 6-101 所示。点击【确定】，设置成功。

2. 原始影像与 POS 数据导入

(1)原始影像数据导入。

①选择目录树中【照片组】右键，单击【导入照片组】，如图 6-102 所示。

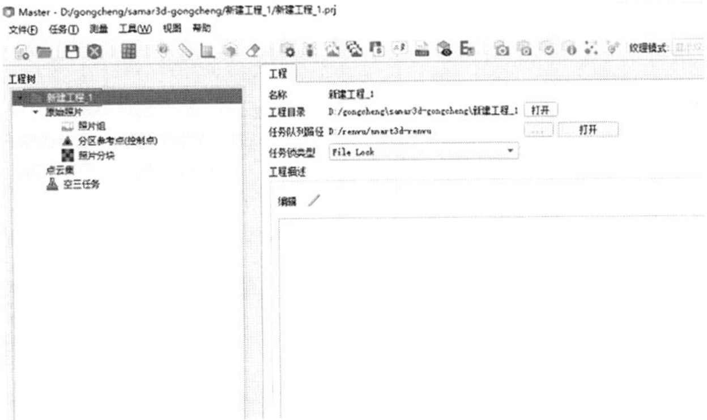

图 6-99 查看工程项目属性信息

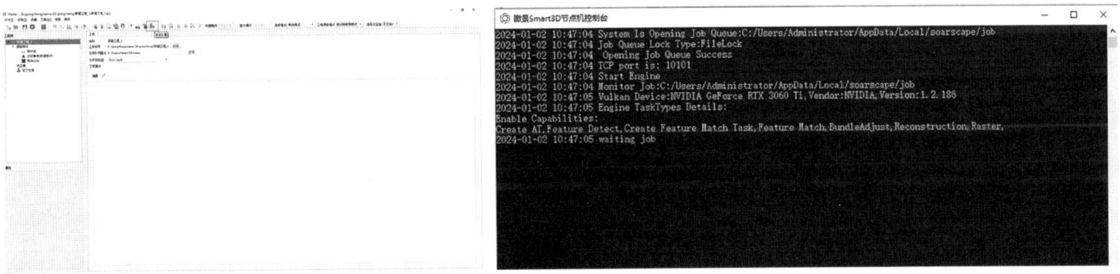

图 6-100 打开引擎

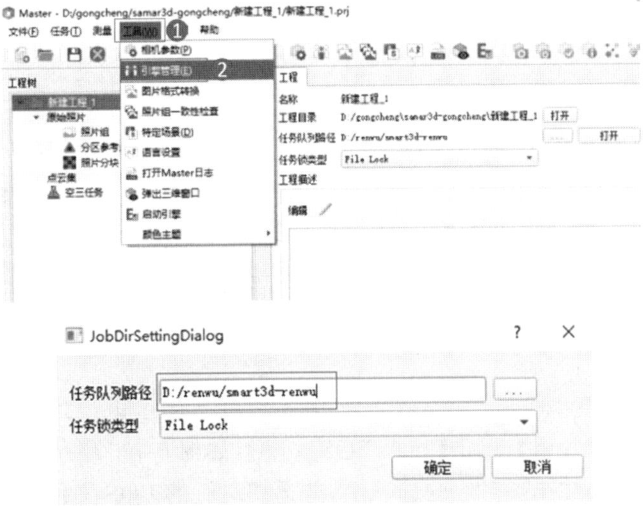

图 6-101 设置引擎任务队列路径

②如果影像自带 POS,需要“设置 GNSS 高度参考”,根据影像 POS 坐标信息,选择对应的椭球及高程坐标系,如图 6-103 所示。

(2)如果影像非自带 POS,可忽略 GNSS 高度参考设置。本项目原始影像不带 POS,因此,忽略该设置。单击【忽略】,影像便自动导入软件中,软件左侧目录树就会显示已导入的照片组,在每个照片组属性中,依次设置每组镜头的焦距,如图 6-104 所示。

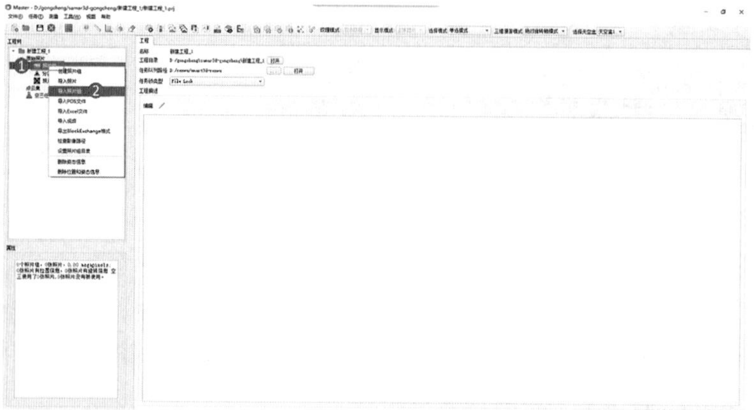

图 6-102 导入原始影像数据

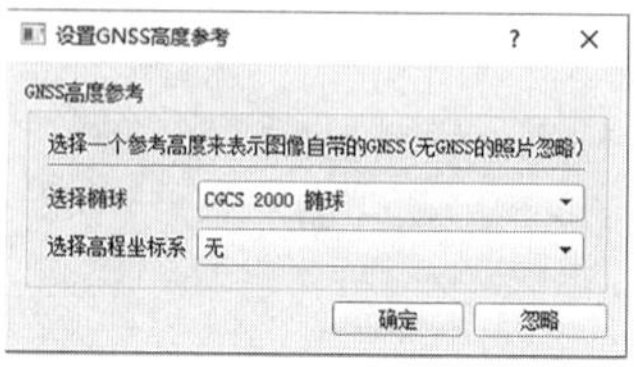

图 6-103 设置 GNSS 高度参考

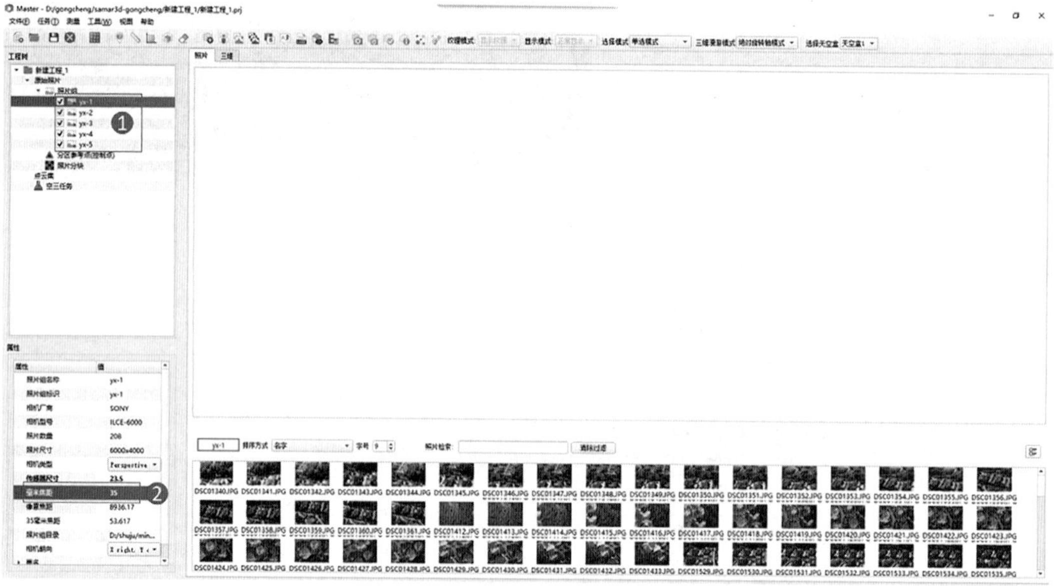

图 6-104 设置镜头焦距

(3)POS 数据导入。

①右键目录树中【照片组】,单击【导入 POS 文件】,如图 6-105 所示。

②根据 POS 的镜头数选择对应的选项卡,并选择对应的 POS 文件,如图 6-106 所示。

③根据 POS 文件属性,选择对应的分隔符、忽略文本行数,确保数据浏览正确,如图 6-107 所示。

④根据 POS 数据属性信息,选择 POS 的坐标系,如图 6-108 所示,因无人机姿态不稳定,所以相机姿态信息不需要导入。

⑤根据 POS 各列数据实际属性,配置各列字段,如图 6-109 所示。

图 6-105　导入 POS 文件

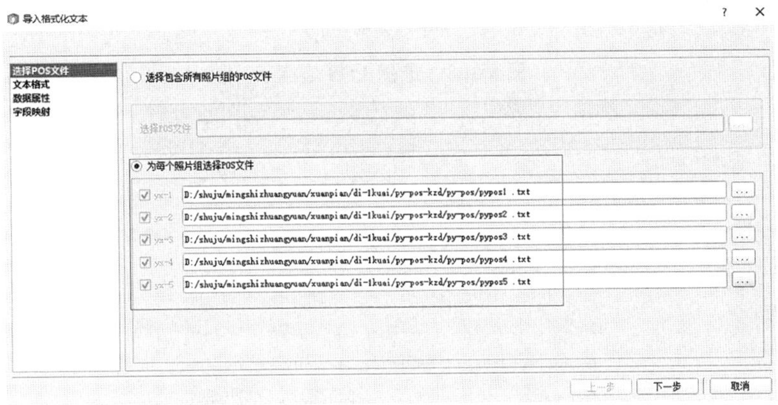

图 6-106　为每个照片组选择 POS 文件

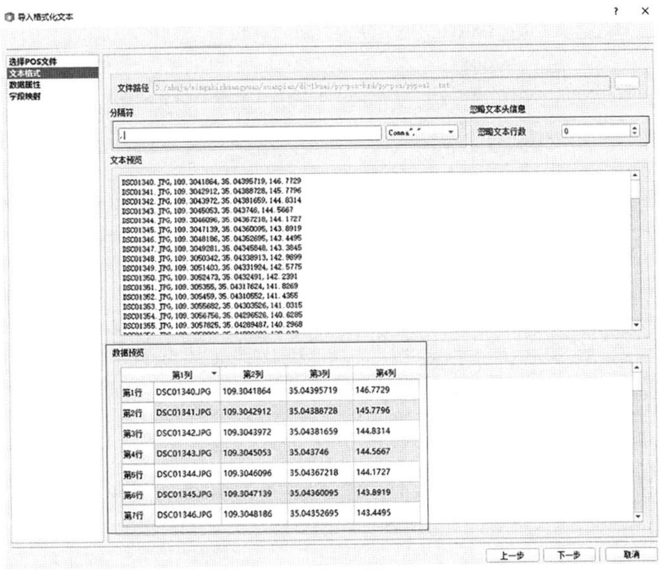

图 6-107　POS 文件文本格式设置

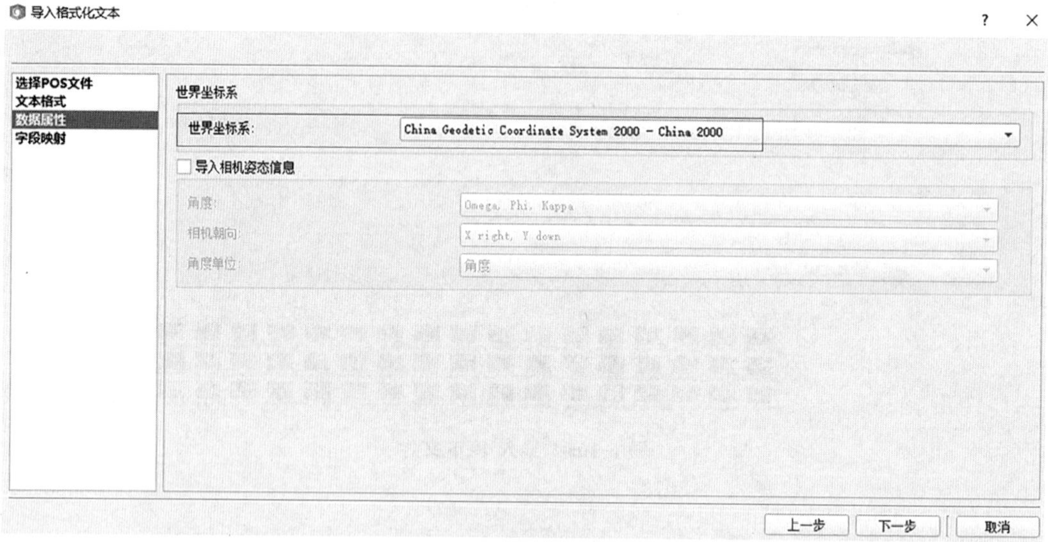

图 6-108　选择 POS 坐标系

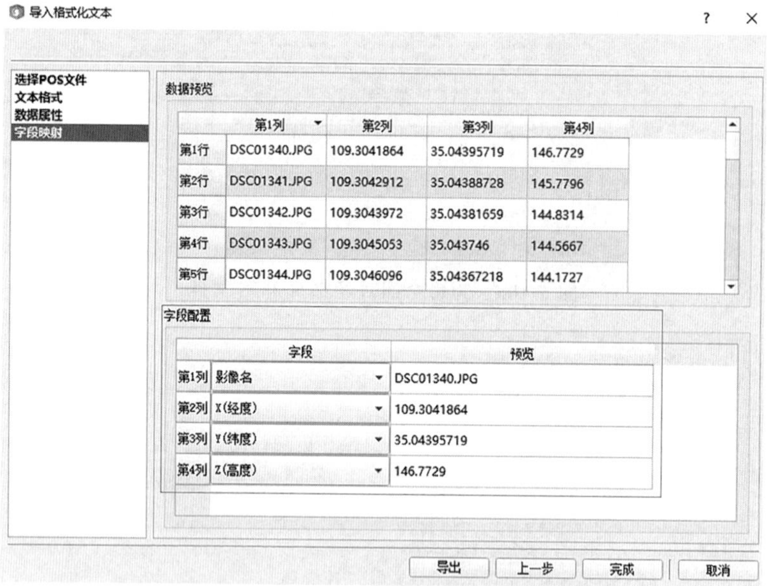

图 6-109　POS 各列数据字段配置

⑥单击【完成】导入 POS 数据，切换到“三维”选项卡，可查看影像位置图像，如图 6-110 所示。切换到“照片”选项卡，改变数据浏览方式，可查看到照片已有位置信息，如图 6-111 所示。

3. 无约束空三加密

(1)右键目录树【空三任务】，单击【创建空三任务】，如图 6-112 所示。如果提示进行集群运算，需要改用网络路径，点击“Yes”进行下一步。

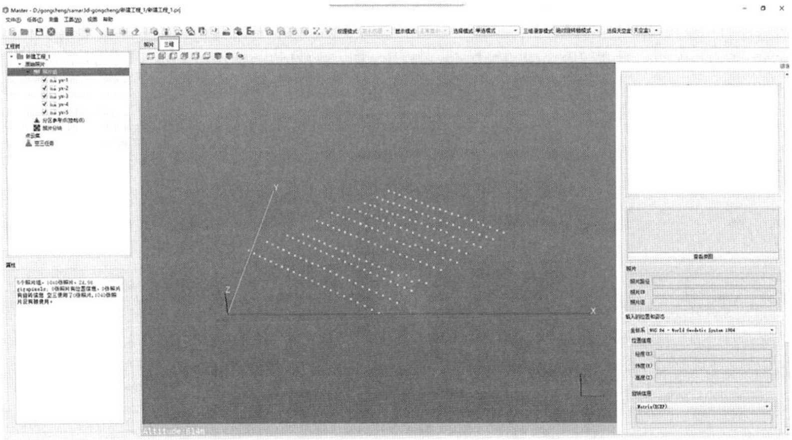

图 6-110　影像位置三维显示

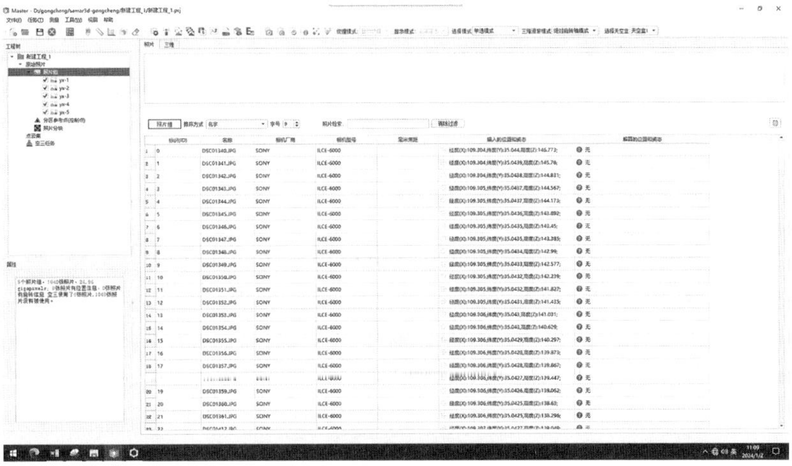

图 6-111　影像位置信息

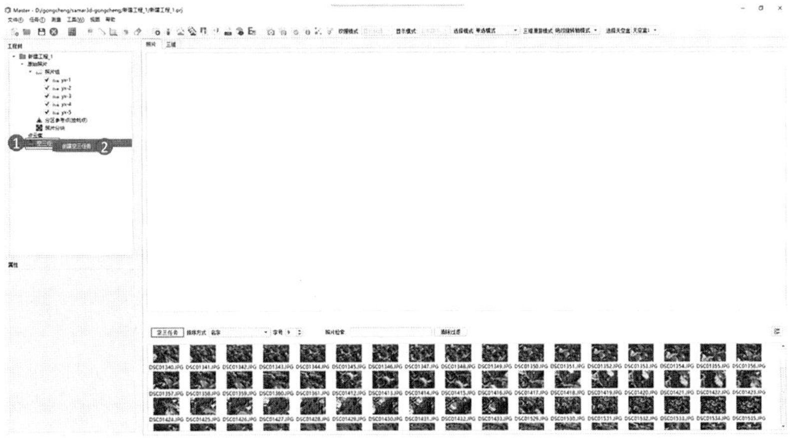

图 6-112　创建无约束空三任务

(2)根据任务需求,可以更改任务名称,否则可默认设置。对于多视影像,可设置参照“下视”相机,如果是多架次影像数据,每个下视相机,都要确保勾选参照,如图 6-113 所示。

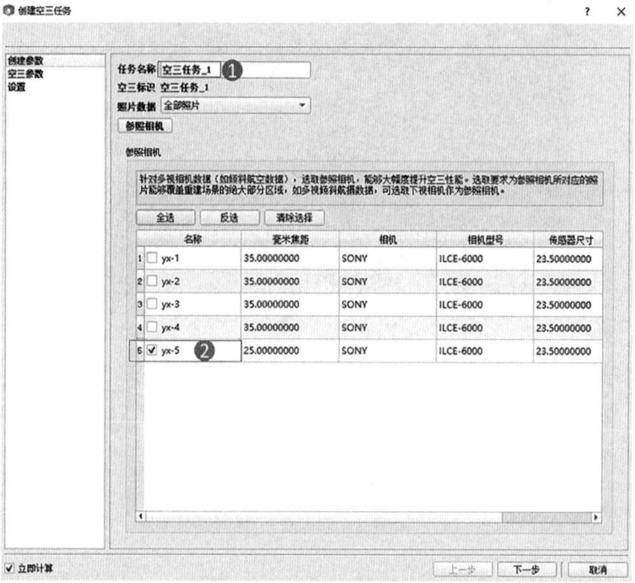

图 6-113 创建参数设置

(3)无约束空三参数设置选项卡中,如果影像数据无 POS,可选择“自由网空三”“自由垂直向下”;如有 POS 数据,根据 POS 精度,选择对应参数选项,本项目选择“常规位置/姿态刚体变换”,“颜色一致性调整”选择启用,其他参数可根据项目具体情况进行调整,本项目其他参数保持默认,如图 6-114 所示。

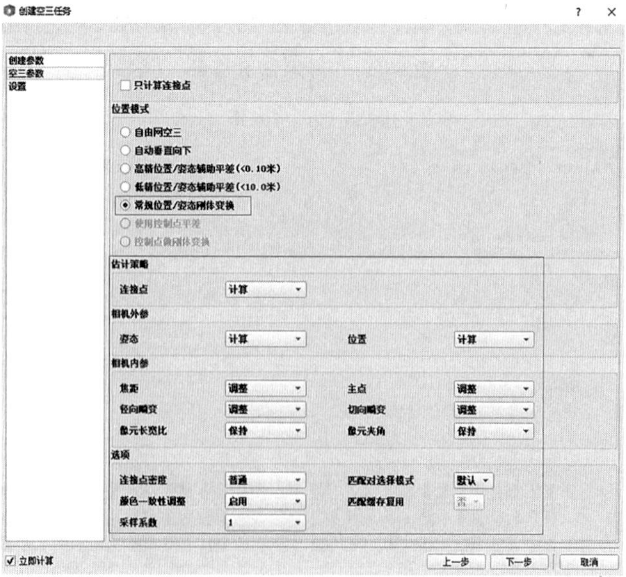

图 6-114 无约束空三参数设置

(4)设置选项中,选择任务有限级别、源数据类型、源数据纹理、运行模型等参数,如图 6-115 所示。

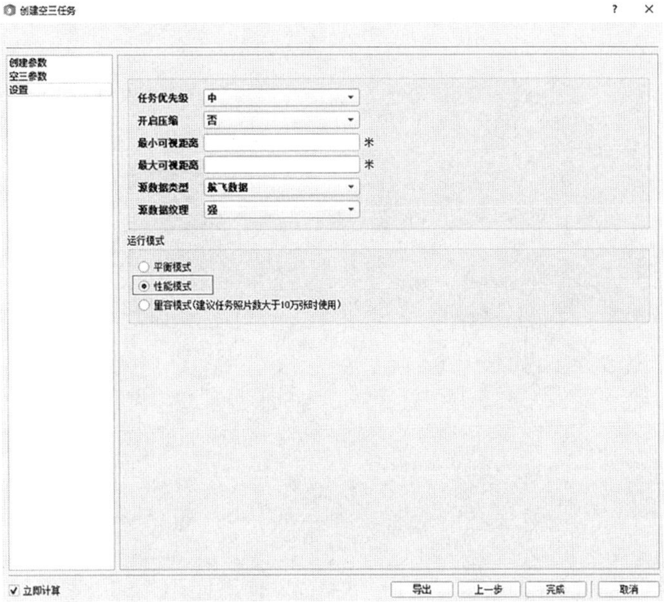

图 6-115 无约束空三设置

(5)点击【完成】按钮,在引擎开启状态下,空中三角测量完成后,可切换到"三维"视图窗口,查看空三成果,如图 6-116 所示。

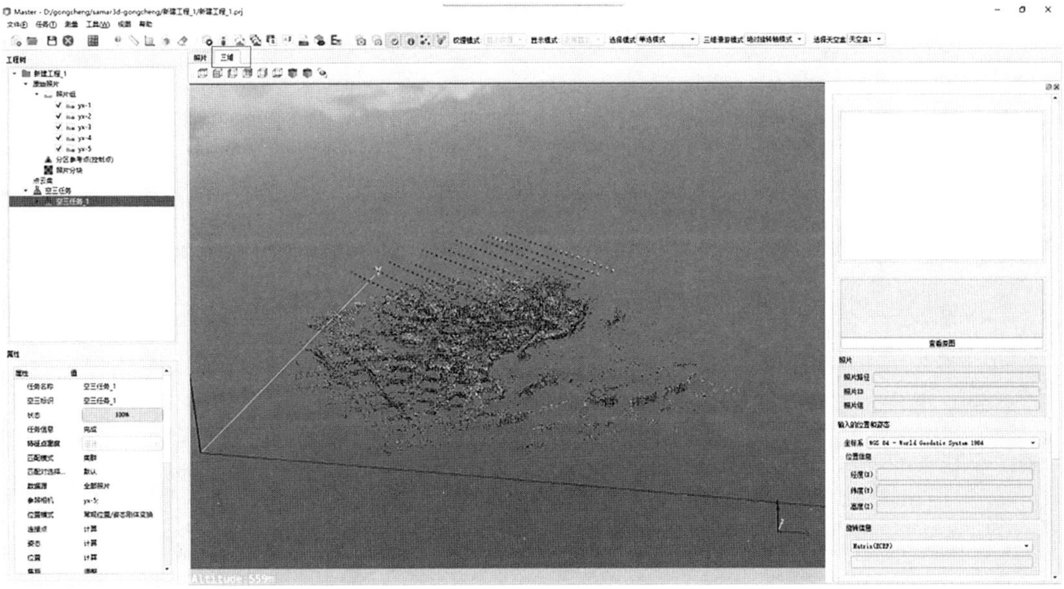

图 6-116 无约束空三成果

4. 约束空三加密

(1)在导入控制点之前,复制一个新的“空三任务”,右键【空三任务_1】,单击【复制空三任务】,如图 6-117 所示。

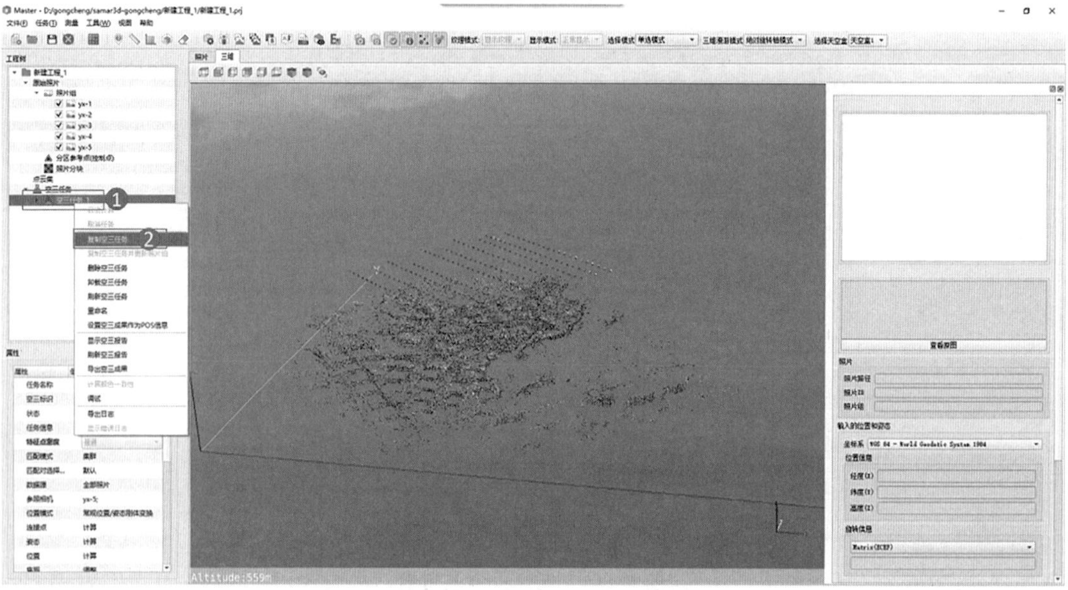

图 6-117 复制空三任务

(2)右键复制好的【空三任务 1_副本】,单击【导入格式化文本控制点】,如图 6-118 所示。

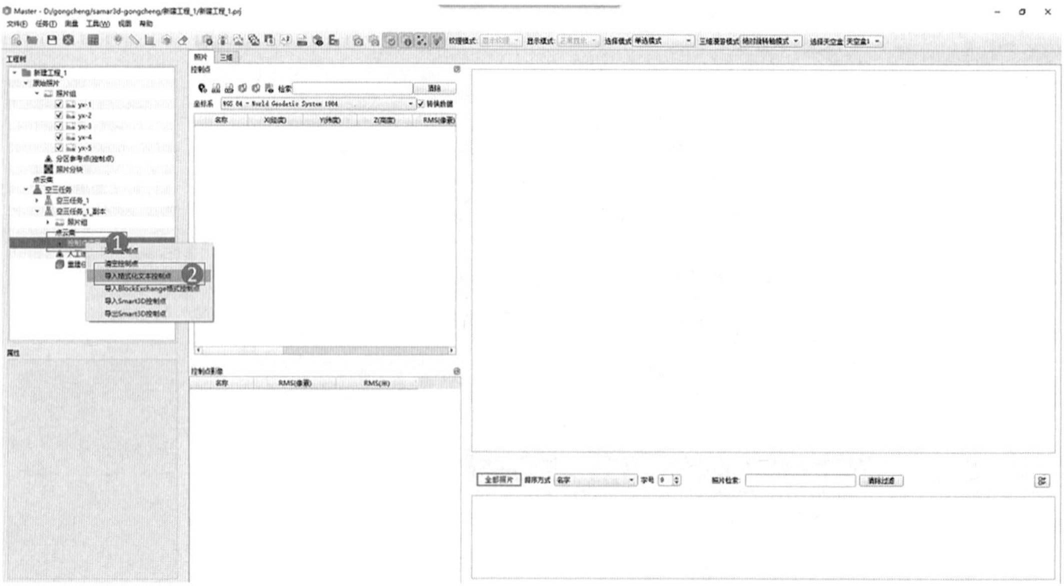

图 6-118 导入格式化文本控制点

(3)选择控制点文件,设置好分隔符及忽略文本行,使数据预览正确,如图 6-119 所示。

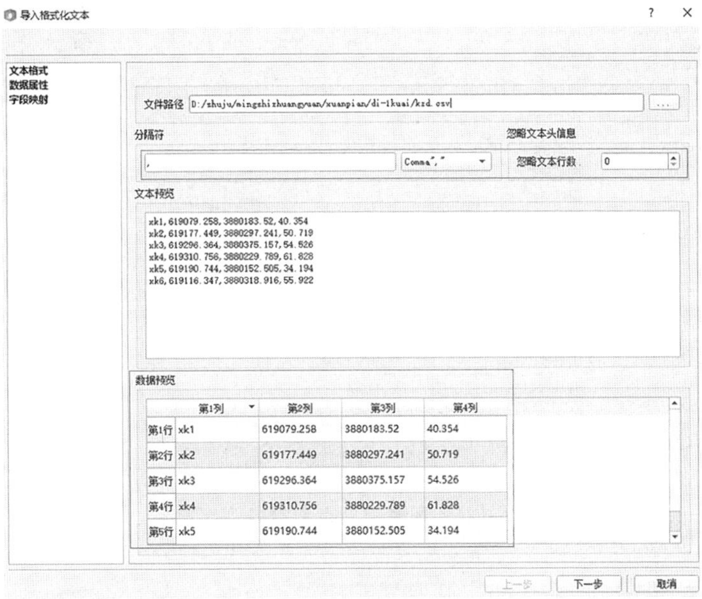

图 6-119 控制点数据文本格式设置

(4)根据控制点源数据信息选择对应的空间参考系,如图 6-120 所示。

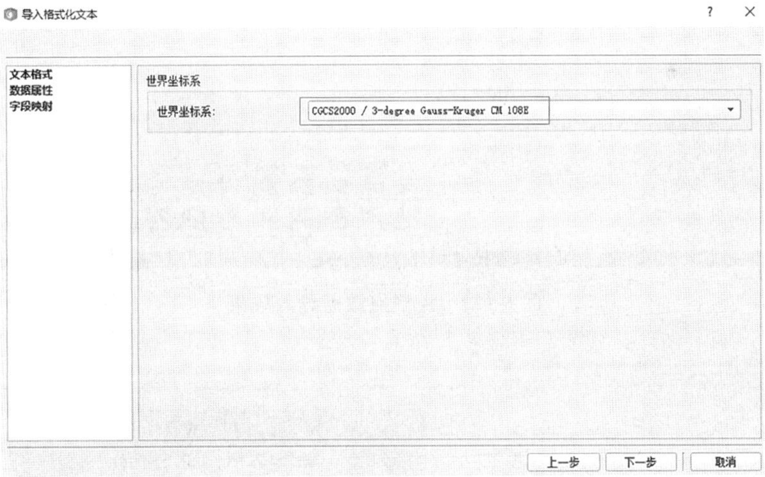

图 6-120 设置控制点坐标系

(5)指定每一列字段的属性,如图 6-121 所示。单击【完成】,完成控制点导入工作,如图 6-122 所示。

(6)在控制点列表选中要刺的控制点,在影像区域单击【匹配的照片】,软件会自动筛选出能够拍摄到该控制点的所有照片。优先选择像控点标志在影像中心位置的照片,使用"Shift+鼠标左键"进行刺点,每个控制点每个镜头刺 3~5 张,直至所有控制点均已刺完,如图 6-123 所示。

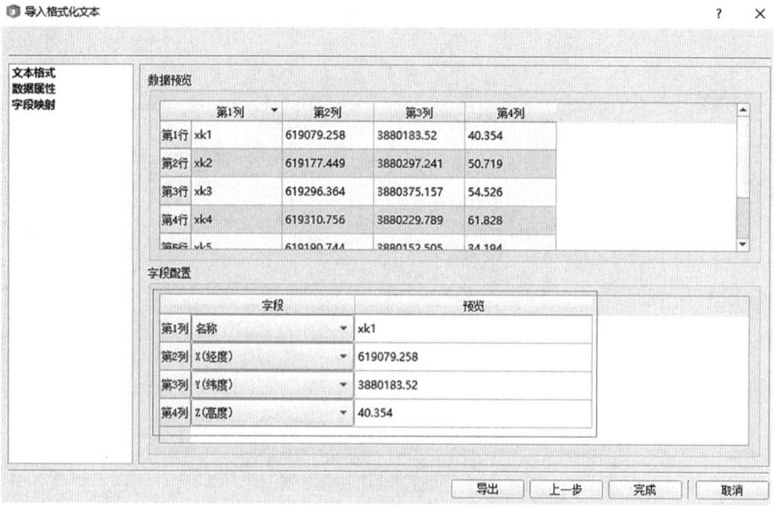

图 6-121　配置控制点数据各列字段

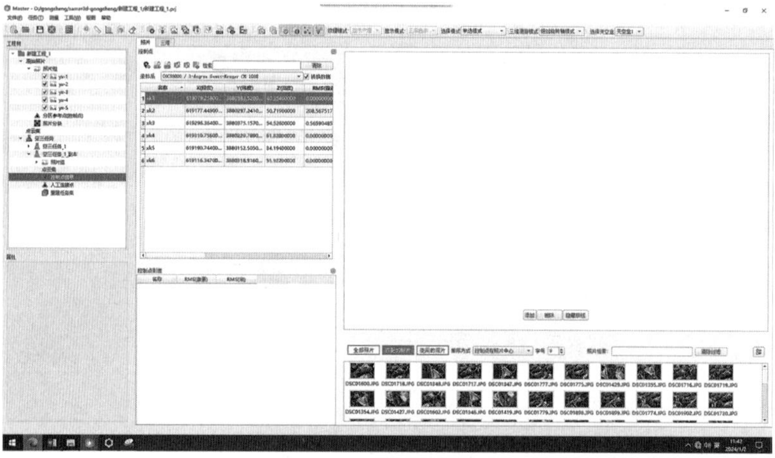

图 6-122　控制点数据导入成果

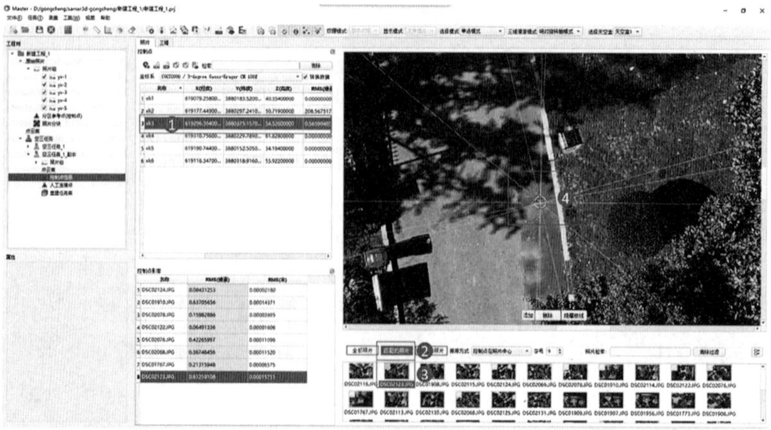

图 6-123　刺点

(7)根据测区概况,测区中间位置至少选择1个控制点作为检查点,如图6-124所示。

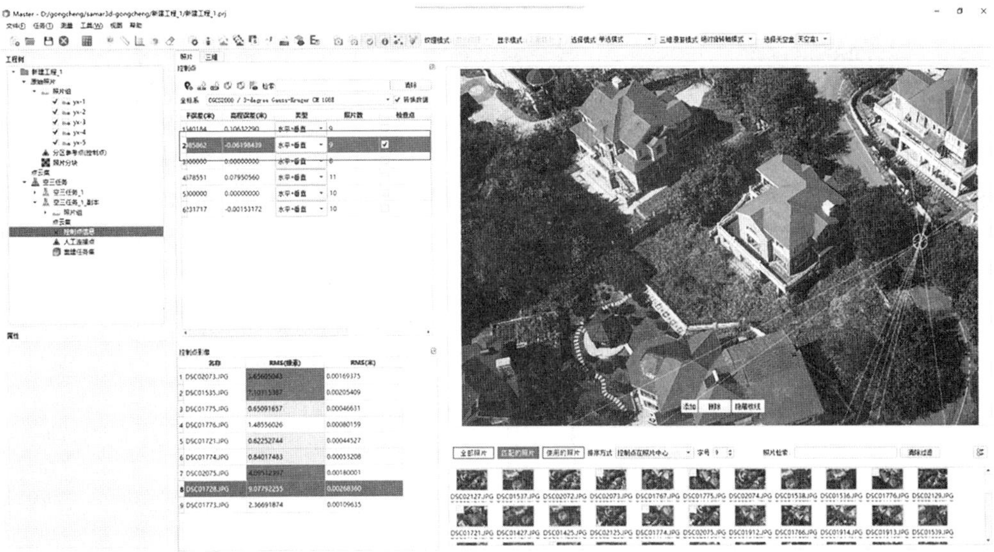

图6-124　设置检查点

(8)刺完点后,右键目录树【空三任务1_副本】,单击【启动计算】,如图6-125所示。

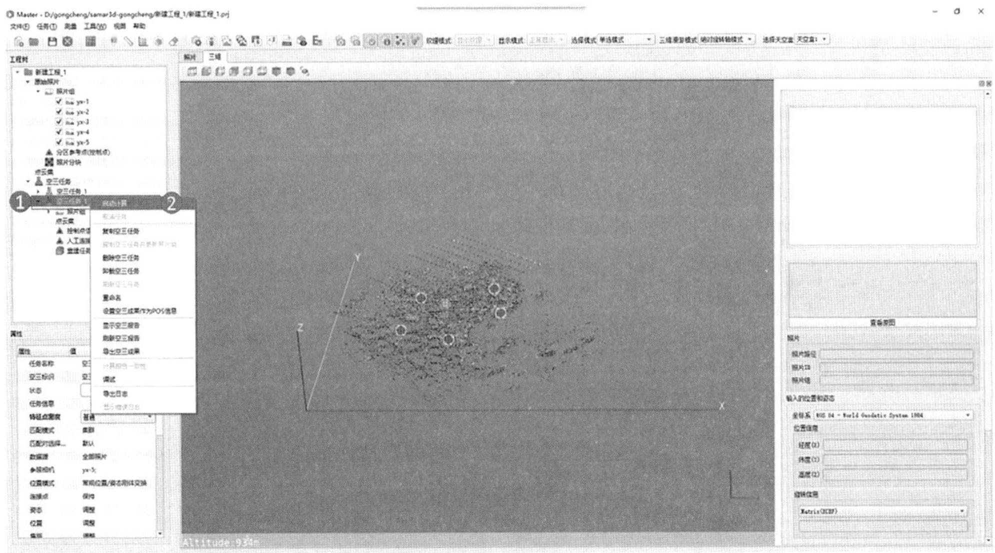

图6-125　约束空中三角测量计算

(9)创建参数设置同样选择参照下视镜头,如图6-126所示。

(10)空三参数设置,位置模式选择"使用控制点平差",其他参数默认设置即可,如图6-127所示。

(11)设置选项,运行模型同样选择"性能模式",如图6-128所示。单击【完成】按钮,引擎在打开状态,等待约束空三计算完成。

CCC—新建工程及自由网空三

CCC—控制点平差及质量评定

CCC—实景三维模型建立

图 6-126 创建参数设置

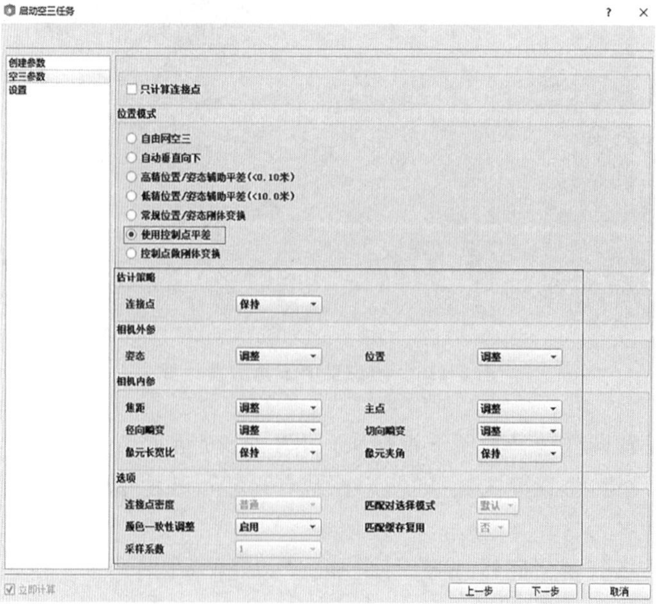

图 6-127 约束空三参数设置——使用控制点平差

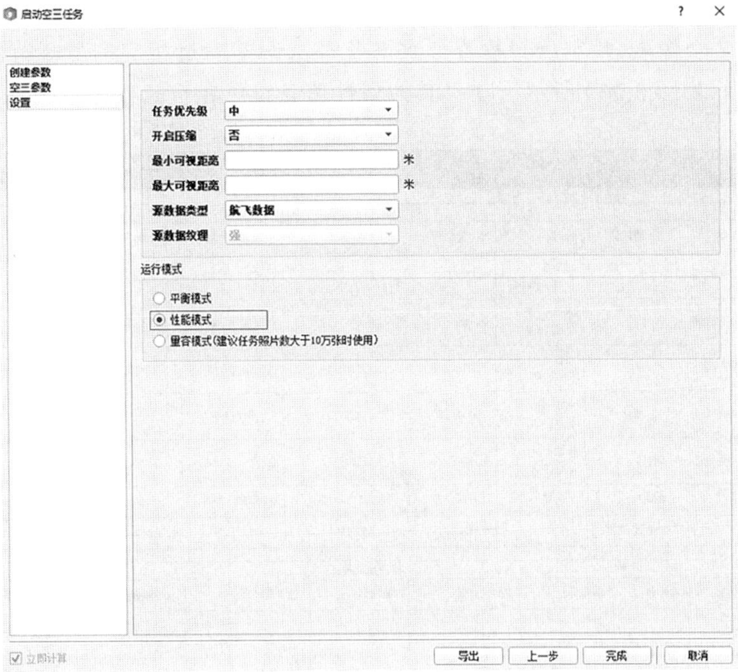

图 6-128　约束空三设置——性能模式

5. 精度评定

(1)首先通过“三维”视图查看空三结果,确保没有分层现象,然后选中【空三任务 1_副本】右键,单击【显示空三报告】,如图 6-129 所示。

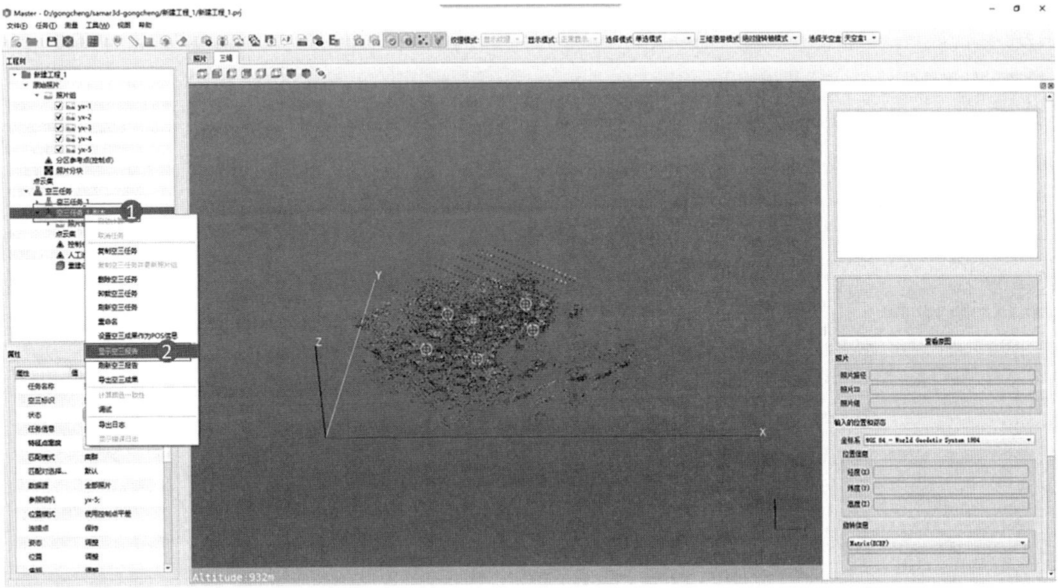

图 6-129　显示空三报告

(2)在空三报告中主要查看连接点、控制点、检查点的几何精度，无人机的数据，连接点RMS应小于0.7个像素，控制点与检查点水平及垂直误差满足相应测量规范限差要求，RMS应小于1个像素，如图6-130所示。项目其他属性信息也可在空三报告总查看。

控制点

控制点误差

名称	类型	照片数	精度(米)	RMS(像素)	RMS(米)	三维误差(米)	水平误差(米)	高程误差(米)
xk1	水平+垂直	9	水平:0.01 高程:0.01	0.0122388	0.000178777	0.000173818	0.00017233	-2.26907e-05
xk3	水平+垂直	8	水平:0.01 高程:0.01	0.00823013	0.000133819	0.000105331	0.000102121	-2.58051e-05
xk4	水平+垂直	11	水平:0.01 高程:0.01	0.00704266	0.000110344	7.76391e-05	7.36073e-05	2.4694e-05
xk5	水平+垂直	10	水平:0.01 高程:0.01	0.0141478	0.000273501	0.000127499	0.000126991	-1.13647e-05
xk6	水平+垂直	10	水平:0.01 高程:0.01	0.02079	0.000303131	0.000271085	0.000270967	8.00475e-06
RMS				0.0134127	0.000213886	0.000165577	0.000164374	1.99188e-05
中位数				0.0122388	0.000178777	0.000127499	0.000126991	-1.13647e-05

检查点误差

名称	类型	照片数	精度(米)	RMS(像素)	RMS(米)	三维误差(米)	水平误差(米)	高程误差(米)
xk2	Full	9	水平:0.01 高程:0.01	1.36206	0.0292165	0.024019	0.0238057	-0.00319409
RMS				1.36206	0.0292165	0.024019	0.0238057	0.00319409
中位数				1.36206	0.0292165	0.024019	0.0238057	-0.00319409

图6-130 空三报告主要信息

6. 三维重建

(1)约束空中三角测量满足要求后，选中目录树【空三任务1_副本】→【重建任务集】右键，单击【重建任务】，如图6-131所示。

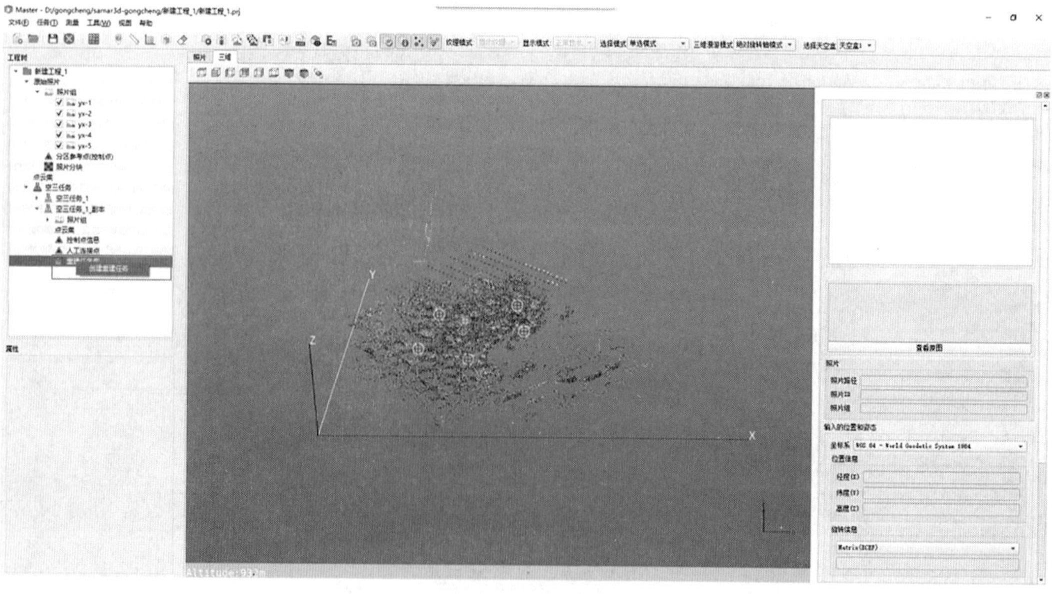

图6-131 重建任务

(2)根据项目要求可设置重建任务名称,选择模型瓦片坐标系(通常与控制点坐标系保持一致),如图 6-132 所示。

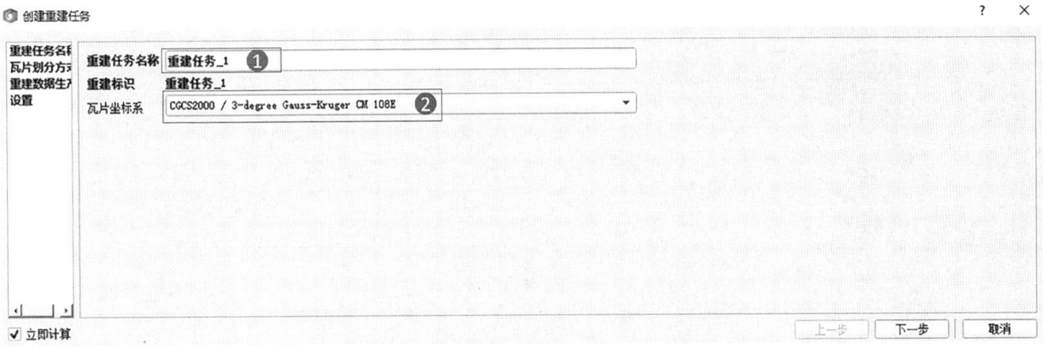

图 6-132 重建任务名称

(3)选择瓦片水平划分方式,根据计算机配置选择瓦片大小(瓦片内存不超过计算机内存2/3),通过适应相机或编辑包围盒选择建模范围,也可通过导入外部范围线或手动划线方式选择建模范围,如图 6-133 所示。

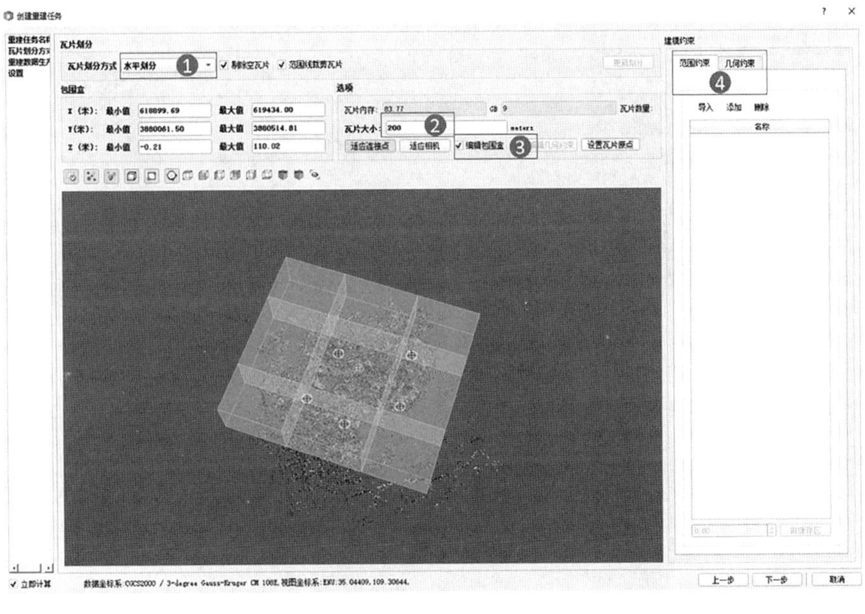

图 6-133 瓦片水平划分

(4)根据项目要求选择模型发布格式(本项目选择 OSGB)、模型发布位置、模型坐标系(与控制点坐标系保持一致),如图 6-134 所示。

(5)其他设置保持默认即可,点击【完成】,保证引擎在打开状态,等待模型生产结束,模型成果如图 6-135 所示。

(6)右键【重建任务集】,选择【创建重建任务】可以继续生产其他格式的模型产品,如图 6-136 所示。

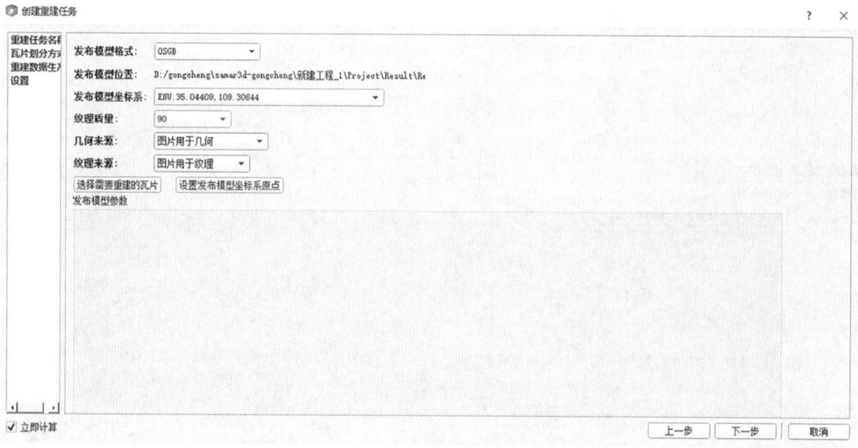

图 6-134　发布模型设置

图 6-135　模型成果

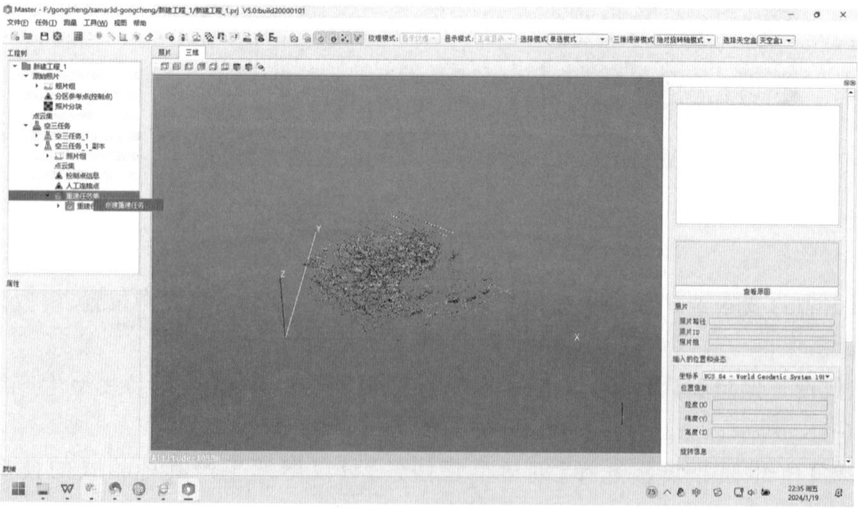

图 6-136　创建重建任务

Smart3D—新建工程及自由网空三

Smart3D—控制点平差及质量评定

Smart3D—实景三维模型建立

6.3　无人机倾斜摄影DLG生产

无人机倾斜摄影技术是指一种通过无人机搭载倾斜摄影相机进行地形测绘的高科技技术。该技术利用多台传感器从不同角度采集影像，获取地面物体更为完整、准确的信息，具有高效率、高精度、多种数据产品、操作便捷、快速响应等特点。下面将从技术原理、应用领域和优势等方面对无人机倾斜摄影技术进行阐述。图6-137为数字线划图(DLG)。

图6-137　数字线划图(DLG)

6.3.1　技术原理

无人机倾斜摄影技术是利用无人机作为载体，通过搭载多台传感器从不同的角度对目标区域进行拍摄，从而获取该区域内的各种地形信息和影像数据的。这些传感器包括垂直镜头和倾斜镜头等不同角度的相机，可以在同一飞行平台上协同工作，从而获得更全面、更准确的地形数据。

在拍摄过程中，无人机可以沿着预设的航线对目标区域进行扫描，同时记录每个传感器的曝光时间和位置信息。通过对这些数据的处理和分析，可以得出每个传感器在空间中的位置和姿态，以及与地面物体之间的相对关系。这些数据经过进一步处理，就可以生成数字高程模型(DEM)、数字正射影像(DOM)等地形测绘产品。

6.3.2 技术优势

无人机倾斜摄影技术具有以下优势。

1. 高效率

无人机倾斜摄影技术可以在短时间内快速采集大量的图像数据，并且可以通过自动化数据处理流程快速生成地形测绘成果，大大提高地形测绘的效率。

2. 高精度

无人机倾斜摄影技术采集的图像分辨率高、细节丰富，可以清晰地反映出地物表面的形态特征，从而得到高精度的地形测绘成果。

3. 多种数据产品

无人机倾斜摄影技术可以生成多种形式的数据产品，如数字高程模型、数字正射影像、三维模型等，这些数据产品可以广泛应用于土地调查、城市规划、环境保护等领域。

4. 操作便捷

无人机倾斜摄影技术操作简单，对操作员的要求不高，一般人员经过短时间培训就能熟练掌握操作技巧。

5. 快速响应

无人机倾斜摄影技术可以在短时间内完成对较大范围的地形测绘任务，并且可以在现场进行数据处理和成果输出，从而快速响应各种突发事件。

6.3.3 应用领域

无人机倾斜摄影技术的应用领域非常广泛，主要涉及以下几个方面。

1. 基础测绘

无人机倾斜摄影技术可以用于地形测绘、地图制作、土地资源调查等基础测绘领域。通过获取高精度的地形数据和影像信息，可以更好地满足基础地理信息的需求。

2. 城市规划

无人机倾斜摄影技术可以用于城市规划中的城市测量、城市景观分析、建筑物三维建模等应用。通过获取城市各个区域的高清影像和地形数据，可以更好地了解城市的空间结构和形态特征，为城市规划提供更加准确的数据支持。

3. 环境保护

无人机倾斜摄影技术可以用于环境监测和环境保护中对于污染源的发现和控制。通过高清晰度的影像和地形数据的采集，可以及时、准确地掌握环境的变化和污染情况，为环境保护提供更加准确的数据支持。

4. 应急救援

无人机倾斜摄影技术可以用于应急救援中对受灾区域的快速响应和处置。可以在短时间内完成较大范围的地形测绘任务，并且可以在现场进行数据处理和成果输出，从而为应急救援提供更加及时、准确的数据支持。

6.3.4　DLG成果质量检验方法

1. 数学基础

(1)坐标系统、高程系统的正确性采用以下方法进行检查。

①平面控制测量坐标系统的选择应以投影长度变形值不大于技术设计或规范、规定为原则，并根据测区地理位置和平均高程而定。

②核查起算点、控制网平差报告、技术设计及技术总结等相关技术资料，分析检查坐标系统、高程系统采用的正确性及合理性。

(2)各类投影计算、使用参数的正确性采用以下方法进行检查。

①核查相关资料，分析检查各类投影计算或改算的正确性，使用参数的正确性及合理性。

②重新计算，比对分析检查各类投影计算或改算的正确性，使用参数的正确性及合理性。

③核查资料，分析检查各类起算点使用的正确性，如起算点录入的正确性，起算点的兼容性。

(3)图根控制测量精度采用以下方法进行检查。

①依照规范、技术设计，核查观测数据等图根控制资料，分析检查图根控制测量观测质量的符合性(主要为观测条件的符合性和重要观测限差的符合性)。

②依照规范、技术设计，核查计算数据等图根控制资料，分析检查图根控制测量计算的正确性与符合性。必要时可重新计算，比对分析图根控制测量计算的正确性与符合性。

③图根控制测量精度一般采用核查分析、比对分析的方法进行检查，也可以利用GNSS-RTK测量或全站仪导线测量方法通过高等级控制进行重合检测，要求如下：

a. 埋石图根点重合检测比例一般不低于总图根点个数的5%。

b. 图根点重合检测的平面较差值、高程较差值应符合相关的技术规定。

c. 图根点重合检测的点位中误差、高程中误差按等精度检测计算统计后，应符合图根点相对于图根起算点的点位中误差和高程中误差的规范、规定。

d. 测量原图根点点间距离，与原图根点坐标反算值进行比对，其平面较差值应符合相关的技术指标，施测精度等级应高于原测精度等级。

(4)图廓尺寸、格网尺寸的正确性采用以下方法进行检查。

①对于数字地形图，在计算机上将图廓点、首末公里网线、经纬网线交点的值按检索条件在屏幕上显示，并与理论值进行比对，检查差值的符合性。

②对于模拟地形图，使用一级线纹米尺量测图廓及格网尺寸，并与理论值进行比对，检查差值的符合性。

(5)图上控制点间距离与坐标反算长度较差采用以下方法进行检查。

①对于数字地形图，采用读取坐标与已知坐标分别计算点间距离。并进行比对，检查差值的符合性。

②对于模拟地形图，采用图上量取距离与坐标反算长度比对的方法，检查差值的符合性。

2. 平面精度及高程精度

(1)实地检测方法。

①采用全站仪极坐标法或 GNSS-RTK 测量方法，实地采集各要素特征数据，获取要素特征点的平面坐标和高程。

②采用加密桩点法，在立体模型下采集各要素特征数据，获取要素特征点的平面坐标和高程。

③利用更大比例尺地形图缩编，获取要素同名点的平面坐标，并进行比对，检测平面精度。

④对于居民地密集且道路狭窄、散点法不易实施的区域，采用钢(皮)尺或手持测距仪实地量取地物间的距离的方法，检查各类地物的平面相对位置精度。

⑤将采集的平面坐标展点上图，量取地形图上的同名点坐标，进行同名点坐标比对，计算坐标差，按图幅统计地形图平面绝对位置中误差。

⑥将采集的高程点高程值与图上同名高程注记点高程值进行比对，计算高程较差，按图幅统计地形图高程注记点高程中误差。

⑦将采集的高程点高程值与采用量取至最近距离相邻等高线进行内插推算的方式得出的高程值进行比对，计算高程较差，按图幅统计地形图等高线插求点高程中误差。

⑧将实地量取的地物间的距离，与地形图上同名距离进行比对，计算距离差值，按图幅统计地形图平面相对位置中误差。

(2)检测控制要求。

①利用原测图根控制成果检测时，应对所需的图根点进行检测。

②当原测图根点不能满足检测需要时，应在等级控制点上布设检测控制点，并符合规范和技术设计的相关规定、技术指标。

③当采用加密桩点法时，应对其加密成果进行核查分析，若认定符合可直接利用，若认定不符合应重新进行布控。

④当利用更大比例尺地形图缩编获取坐标数据时，应核查是否为同一个坐标系统，否则不应采用该方法。

(3)数据采集要求。

①野外数据采集前，应对样本图幅进行分析，掌握图幅各类要素的获取方式，重点针对交会及影像判调的要素进行检查。

②采用全站仪极坐标法采集数据时，应进行后视坐标和高程检核，其点位中误差、高程中误差应符合测站点相对于邻近图根点的精度要求。

③采用 GNSS-RTK 方法采集数据时，测前、测后应与已知点坐标进行比对检核，其点位中误差、高程中误差应符合图根点相对于邻近图根起算点的精度要求。

④平面、高程检测点位置应分布均匀，要素覆盖全面。检测点(边)的数量视地物复杂程度、比例尺等具体情况确定，每幅图一般各选取 20～50 个，尽量按 50 个采集。

⑤平面绝对位置检测点应选取明显地物点。主要为明显地物的角隅点，独立地物点，线状地物交点、拐角点，面状地物拐角点等。

⑥同名高程注记点采集位置应尽量准确，当遇到难以准确判读的高程注记点时，应舍去该点。

⑦高程检测点应尽量选取明显地物点和地貌特征点，且尽量分布均匀，避免选取高程急剧变化处。

⑧高程注记点应着重选取山顶、鞍部、山脊、山脚、谷底、谷口、沟底、凹地、台地、河川湖池岸旁、水涯线上等重要地形特征点。

⑨城区内高程注记点应注重选取城区的街道中心线、街道交叉中心、建筑物墙基脚和相应的地面、管道检查井、桥面、广场、较大庭院内或空地上等地形地物特征点。

⑩当成图为航测法时，应检查外业高程实测的比例是否符合相关的技术要求。

⑪当成图为全野外法时，应重点对高层建筑的裙楼或平台上的建筑进行平面精度检查。

⑫当成图为全野外法时，应重点对山脊、沟谷、鞍部、凹地等地貌特征点进行高程精度的检查。

⑬当进行地物间距采集时，应对同一地物点进行多余边长的间距检查，以保证检验的可靠性。统计时，同一地物点相关检测边不能超过2条，检测边位置应分布均匀，要素覆盖全面，应选取明显地物点。主要为房屋边长、建筑物角点间距离、建筑物与独立地物间距离、独立地物间距离等。

(4)精度统计要求。

精度统计按参照项目11中的数学精度检测执行。

(5)接边精度要求。

对于接边精度，应对照相关要求与限差值，在图上获取要素几何位置接边错误的个数，采用核查分析、比对分析的方法，检查接边精度的符合性。

3. 数据及结构正确性

当成图为航测法时，应重点对城区高层建筑物的角点，各种廊坊、飘楼、有房檐的房基角点进行平面精度的检查。

数据及结构的正确性采用以下方法进行检查。

①利用人机交互的方式对照技术设计及相关引用规范，核查文件命名、数据组织和格式的正确性。

②对照技术设计及相关引用规范内容，逐层核查要素分层、用色以及要素属性代码的正确性。

③对照技术设计及相关引用规范内容，检查图形数据层设置的正确性，有无多余层、块。

④拼接相邻图幅，逐一核对接边要素属性的一致性。

⑤利用检查软件对具有逻辑关系的检查项进行批处理检查，但对检查出的错漏应进行分析确认，剔除伪错漏。

4. 地理精度

(1)野外巡视检查。

①核查各类地貌、地物要素表示是否完整、正确，地貌特征表示是否真实，是否充分表示出实地的地理特征。

②核查地物、地貌属性表示的正确性。

③核查各种名称注记是否表示完整、正确。

④检查地物要素、地貌要素综合取舍的合理性。

⑤当成图为航测法时,应特别注意房檐改正及檐廊、飘楼的表示。

⑥当成图为全野外法或平板仪法时,应特别注意地貌形态、走势、地貌变换处的表示。

(2)内业图面检查。

①内业检查地理要素间主次关系、取舍的正确性。

②内业检查测图控制点密度,高程注记点分布、密度及选点位置的符合性。

③内业检查图幅要素属性接边的正确性。

5. 整饰质量

采用内业图面检查的方法对地形图的以下方面进行检查。

①图廓外整饰的内容、规格、位置的正确性。

②符号使用、配置的正确性。

③各种线划规格、文字注记的字体和字号的规范性。

④各要素关系的合理性,是否有重叠、压盖现象。

⑤各要素用色的正确性。

⑥高程注记点的取位、密度的符合性。

6. 附件质量

(1)资料的齐全性、装订规整性检查。

①对照项目设计、技术设计检查上交资料的齐全性。

②查看各项上交成果资料,检查资料是否整洁,装订是否齐整。

③对照相关要求,检查技术总结、检查报告等文档资料的字体、排版等是否规范。

④对照相关要求,检查各项上交成果资料封面、格式、编号等是否符合技术设计要求。

(2)资料内容的符合性、完整性检查。

①检查技术设计的符合性。

②核查技术总结内容项是否齐全。

③检查生产过程中技术问题处理情况,在技术总结中有无描述和说明,是否符合相关的技术标准、规范及技术设计要求。

④根据相关的技术标准、规范及技术设计要求,检查技术总结是否能真实、客观地反映整个生产的技术过程,以及结果分析的真实性和可靠性。

⑤检查数据处理资料、成果表、控制网图、图幅接合图、图历簿、技术总结、检查报告等资料的文字、表述、图表等方面正确性。

⑥查看检查资料中是否装订有与本册资料无关的内容。

⑦检查是否有资料清单,对照技术设计,检查清单内容的完整性。

【项目案例:基于清华山维(EPS)软件的DLG生产】

清华山维EPS地理信息工作站(以下简称EPS)是北京山维新科技股份有限公司研发的一款测绘生产活动多种业务模块集成化软件系统。该系统集成了信息化测绘生产技术体系、工艺流程、生产工具、数据管理等模块,旨在满足“以地理信息服务为中心”的信息化测绘生产需求。EPS具有以下特点。

1. 系统化的数据处理流程

EPS 不仅能对数据进行采集、存储和编辑，还能进行多源数据的融合、处理、分析和应用，实现了一体化的数据处理流程。

2. 高度集成的功能模块

EPS 包含了多个功能模块，如数据转换、图属关联、数据编辑、GIS 建库、动态更新、成果输出等，各模块之间相互集成，能够实现数据的共享和交互。

3. 强大的数据处理能力

EPS 支持大规模数据的处理，能够实现高效的数据读写和处理，提供了完善的数据管理方案。

4. 灵活的应用场景

EPS 适用于多种应用场景，如城市规划、土地调查、环境保护、应急救援等，能够满足不同领域的需求。

5. 专业的技术支持

EPS 提供了专业的技术支持和服务，能够为用户提供及时的技术支持和解决方案。

总的来说，EPS 是一款功能强大、高度集成、应用灵活的测绘生产活动多种业务模块集成化软件系统，适用于多种应用场景，能够满足用户的不同需求。图 6-138 为 EPS 地理信息工作站。

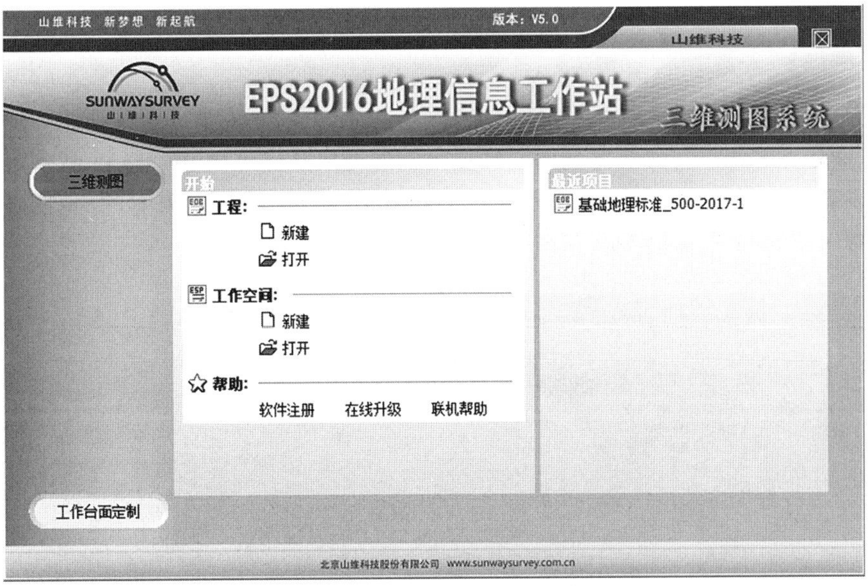

图 6-138 EPS 地理信息工作站

【任务描述】

某智慧校园建设项目。规划师想把实景三维模型、数字线划图与智能化管理系统结合，实现校园的智能化管理。利用实景三维模型进行智能化楼宇控制，实现建筑物的能源管理、设备监测和维护等功能。将数字线划图应用于校园的安防监控、智能交通和停车管理等方面，提高校园的安全性和运营效率。通过前期的工作，已得到该校园实景三维模型数据。请以该模型数据为基础，生产数字线划图(DLG)。数据处理工作流程如图 6-139 所示。

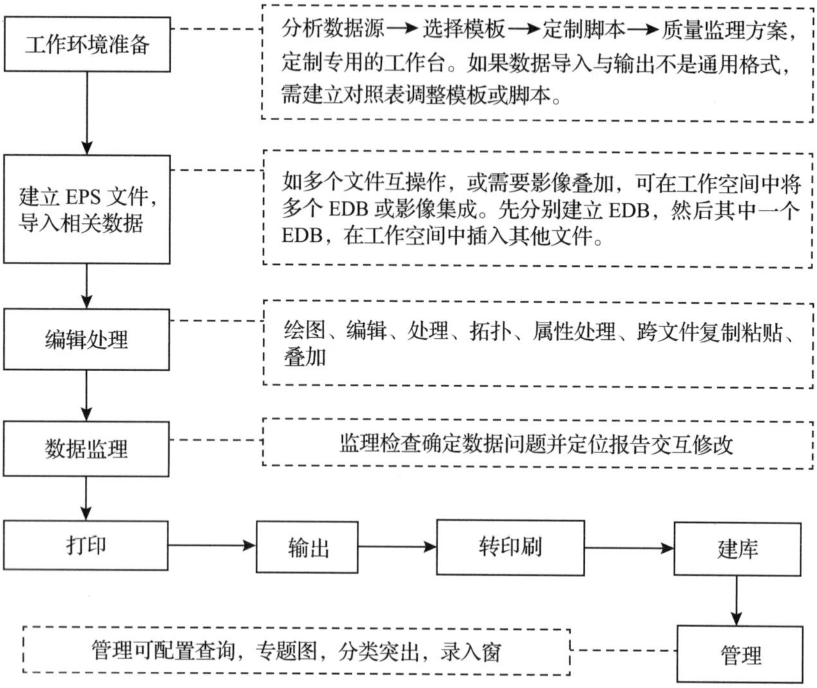

图 6-139　数据处理工作流程

基于实景三维模型数字线划图制作(三维动画)

【任务实施】

1. 创建工程文件

(1)工作台面定制。使用三维测图必须要定制的模块是三维浏览(3D View)，而使用倾斜摄影制图还需要定制倾斜摄影三维测图模块。若要定制全部的三维测图，需要将点云三维测图和垂直摄影三维测图一同定制，如图 6-140 所示。

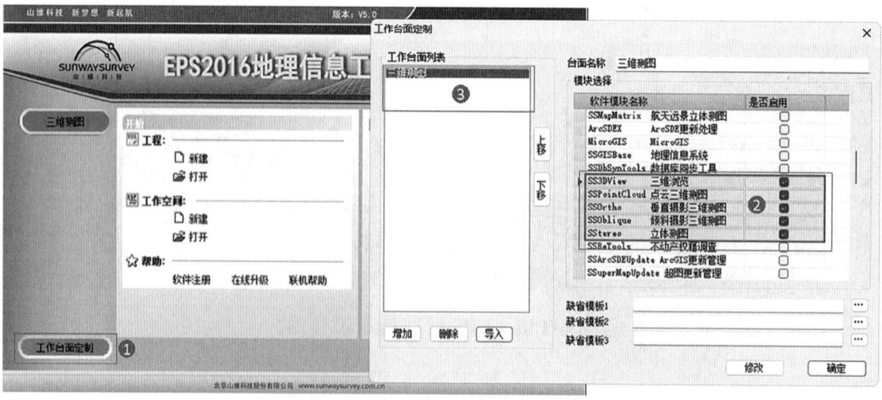

图 6-140　工作台面定制

(2)新建工程。定制完工作台面后便可以在已定制模块下进行绘图制作。初次使用应点击工程下的【新建】选项，在弹出窗口中选择需要的模板，填写工程名称并且选择需要存放的路径，如图 6-141 所示。

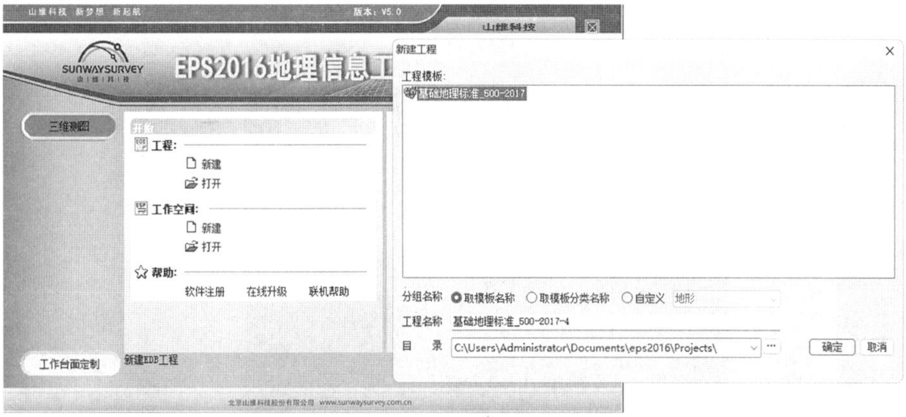

图 6-141　选择模板

(3)打开工程。若已有工程可以使用打开选项打开已有工程，在弹出窗口中选择路径并选择自己需要打开的工程，对工程命名好后点击打开，或在右边最近项目下选择最近打开过的工程，如图 6-142 所示。

图 6-142　打开工程

2. 倾斜摄影模型生成

(1)生成倾斜摄影模型。

①进入 EPS 三维测图软件之后，会发现与 EPS 的基础平台相比在菜单栏多出了“三维测图”菜单选项。制图前需要先生成实景表面模型 dsm 文件，点击【三维测图】→【osgb 数据转换】，如图 6-143 所示。

②在弹出窗口中输入倾斜摄影数据目录和元数据文件，若不是第一次生成数据则需要手动清除先前路径，注意在存放路径中不能出现空格、特殊字符等。在倾斜摄影数据目录处选择包含多个瓦片数据存放的文件夹，在元数据出选择对应的 xml 文件，点击【确定】，生成 dsm 文件，如图 6-144、图 6-145 所示。

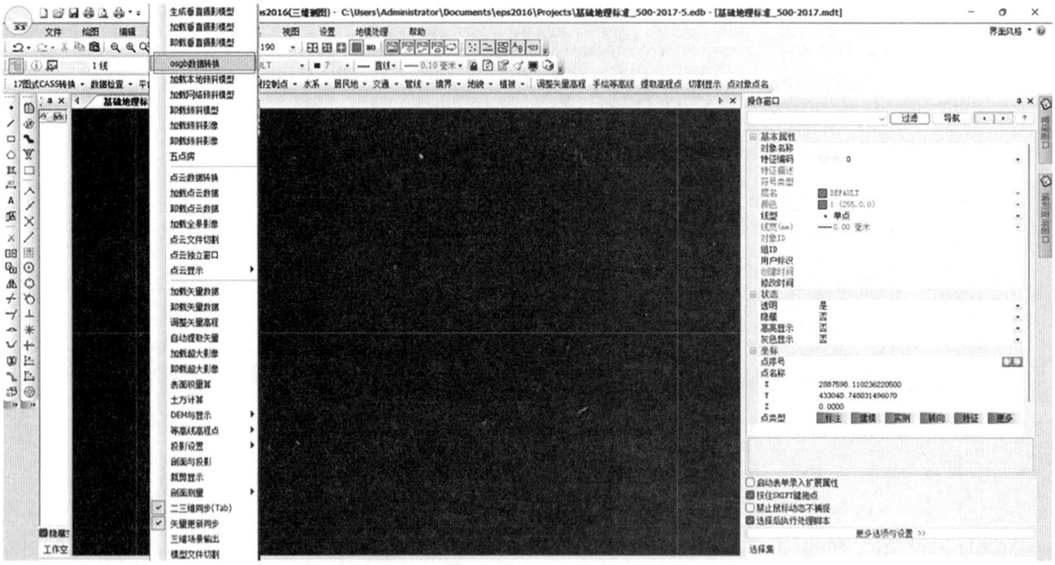

图 6-143　osgb 数据转换

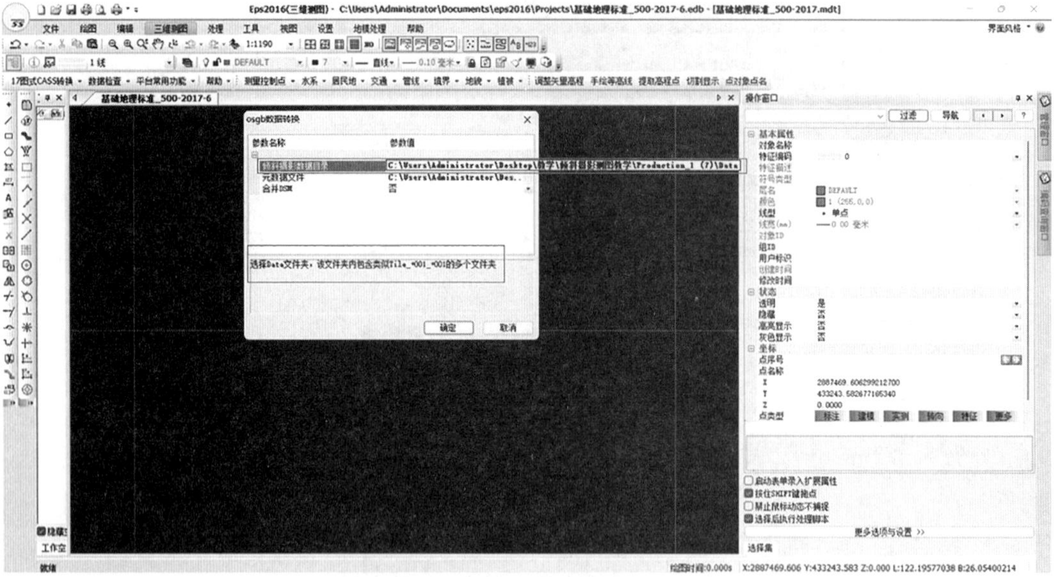

图 6-144　倾斜摄影数据目录选择

(2)加载倾斜摄影模型。生成 dsm 文件后点击【三维测图】→【加载本地倾斜模型】,加载刚生成的 dsm 文件。也可以点击【加载网络倾斜模型】加载存放在共享数据库中的文件。点击后出现弹出窗口,在弹出窗口中选择刚刚生成存放在与瓦片数据同一目录下的 dsm 文件(与 osgb 生成时倾斜摄影目录位置相同),点击打开,如图 6-146 所示。

(3)加载超大影像。如果有该项目区正射影像图,可以单击【三维测图】→【加载超大影像】,实现二维、三维同步绘制,二维、三维一体化测图,如图 6-147 所示。如果没有也不影响倾斜摄影测图。

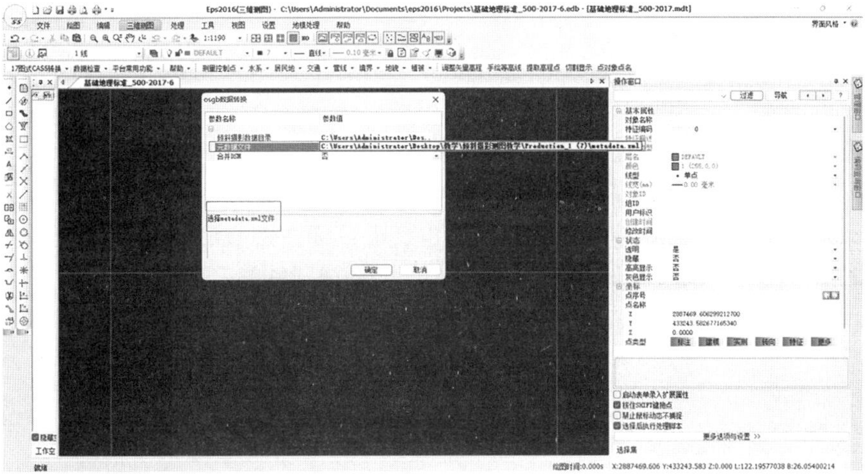

图 6-145　元数据文件选择

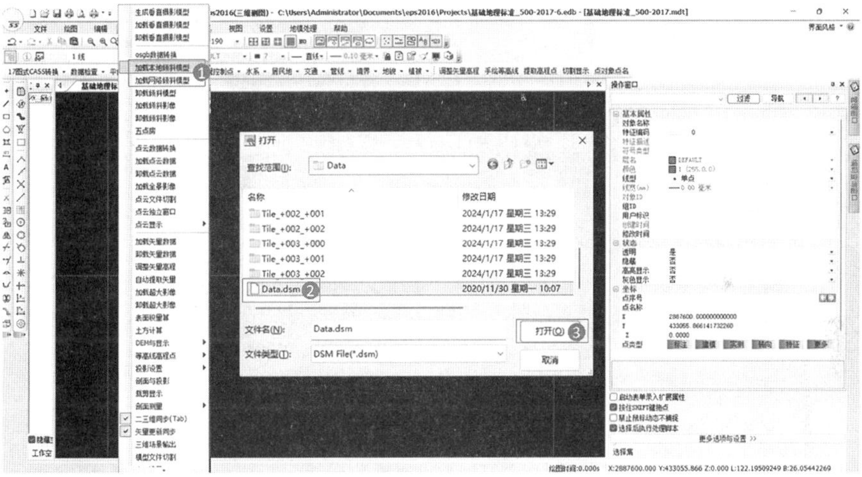

图 6-146　加载倾斜模型

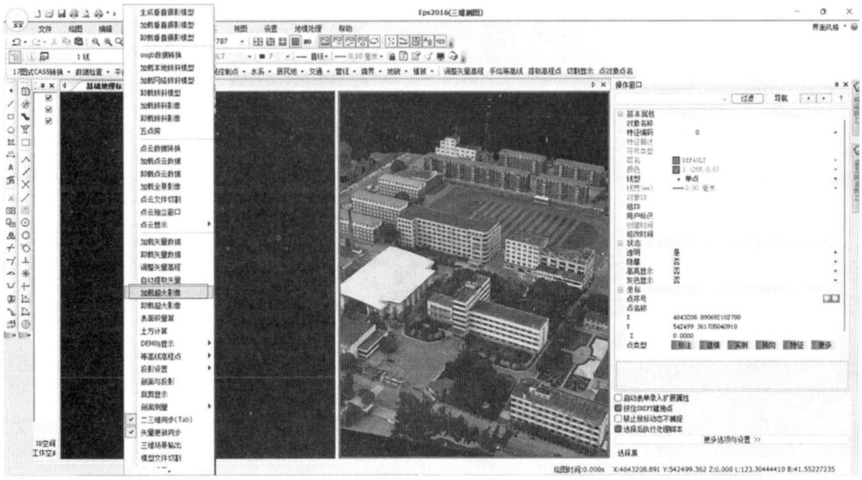

图 6-147　加载超大影像

3. 生产采集

(1)点状地物采集。

①污水井、路灯、零星树木。如果已知地物编码,可以在“编码设置”窗口直接填入地物编码并搜索该地物。也可以输入中文关键字进行模糊搜索,然后选择正确的地物,在三维视窗倾斜模型中找到正确的位置(井盖采集中间位置、路灯和独立树采集模型根部),点击鼠标左键,该地物同时在三维、二维视窗显示,该地物便采集成功,如图 6-148 至图 6-150 所示。

点状地物采集及等高线绘制

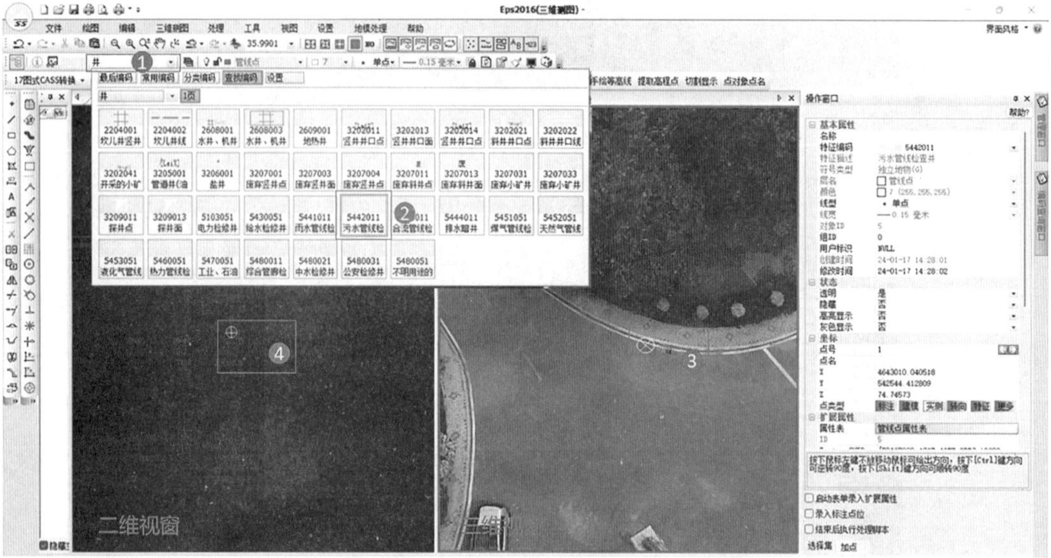

图 6-148　污水井采集

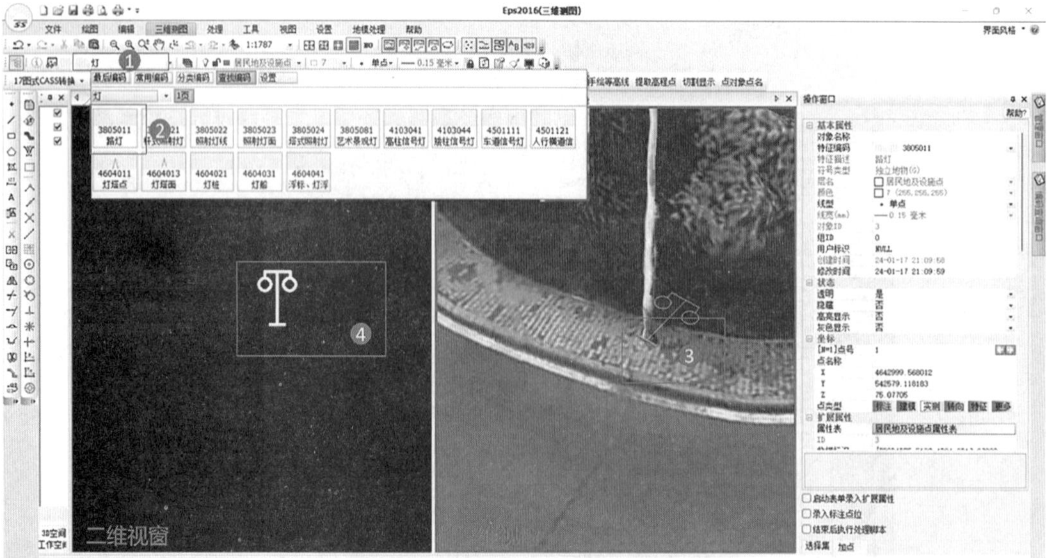

图 6-149　路灯采集

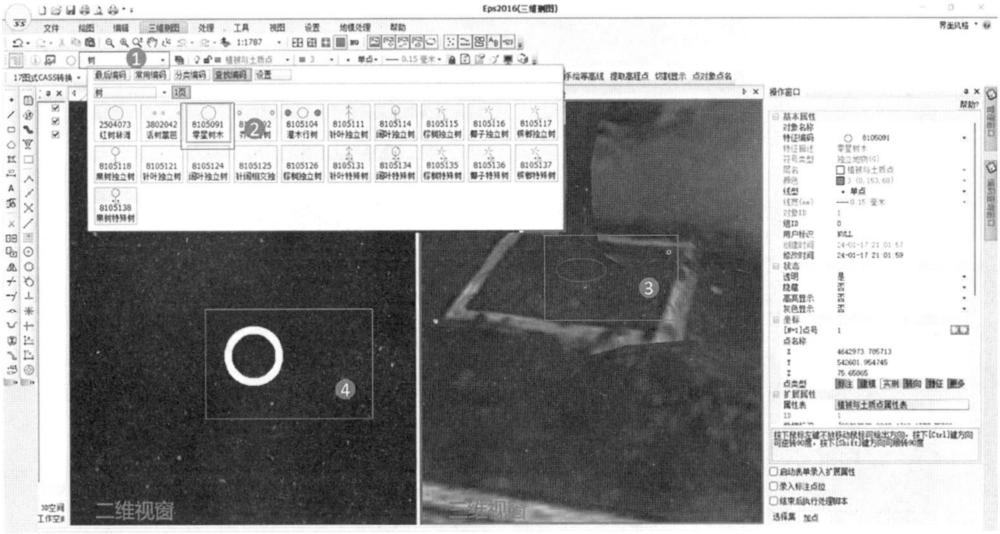

图 6-150 零星树木采集

②高程点。在“编码设置”窗口输入高程点编码，或者输入“高程点”，选择【高程点】，在需要显示高程的地方点击鼠标左键，可以显示高程。若点击之后没有显示高程，可以在右侧操作窗口中将坐标下的“标”选择上，以表示该点为标注便可以显示高程数值，如图 6-151 所示。

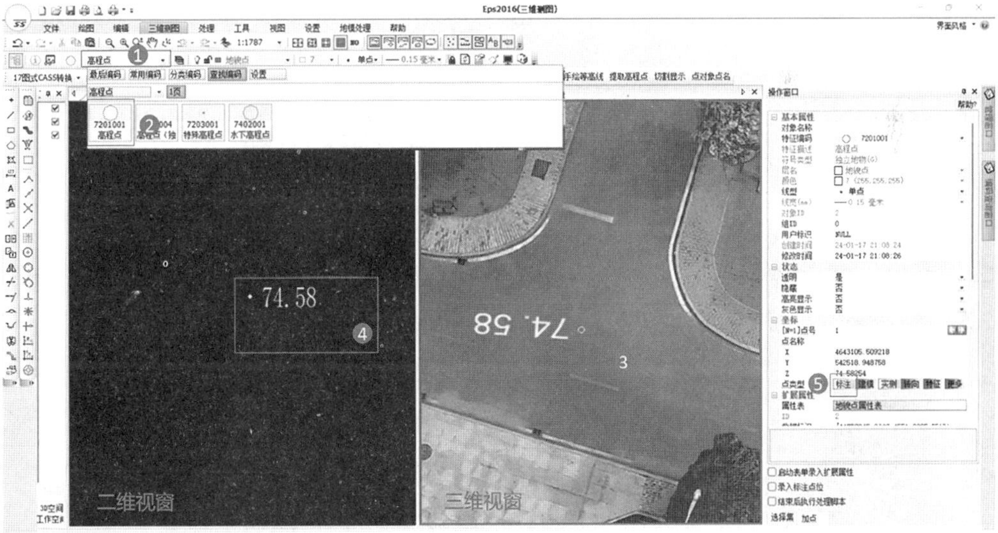

图 6-151 高程点采集

(2)线状地物采集与编辑。

①道路、围墙。在“编码设置”窗口输入道路编码，或者输入“路”，选择【内部道路边线】，在三维视窗沿着道路走向在各个转折点位置依次单击鼠标左键进行采集，按“Shift＋Z”键可以改变地物方向，如图 6-152 所示。注意：不要绘制在道路上的其他地物上，会导致高程改变。在绘制道路时可以用快捷键 1(直线)、2(曲线)、3(圆弧)来改变线型。如果画错，可以按“X”键回退一次，可以利用“Z”键反向绘制，也可以在断线处用“F”键重新接上继续画图。

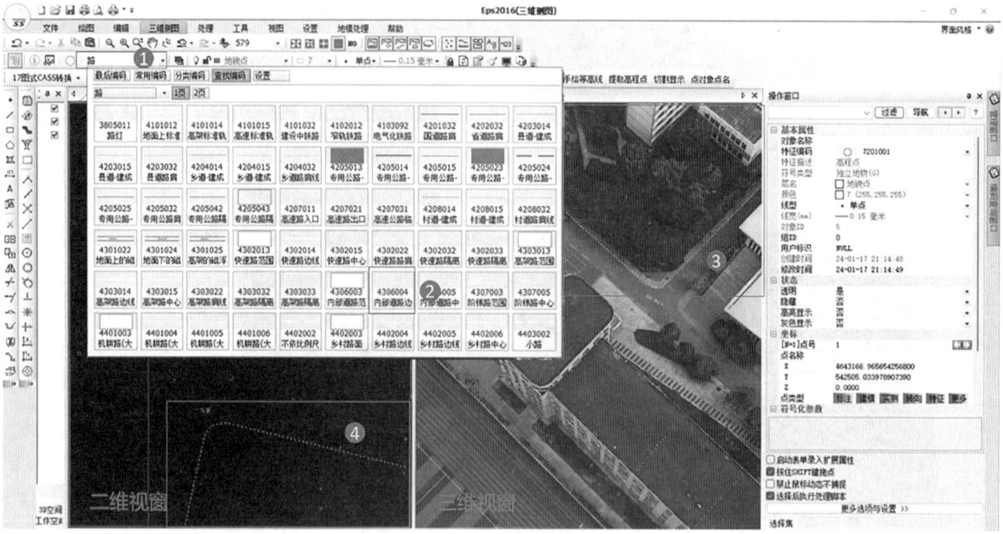

图 6-152 道路采集

在“编码设置”窗口输入围墙编码，或者输入“墙”，选择【围墙】，在三维视窗沿着围墙走向在各个转折点位置依次单击鼠标左键进行采集，按“Shift＋Z”键可以改变地物方向，如图 6-153 所示。注意：从左往右、从下往上采集的是围墙里边线，从右往左、从上往下采集的是围墙外边线。

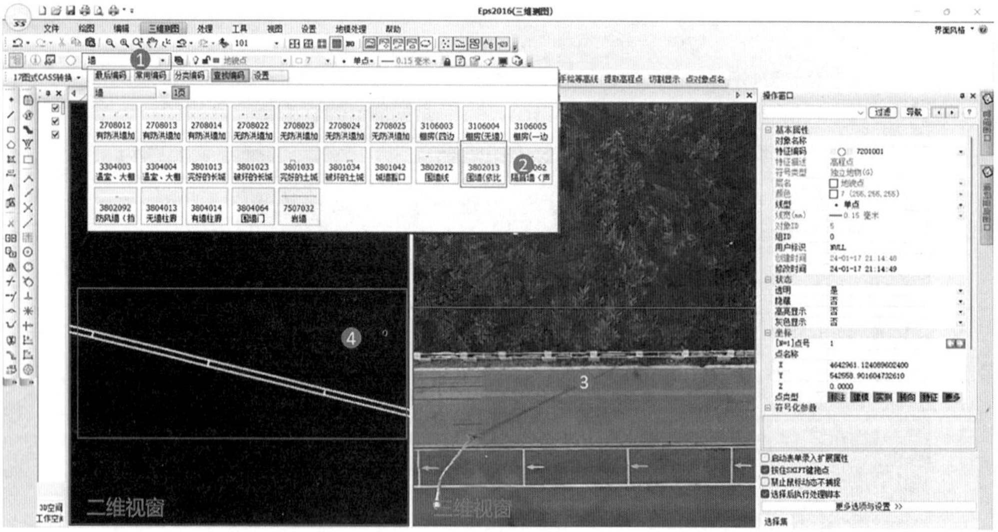

图 6-153 围墙采集

②陡坎。在“编码设置”窗口输入陡坎编码，或者输入“坎”，选择【已加固人工陡坎】，在三维视窗沿着陡坎走向在各个转折点位置依次单击鼠标左键进行采集，按“Shift＋Z”键可以改变地物方向，如图 6-154 所示。

③台阶。在“编码设置”窗口输入台阶编码，或者输入“台阶”，选择【台阶】，在三维视窗将起步位置定为画线起始点，沿着台阶边线各个转折点位置依次单击鼠标左键进行采集。采集完成后将鼠标移动到二维视窗台阶转折点处，按“J”键显示出台阶线，如图 6-155 所示。

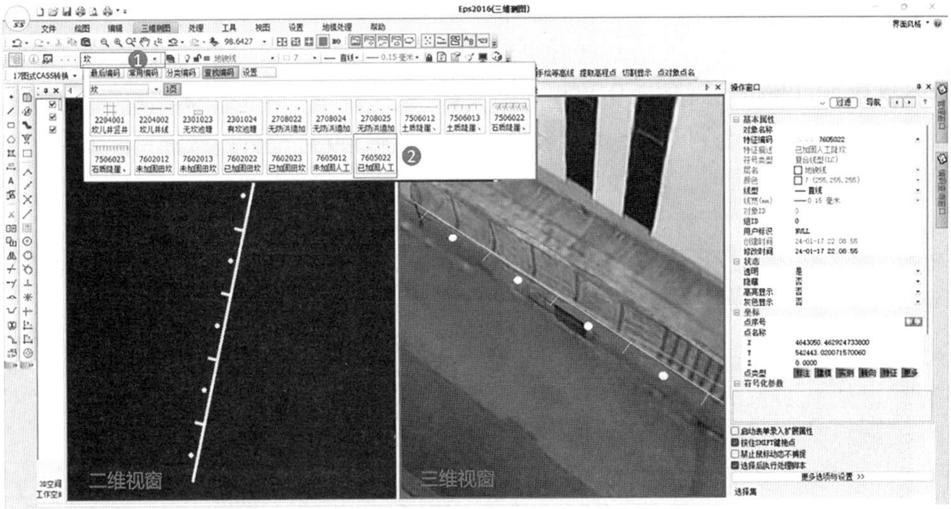

图 6-154　陡坎采集

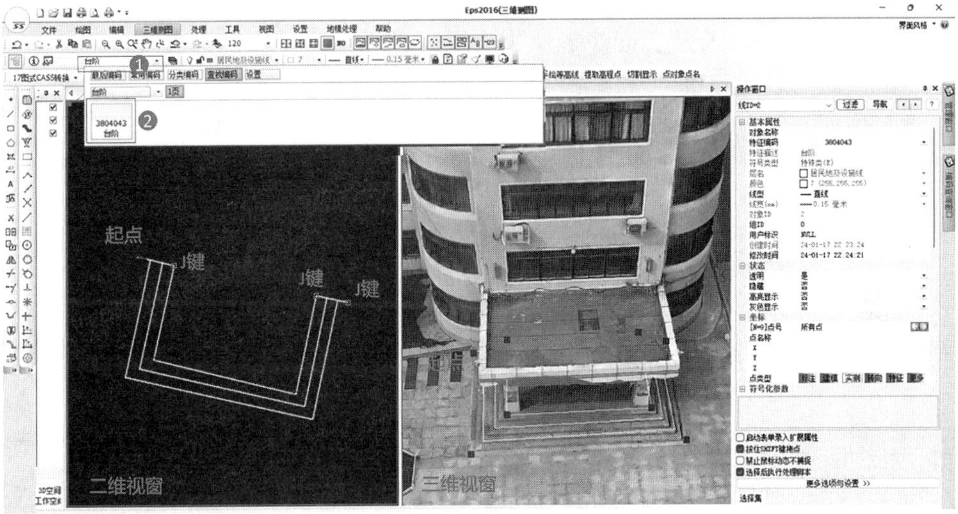

图 6-155　台阶采集

(3)面状地物采集与编辑。

①房屋。在“编码设置”窗口输入房屋编码,或者输入“房”,选择【建成房屋】,在三维视窗选择建筑物主体长边面选择 2 点,旋转模型,其他面各选 1 点,最终回到起始面选择 1 点,按“X”键(回退 1 点)、“Z”键(反转)、“X”键(回退 1 点)、“C”键(闭合),选择房屋属性及层数,完成房屋采集,如图 6-156 所示。注意:采集点过程要自动直角化采集(按 Ctrl 键开启或取消);当 2 个

四点房屋的采集与编辑　　EPS 绘制一般房屋　　EPS 绘制房屋附属设施　　EPS 面状地物采集与编辑

房屋相邻时可以利用快捷键“S”捕捉已绘制成的房屋角点，在绘制第 3 边时需要保证第 4 边与已有房屋的重合，也要保证第 3 边与已有房屋墙面的垂直，所以利用快捷键“Shift＋D”捕捉垂足；可以在操作窗口处点击结束后执行脚本处理，这样在绘制过程中要保证画房屋时第 1 点点在三维窗口的房屋上，之后可以在二、三维窗口随意绘制，脚本会帮助把除第 1 点以外的点高程改变为第 1 点相同的高程。

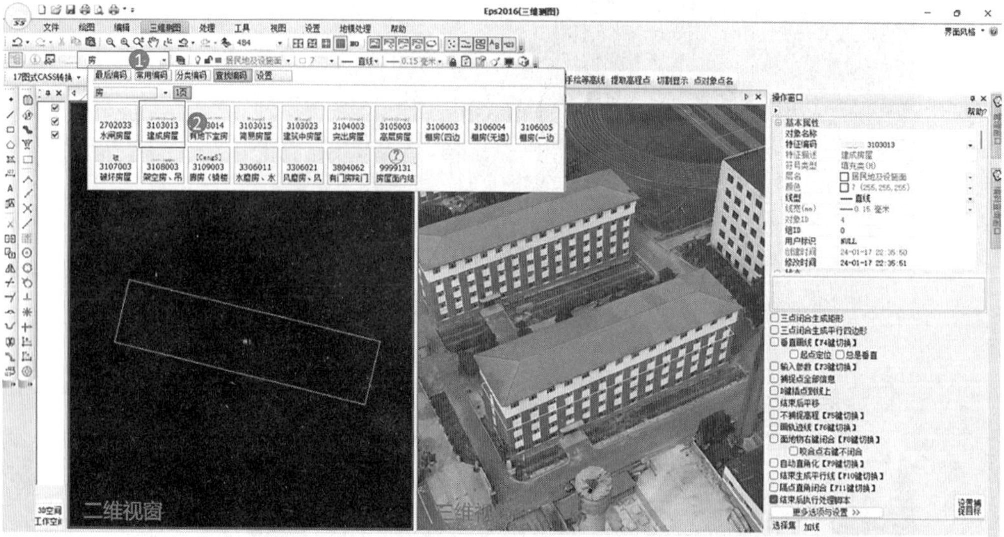

图 6-156 房屋采集

②阳台。在“编码设置”窗口输入阳台编码，或者输入“阳台”，选择【阳台】，在三维视窗中依次选择阳台特征点，可以使用“捕捉”快捷键辅助完成，如图 6-157 所示。

阳台、雨罩采集与编辑

图 6-157 阳台采集

③植被。首先找到需要填充地物的闭合面，按“G”键自动填充上一次已填充过的地物，如需改变填充地物按“Shift＋G”键，如图 6-158 所示。

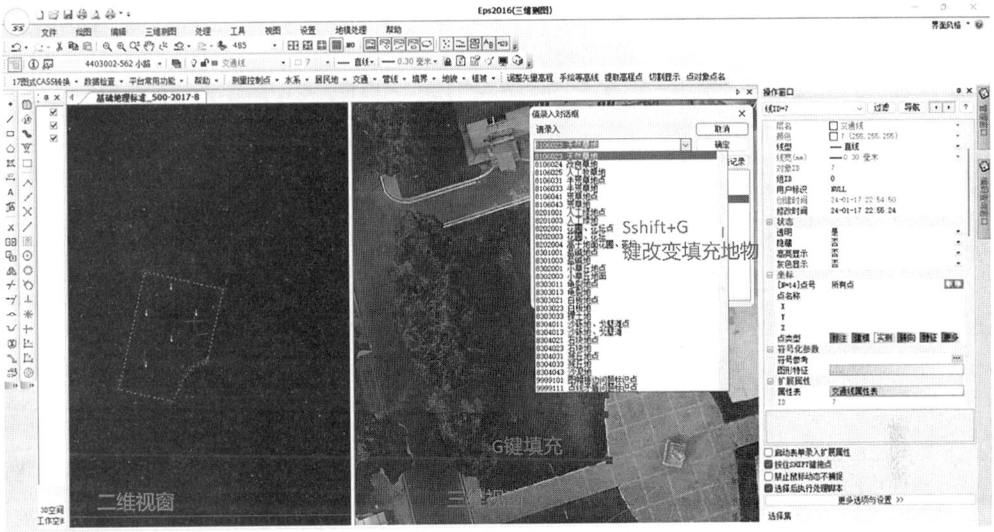

图 6-158　植被填充

④斜坡。在“编码设置”窗口输入斜坡编码，或者输入“坡”，选择【未加固斜坡面】，在三维视窗中沿着斜坡走向在各个转折点位置依次单击鼠标左键进行采集（注意：先采集坡顶线，后采集坡底线，按“C”键闭合）。采集完成后将鼠标移动到二维视窗坡顶终点，按“J”键显示出坡齿线，如果坡齿线与坡顶线不垂直，可以在坡顶与坡底位置按“E”键加点，并在所加点位置按“K”键，使坡齿线与坡顶线垂直，如图 6-159 所示。

EPS 绘制未加固斜坡

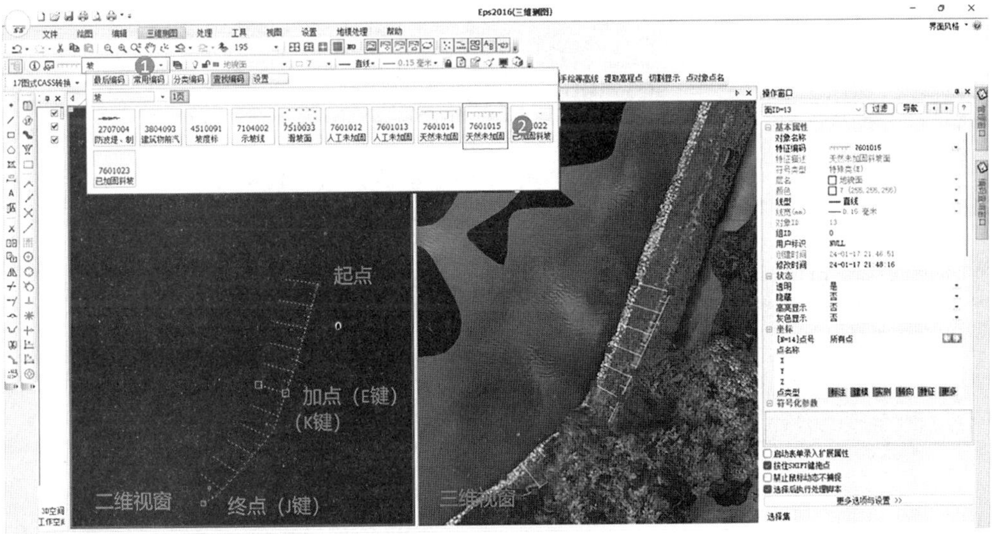

图 6-159　斜坡采集

(4)文字注记。

在工具条中找到并单击【注记】,在三维视窗需要注记文字的位置单击,输入需要注记的文字,单击【确定】完成注记,如图 6-160 所示。注意:也可以选择不同的线形来改变注记的标注方式,令注记展现不同的标注走向,如图 6-161 所示。

图 6-160　文字注记

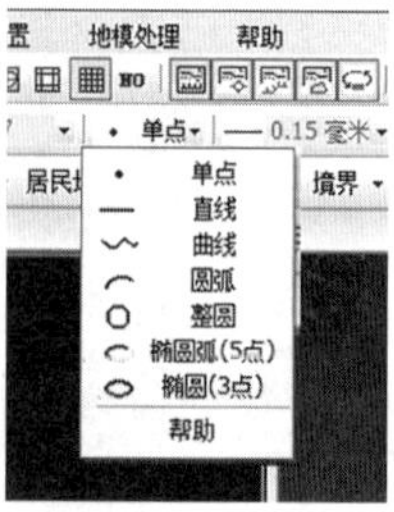

图 6-161　改变注记的标注方式

数据检查及图廓整饰

4. 数据检查

(1)数据合法性检查。

①在进行检查前要先点击【处理】→【对象基本属性重置】,如图 6-162 所示。

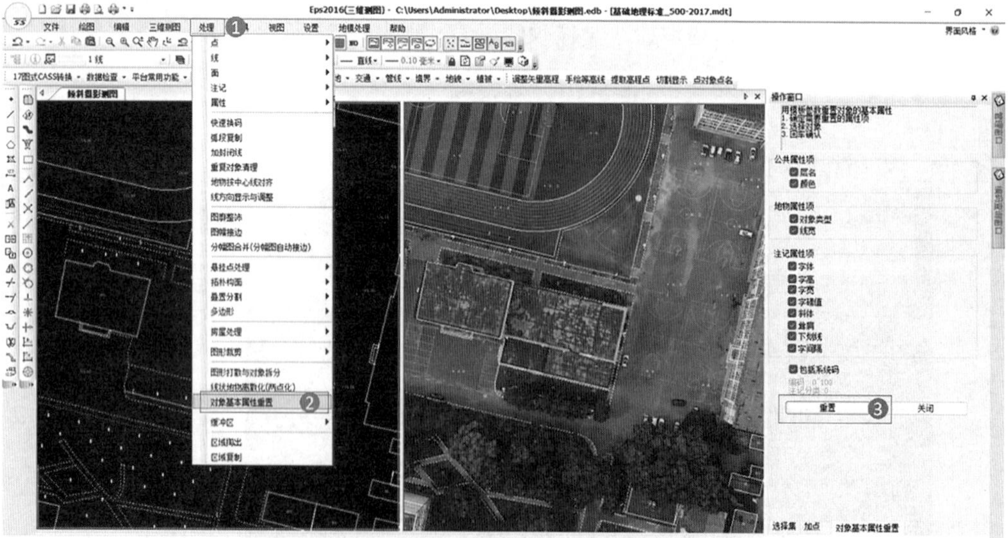

图 6-162　对象基本属性重置

②重置后要进行数据合法性检查,点击【工具】→【数据检查】,会出现很多检查项,点击【数据合法性检查】,如图 6-163 所示。

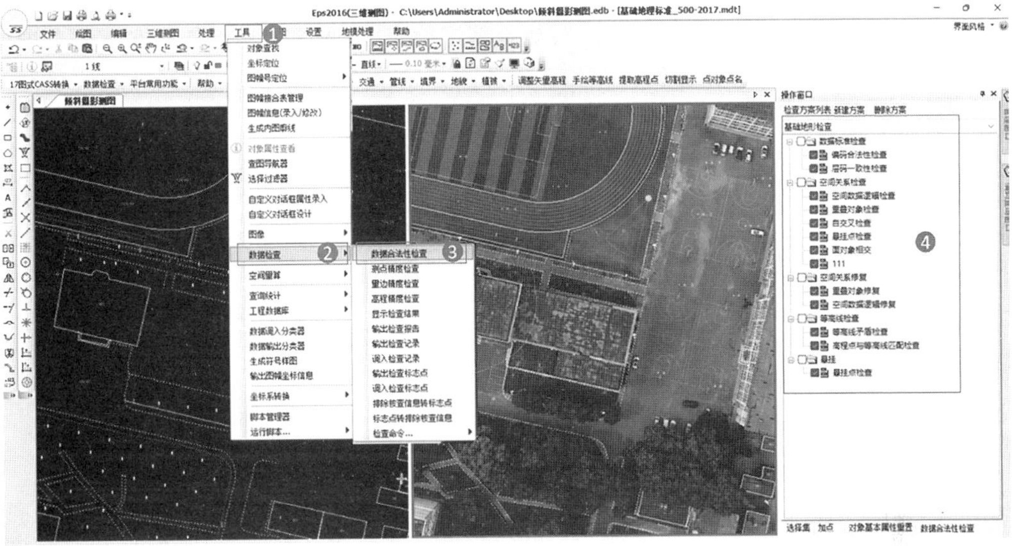

图 6-163　数据合法性检查

空间逻辑检查是指检查数据空间逻辑性的正确与否，包括线对象上只有 1 个点、1 个线对象上相邻点重叠、1 个线对象上相邻点往返、少于 4 个点的面、不闭合的面，此检查需设置相邻重合点的最大限距（缺省值 0.001 m）；自相交检查是指检查自相交错误；交叉线检查是指检查指定编码的房屋、宗地线等是否有交叉情况，房屋、宗地理论上不能交叉，若出现交叉会造成面积计算错误；重叠地物检查是指检查图中地物编码、图层、位置等相同的的重复对象，可以在数据监理窗口查看检查结果，可以对每一个检查出的错误进行标记，在错误的状态可以标记已排除、已核查、未处理来记载错误的处理情况。点击检查出的错误在影像上会显示彩色的十字来表示错误的位置，如图 6-164 所示。

图 6-164　检查出的错误

(2)测点精度检查。

①为使采集的数据更加准确,需要进行测点精度检查,将采集的点与外业实际测点进行对比检查就是测点精度检查。在数据检查处点击测点精度检查,可以设置点位限差、规定误差和高程限差,如图 6-165 所示。

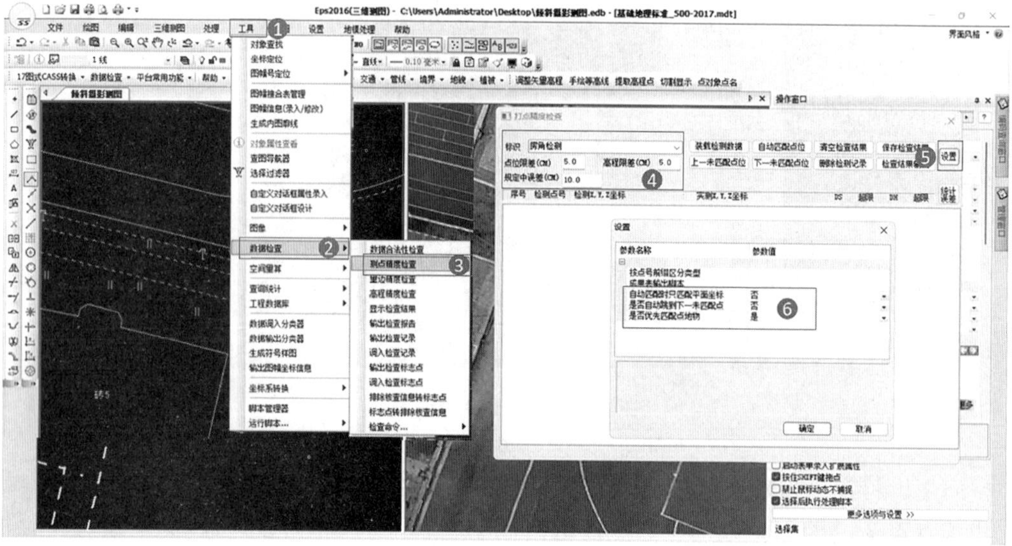

图 6-165 测点精度检查

②设置完成后,首先装载检测数据,选择数据加载完成后需要进行点位匹配,匹配点位后就会出现检查结果,可以通过上一未匹配点位和下一未匹配点位来仔细查看每一个点位。检查之后可以清空、保存、输出检查结果,也可以删除检测记录。输出结果时可以选择是否和高程精度检查一同输出。图 6-166 为房角点精度检测。

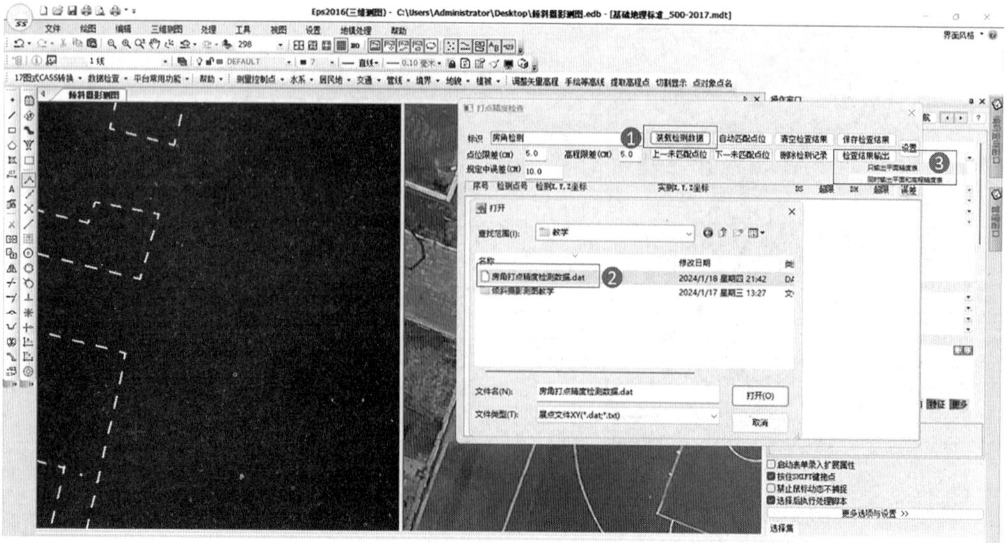

图 6-166 房角点精度检测

(3)量边精度检查。

为提高绘制的精度,需进行量边精度检查,在数据质检处点击量边精度检查,在弹出的窗口中输入规定的误差,可以通过两点定边或直接选边的方式选择需要检查的边,选好边后弹出窗口中输入检查边长(外业实测边长),点击确定。弹窗后再点击确定,可以看到检测结果,如图6-167所示。

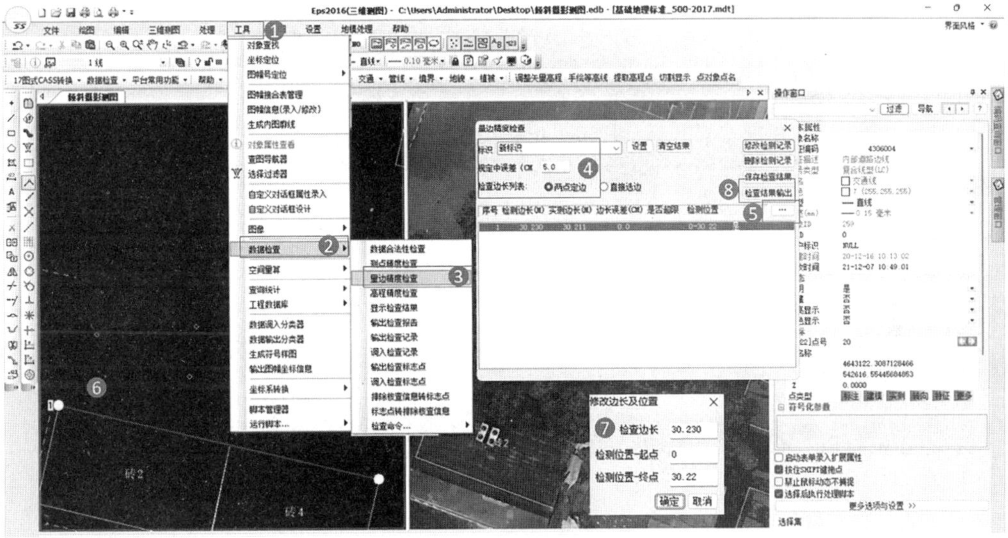

图6-167　量边精度检查

5. 图廓整饰

点击【设置】→【图廓属性设置】,图廓属性设置好后,在二维视窗单击需要添加图廓的格网,图廓便自动生成。选中图廓,可以在属性窗口更改图廓属性,如图6-168所示。

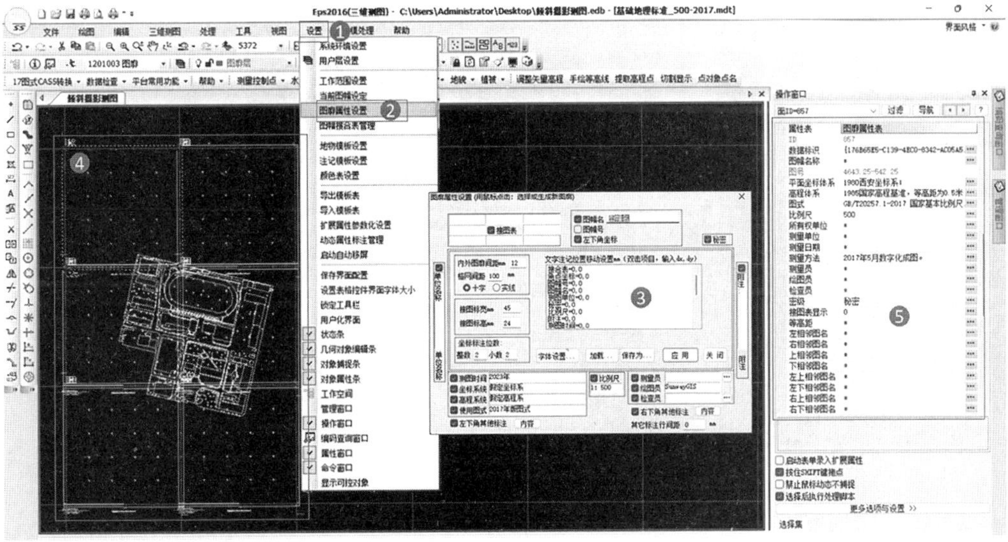

图6-168　图廓属性设置

6. 成果输出

(1)绘制完成后可以将数据输出,点击【文件】→【输入输出】→【输出外部数据】,选择存放路径、保存类型和成果的名称,点击保存,设置好各项输出参数后点击【确定】,如图 6-169 所示。

图 6-169 成果输出

(2)也可以打印成图片,在工具栏单击【打印区域设置】,分别设置页面方案、图纸大小、图框分幅方式、打印范围及比例尺。在二维视窗选择好要打印的图廓后,将其加入图框列表中,单击【打印】,选择要打印的图纸,选择文件保存位置,如图 6-170 所示。

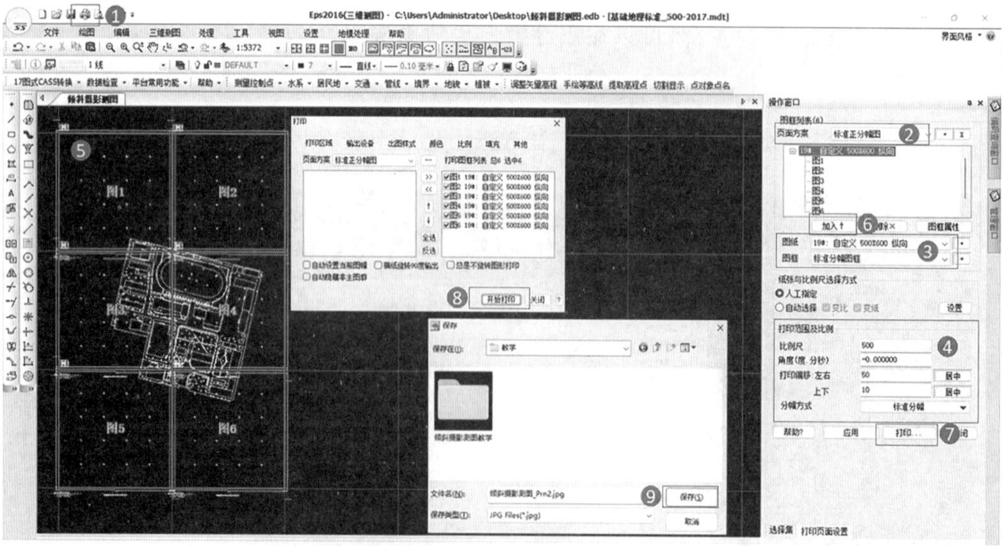

图 6-170 打印图片

EPS 软件常用快捷键见表 6-1。

表 6-1 EPS 软件常用快捷键

快捷键	功能
ESC 键	1. 编码查询窗口进行“模糊查询”; 2. 加线状态下,回退当前绘制地物; 3. 依次关闭当前启动的功能命令
F2 键	加线状态下,显示或取消节点
F3 键	按指定距离参数画线
F4 键	垂直画线
F5 键	不捕捉高程画线(常用航测采集中)
F6 键	画轨迹线
F7 键	锁定东、东南、南等 8 个方向加点的状态切换
F8 键	面地物右键闭合
F9 键	自动直角化,直角化参数设置最小角度、最大角度、距离容差
F10 键	结束生成平行线
F11 键	隔点直角闭合(常用绘制房屋)。绘制完 3 点,鼠标指向第 4 点,单击右键,自动隔点直角闭合
~键	加线状态下,起点垂直画线
1、2、3、4 键	1 键:直线　2 键:曲线　3 键:圆弧　4 键:圆
5 键	注记合并(2 种方式): 1. 选定第一个注记,光标指向第二个注记,按 5 键; 2. 框选独立注记,并按 5 键
+、-键	英文状态下,绘图区域的放大和缩小
Backspace 键	加线状态下,绘制地物,按该键,回退上一步
Q 键	1. 面填充注记的拖动。选中房屋,指向注记移动位置,按 Q 键; 2. 加线状态下,按 Q 键,锁定编辑弹簧条返回错误点修改、编辑,并继续绘制。 Shift+Q 键:取消或显示面填充注记
W 键	选择集状态下,进行抹点(也叫删点)。选中地物,光标指向要删除的节点,按 W 键进行删除。 Ctrl+W:任意点打断。选择集状态下,光标指定打断位置,按 Ctrl+W。 Shift+W:两点间打断。选择集状态下,鼠标指向两节点之间位置,按 Shift+W
E 键	选择集状态下,加点。选中地物,在光标指定位置,按 E 键,加点。 Shift+E:线上加点不移动。不必将鼠标放置在边线上,放置周围,也可自动在边线上加点
R 键	加平行线。鼠标指定距离,按 R 键,生成一条平行线
T 键	替换。选中要换码地物,指向被选定的换码地物,按 T 键
Y 键	扩展属性的刷取。用已有生成的扩展性地物,对未生成的同类地物进行属性刷取
U 键	设置或取消高程注记点
A 键	加点。将光标位置点加入当前点列,相当于鼠标左键。 Shift+A:以当前光标位置点为平移目标点,自动平移复制当前线并且闭合平行线
S 键	捕捉最近点。光标移向矢量点地物节点,按 S 键,捕捉该节点,并继续绘制画线

续表 6-1

快捷键	功能
D 键	捕捉线上任意一点。光标指向线的某一位置,按 D 键,便会捕捉到线上,并继续绘制画线
F 键	拾取(也叫接线)。拾取光标指向的某一对象与当前线就近连接
G 键	搜索最近的闭合区域进行面填充。 Shift+G 键:调整面填充编码。鼠标指向某一闭合区域,按 Shift+G,在对话框中,选取要填充的地物编码
H 键	与邻边整合。调整当前点列的点位使之与相邻点线靠合,首先,选定要移动边的房屋,然后,鼠标指向道路边线,按 H 键
J 键	设置或取消转折点(多用于斜坡、管线、桥梁等地物)。绘制斜坡,在斜坡顶转折处按 J 键,生成坡齿线
K 键	设置或取消特征点。首先选中斜坡,在生成特征点处按 K 键,改变齿毛方向
L 键	单点直角化。在当前线中将鼠标指向的某角(接近直角)变成直角
Z 键	点列反转。若需要从当前线的另一端加点时单击此键,加线状态下,绘制地物,按 Z 键,改变绘制的方向。 Shift+Z:地物反向。使复杂线类的辅助线反向绘出。作用相当于菜单中“方向设置”按钮
X 键	回退一点。从当前点列的末端删除一点
C 键	闭合面地物。在选择集状态下闭合面地物,也可以在加线状态下闭合面地物
V 键	跟踪,捕捉多点。按 S 捕捉已有地物端点,V 键捕捉已有地物末点,继续绘制,最后 C 闭合。 Shift+V:对有线型的线地物进行多点捕捉(以保证无缝隙)。按 S 键捕捉已有地物端点,Shift+V 键捕捉已有地物末点,继续绘制,最后 C 闭合
B 键	设置或取消断开点。入库时,保证等高线连接,出图时,保证该等高线要断开,选中等高线,按 B 键。这样既可符合入库要求,又可符合出图要求
N 键	取消平滑点。电线入房时,选定配电线,用 N 键将电杆进行消隐
<、>键	上一个或下一个地物要素的导航

思政小课堂

北斗精神

随着科技的迅猛发展,卫星导航系统已成为现代社会不可或缺的基础设施。作为中国自主研发的全球卫星导航系统,北斗卫星导航系统的成功建设不仅彰显了国家的科技实力,更体现了中华民族的创新精神和坚韧不拔的意志。

一、北斗研发建设

(一)北斗一号系统的建设与挑战

北斗一号系统是我国卫星导航系统的起步之作,其建设过程充满了艰辛和挑战。20世纪90年代初,我国决定启动自己的卫星导航系统建设。当时,国外技术封锁严重,科技人员面临着缺乏经验、技术瓶颈和资金短缺等多重困难。

在建设过程中,我国科技人员通过自主创新,成功突破了原子钟、星间链路等关键技术,为北斗一号系统的建设奠定了坚实基础。同时,他们还积极与国际合作,借鉴国外先进经验,不断提升系统的性能和稳定性。经过多年的艰苦努力,2000年,北斗一号系统正式建成并投入使用,标志着中国成为世界上少数几个拥有独立卫星导航系统的国家之一。

(二)北斗二号系统的创新与突破

北斗二号系统是北斗一号系统的升级版,其建设过程更加注重创新和突破。在北斗二号系统的建设过程中,科技人员成功研发了多项新技术,如无源定位、短报文通信等,这些技术在当时均处于国际领先水平。

同时,北斗二号系统的建设还面临着更加复杂的国际环境和更高的技术要求。为了应对这些挑战,中国科技人员加强了国际合作与交流,积极引进国外先进技术和管理经验。他们还注重培养年轻人才,为北斗系统的持续发展注入了新的活力。经过不懈努力,2012年,北斗二号系统正式建成并投入使用,为全球用户提供更加精准、可靠的定位、导航和授时服务。

(三)北斗三号系统的全球化布局与卓越成就

北斗三号系统是北斗卫星导航系统的最新一代,其建设目标是实现全球覆盖和高精度服务。在北斗三号系统的建设过程中,科技人员秉持着创新、协同、开放、共赢的理念,成功突破了多项关键技术,如星间链路增强、全球搜救卫星系统等。

为了实现全球化布局,北斗三号系统采用了更加先进的卫星设计和制造技术,提高了卫星的寿命和性能。同时,还积极与其他国家和地区开展合作,推动北斗系统的国际化进程。经过多年的努力,2020年,北斗三号系统正式建成并开通全球服务,标志着中国卫星导航系统正式迈入全球时代。

二、北斗精神

北斗精神是在北斗系统研发建设过程中形成的宝贵精神财富,它包括自主创新、团结协作、攻坚克难、追求卓越等方面。这些精神在北斗系统的具体事件中得到了充分体现。

(一)自主创新的精神

在北斗系统的研发建设过程中,自主创新始终是推动发展的核心动力。从北斗一号到北斗三号,每一代系统的建设都凝聚着中国科技人员的创新智慧和辛勤汗水。他们通过自主研发和创新,成功突破了多项关键技术,为北斗系统的成功奠定了坚实基础。这种自主创新的精神不仅体现在技术研发上,还体现在系统设计、运营模式等多个方面,成为推动北斗系统持续发展的强大动力。

(二)团结协作的精神

北斗系统的成功是团队协作的结果。在研发建设过程中,各个单位、各个部门之间紧密配合、协同作战，形成了强大的合力。无论是面对技术难题还是资金短缺等困难，北斗人都能够团结一心、共同应对。这种团结协作的精神不仅体现在科技人员之间，还体现在政府、企业和社会各界的广泛参与和支持上。正是这种团结协作的精神，使得北斗系统能够在短时间内取得突破性的进展，为全球用户提供优质的服务。

（三）攻坚克难的精神

在北斗系统的研发建设过程中，科技人员们面临着各种困难和挑战。但是，他们并没有被这些困难所吓倒，而是以攻坚克难的精神迎难而上。他们通过反复试验、不断改进，最终攻克了一个又一个技术难题。这种攻坚克难的精神体现在技术研发、系统建设、运营管理等各个环节。正是这种精神，北斗系统才能在激烈的国际竞争中脱颖而出，成为全球领先的卫星导航系统之一。

（四）追求卓越的精神

北斗系统的成功离不开科技人员对卓越的执着追求。在研发建设过程中，他们始终以世界先进水平为目标，不断追求卓越的品质和性能。从北斗一号到北斗三号，每一代系统的建设都代表着当时国际卫星导航领域的最高水平。北斗系统因为追求卓越的精神，在全球范围内赢得了广泛认可和赞誉。

作业习题

一、选择题

1. 关于无人机航测生产流程，以下哪项描述是错误的？（　　）
   A. 数据采集包括飞行计划和影像获取
   B. 数据预处理涉及对原始影像的校正和增强
   C. DOM 生产不需要高程信息
   D. 成果输出包括 DOM、DSM 和 DEM 等产品的生成
2. 影响 DEM 精度的主要因素中，不包括以下哪项？（　　）
   A. 地面控制点的数量和分布　　B. 无人机飞行高度和速度
   C. 影像分辨率和重叠度　　D. 天气状况和光照条件
3. 在 Pix4Dmapper 软件中，用于提高 DOM 精度的措施不包括以下哪项？（　　）
   A. 优化相机校准参数　　B. 增加地面控制点数量
   C. 降低影像分辨率　　D. 调整影像匹配算法参数
4. 关于 PhotoScan 软件在无人机航测中的应用，以下描述正确的是？（　　）
   A. PhotoScan 主要用于生成 DSM，不支持 DEM 和 DOM 的生成
   B. 在 PhotoScan 中，可以通过调整点云密度来改善 DSM 的质量
   C. PhotoScan 无法导入地面控制点数据进行精度提升

D. 使用 PhotoScan 处理无人机影像时，不需要进行相机校准

5. 无人机倾斜摄影技术中，倾斜角度通常指的是什么？（　　）

A. 相机镜头与地面垂直的角度

B. 相机镜头与地面平行的角度

C. 相机镜头相对于垂直方向倾斜的角度

D. 相机镜头相对于飞行方向倾斜的角度

6. 无人机倾斜摄影实景三维模型生产流程中，以下哪项不是必需的步骤？（　　）

A. 航线规划与飞行执行　　B. 影像预处理

C. 三维建模　　D. 地面控制点测量

7. 影响无人机倾斜摄影实景三维模型精度的因素中，以下哪项影响最大？（　　）

A. 无人机飞行速度　　B. 相机镜头分辨率

C. 影像处理算法　　D. 飞行高度

8. 关于 ContextCapture Center 软件的应用，以下描述正确的是？（　　）

A. ContextCapture Center 主要用于无人机影像的预处理

B. 该软件不能处理倾斜摄影数据

C. ContextCapture Center 支持实景三维模型的生产

D. 该软件仅适用于大型固定翼无人机

9. 在无人机倾斜摄影 DLG(数字线划地图)生产中，以下哪项技术不是其主要优势？（　　）

A. 高效率的数据采集　　B. 丰富的地物纹理信息

C. 低成本的数据处理　　D. 高精度的三维坐标

10. 清华山维(EPS)软件在无人机倾斜摄影 DLG 生产中，主要用于哪个环节？（　　）

A. 航线规划与飞行执行　　B. 影像预处理与畸变校正

C. 三维模型构建与纹理映射　　D. DLG 成果质量检验与编辑

二、简答题

1. 简述无人机航测 DOM(数字正射影像)的概念及其在生产流程中的作用。

2. 分析影响无人机航测 DSM(数字表面模型)和 DEM(数字高程模型)精度的主要因素，并简述提高精度的措施。

3. 描述无人机倾斜摄影实景三维模型的生产流程，并列举其应用领域。

4. 说明无人机倾斜摄影 DLG(数字线划地图)生产的技术原理及其技术优势。

5. 简述 Smart3D 软件在无人机倾斜摄影实景三维模型生产中的应用。

项目7 无人机雷达技术应用

【思维导图】

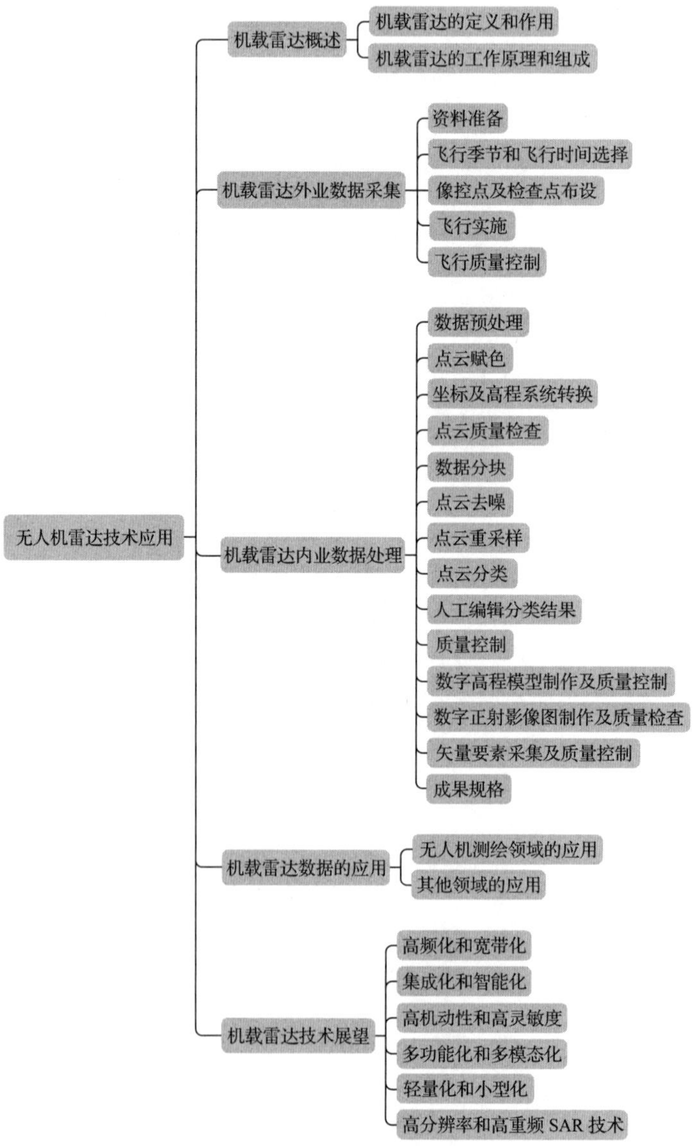

【项目导读】

无人机雷达技术应用是无人机技术的前沿领域，具有广泛的应用前景。本项目讲述机载雷达的基本概念、工作原理和组成，以及其在测绘、资源调查、城市规划等领域的应用价值。本项目将展望无人机雷达技术的发展趋势，如高频化和宽带化、集成化和智能化等。通过本项目的深入学习，全面提升无人机雷达技术应用的能力，为未来的学习和工作打下坚实基础。

学习指南

无人机雷达技术应用是现代测绘领域的重要分支，它融合了无人机技术与雷达技术，为各种应用提供高效、精准的数据。在学习过程中，了解机载雷达的基本原理和工作方式，掌握其在测绘、资源调查等领域的应用场景。深入理解实际应用中的问题和解决方案。

7.1 机载雷达概述

7.1.1 机载雷达的定义和作用

1. 机载雷达的定义

机载雷达是一种安装在飞机上的雷达系统，主要用于探测和识别地面、水面、空中等目标，并对这些目标进行精确测向和定位。机载雷达在无人机测绘中扮演着重要的角色，可以大大提高无人机的自主导航、地形测绘、目标跟踪等能力。

2. 机载雷达的作用

(1)自主导航。机载雷达可以实现对无人机的自主导航，通过发射无线电波并接收反射回来的信号，计算出无人机的位置、速度等参数，从而实现无人机的自主定位和控制。它可以帮助无人机在复杂环境中进行高精度的飞行和作业。

(2)地形测绘。机载雷达可以通过对地面反射回来的信号进行分析和处理，计算出地面的高程、坡度等参数，从而实现对地形的精确测绘。可以帮助无人机实现对地形的快速、准确地测绘和记录。

(3)目标跟踪。机载雷达可以对地面、水面、空中等目标进行高精度的跟踪和监视。通过对目标反射回来的信号进行分析和处理，计算出目标的运动轨迹和速度，从而实现对目标的精确跟踪和监视。可以帮助无人机实现对目标的跟踪和监视。

(4)气象探测。机载雷达还可以用于气象探测，通过对大气中的水汽、风速、温度等参数进行测量和分析，计算出气象条件对无人机测绘的影响，从而帮助无人机进行高精度的气象预测。可以帮助无人机实现对气象条件的精确探测。

机载雷达是一种非常重要的无人机测绘技术，它可以大大提高无人机的自主导航、地形测绘、目标跟踪等能力，从而为无人机在各个领域的应用提供更广阔的空间和更高效的方法。图 7-1 为飞马 DV-LIDAR10 长距离高精度激光雷达。

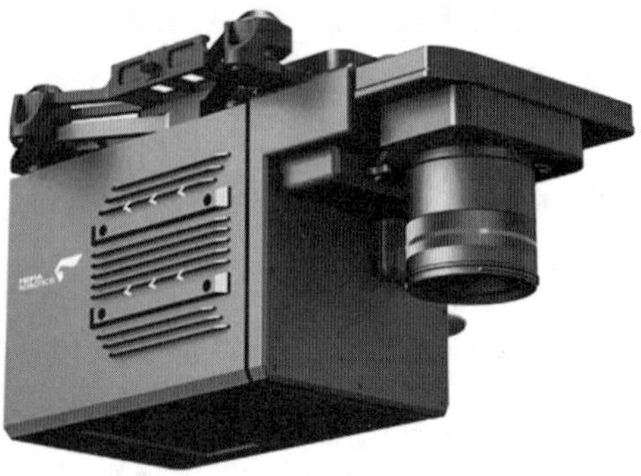

图 7-1 飞马 DV-LIDAR10 长距离高精度激光雷达

7.1.2 机载雷达的工作原理和组成

1. 机载雷达的工作原理

机载雷达发射一定频率的无线电波，并接收这些电波反射回来的信号，通过对这些信号的处理和分析，计算出目标的位置、速度、形状等特征。具体来说，机载雷达的工作原理可以分为以下几个步骤：

(1)发射无线电波。机载雷达通过发射天线向目标发射一定频率的无线电波，这些电波在传播过程中会遇到目标并被反射回来。

(2)接收反射回来的信号。机载雷达接收天线接收反射回来的信号，并将这些信号进行放大和混频处理。

(3)信号处理。机载雷达通过对接收到的信号进行处理，如滤波、傅立叶变换等，提取目标的回波信号，计算出目标的位置、速度等参数。

(4)数据分析。机载雷达通过对回波信号的数据进行分析，计算出目标的大小、形状等特征，并确定目标的速度和方向等运动参数。

2. 机载雷达的组成

机载雷达主要由以下几个部分组成：

(1)天线系统。机载雷达的天线系统是发射和接收无线电波的关键部件，主要包括发射天线和接收天线。发射天线将无线电波向目标发射出去，而接收天线则负责接收反射回来的信号。

(2)信号处理系统。信号处理系统负责对接收到的信号进行处理和分析，主要包括模拟信号处理和数字信号处理两个部分，其中模拟信号处理包括放大、滤波、混频等，数字信号处理包括 A/D 转换、傅立叶变换等。

(3)数据处理系统。数据处理系统负责对回波信号的数据进行处理和分析，主要包括数据预处理、图像配准与融合、三维重建、数据后处理等。数据预处理包括对数据进行去噪、滤波等处理，以提取出目标的回波信号；图像配准与融合是将多个不同角度、不同时间获取的图像进行配准和融合，以提高目标的检测精度；三维重建是根据回波信号的数据建立目标的 3D 模型；数据后处理包括对数据进行统计、分析等处理，以得到目标的特征和参数等信息。

(4)控制与显示系统。控制与显示系统是机载雷达的人机交互部分,负责对雷达的工作进行控制和显示。控制部分包括各种开关、按钮、旋钮等控制部件,以实现对雷达的各种操作;显示部分包括显示器、指示器等部件,以显示雷达的工作状态、目标信息等。

7.2 机载雷达外业数据采集

1. 资料准备

一般应收集以下资料:

(1)飞行区域的行政区划、通信、交通和自然地理等情况。

(2)飞行区域及临近地区内已有大地测量资料(如大地控制资料、高程控制资料、似大地水准面成果、像控成果、全球导航卫星系统连续运行基准站等)情况。

(3)飞行区域的地形类别、地面覆盖类型、植被覆盖密度等情况。

(4)飞行区域内数字高程模型数据、正射影像图、地形图等相关资料。

(5)必要时进行实地勘察获取的相关资料及信息。

2. 飞行季节和飞行时间选择

(1)应选择气象条件最有利的飞行季节。选择地面无积雪、地面植被稀疏和树木落叶的季节,同时应考虑云高、云量、可见度等因素。

(2)应根据机载雷达所采用的激光扫描仪的波长选择合适的飞行时间,同时考虑 GNSS 信号强度和卫星数量的要求等因素。如果同时需要获取数字影像,还应选择有利于影像获取的航摄飞行时间。在条件允许的情况下,一般选择在上午 9:00 至下午 3:00 进行航测作业。选择的航摄时间既要确保具有足够的光照度,又要避免有过大的阴影。

3. 像控点及检查点布设

像片控制点(像控点)是航测空三加密和测图的依据,像控点的选择和布设不仅和布设方案有关,还要考虑影像成图的质量,与附近的色差是否明显,是否易在影像上辨别。另外,还要考虑是否有信号干扰等问题。像控点和检查点的布置应遵守以下原则:

(1)像控点需要选择明显的拐角处,以提高内业精度。

(2)像控点标志尺寸大小应该在 1 m 左右。

(3)像控点应该尽量选择地势平坦的地方,避免树林、房屋等容易被遮挡的地方。

(4)像控点应该选择相对保存长久的材料,比如红色的油漆或白色的涂料,且布置像控点的地方也尽量选择人流量小的地方。

(5)像控点应该均匀地分布在测区的四周对精度要求高的地方,应该格外布置加密像控点。

(6)检查点应均匀地分布在测区的各个区域,对于明显地物,可以直接测量位置。

(7)对于隐蔽较大的区域,为检查雷达的穿透效果,可以专门挑一些有难度的隐蔽地点进行测量检查。

4. 飞行实施

(1)飞行准备。

①飞机停机位四周视野开阔,视场内障碍物的高度角应≤20°,避免 GNSS 信号接收机

失锁。

②机载设备在起飞前进行加电检测，在起飞前 5 min 开机。

③所有基站应在飞行前进入观测状态，完成电源、存储系统等的检查，做好观测准备；所有基站在测量过程中应连续测量。

④准备好第 2 套飞行方案，以防客观原因导致飞行困难。

(2)检校飞行。

①机载激光雷达设备每次拆卸安装，或设备各部件相对关系发生改变后，均应重新进行检校飞行。

②多架次飞行后，可以根据数据质量情况进行重新检校。

③检校飞行应满足卫星数据量＞10 颗，高度角＞15°，并应选择好的观测时段，位置精度衰减因子(PDOP)值＜4。

(3)航高保持。

①在一条航线内航高变化不应超过相对航高的 5%～10%；

②实际航高变化不应超过设计航高的 5%～10%。

(4)飞行速度。

①飞行速度应根据机载激光雷达在不同航高和不同激光光线强度等情况下的标称精度要求、项目对精度要求、地形起伏情况、激光频率、系统的最大瞬时视场角(IFOV)，以及载体的性能等参数确定。

②整个作业区域内，飞行速度应尽可能保持一致。

③在一条航线内，无人机上升、下降速率≤10 m/s。

(5)飞行中的姿态。

①航线俯仰角、侧翻角一般≤2°，最大不超过 4°。

②飞机转弯时，坡度≤15°，最大不超过 22°。

③航线弯曲度≤3%。

④需要时，为避免 IMU 误差累计，每次进入测区前，无人机应先平飞 3～5 min，再做个"8"字形飞行；当次飞行结束后，无人机应先做"8"字形飞行后再平飞 3～5 min。

(6)补飞与重飞。

出现下列问题时，需要进行补飞和重飞：

①POS 系统局部数据记录缺失。

②根据各个设备评价指标检查是否满足要求决定。

③原始数据质量存在局部缺陷而影响点云的精度和密度。

补飞或重飞航线的两端一般应超出补飞范围外半幅图，超出部分≥500 m，且≤2 000 m，同时应满足与原航线的旁向与航向重叠要求。

5. 飞行质量控制

(1)依据航空摄影测量的特点，为确保测区内地物目标后期模型数据的完整和精确，摄区外围至少需要外扩一倍航高的距离，以保证测区边界覆盖。

(2)为保证点云模型数据生产的成果质量，采用大重叠率敷设航线。若特殊情况必须在特殊天气情况下(如大风天)执行航飞任务，应增加航向重叠率，保障飞行质量，防止丢片。地形起伏大的区域也应适当增加重叠率，避免影响模型精度。

(3)旋偏角一般≤25°,在数字摄像片航向和旁向重叠率符合规范要求的前提下,最大不超过35°。在一条航线上达到或接近最大旋偏角限差的相片数不得连续超过3张。在一个测区内出现最大旋偏角的像片数量不得超过测区像片总数的4%。

(4)航线弯曲度一般≤1%,当航线长度<5 km时,航线弯曲度≤3%。

(5)数据完全覆盖测区范围,不得有漏洞。对航摄过程中出现的绝对漏洞、相对漏洞及其他严重缺陷及时补摄或重摄。漏洞补摄按原设计航线进行,补摄航线的长度应满足用户区域网加密布点的要求。POS辅助航摄出现GNSS信号质量很差或POS不完整的航线,参照相应的补飞与重飞要求进行。

7.3 机载雷达内业数据处理

图7-2为机载雷达数据。图7-3为机载雷达数据处理技术路线。

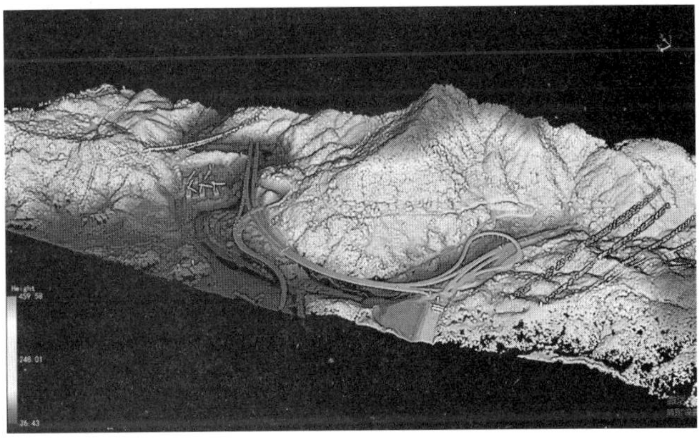

图 7-2 机载雷达数据

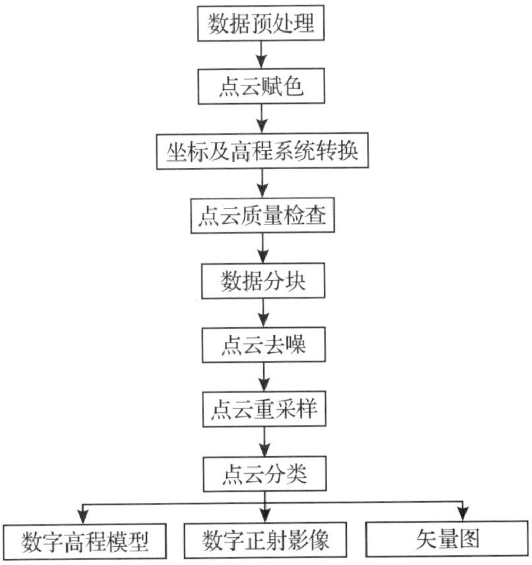

图 7-3 机载雷达数据处理技术路线

1. 数据预处理

(1)GNSS/IMU 数据解算(图 7-4)。在无人机长时间航摄过程中,GNSS 信号的失锁在所难免,一旦发生周跳,就需要重新计算整周模糊度,目前 GNSS 动态定位中最常用的方法是运动中载波相位模糊度解法。联合 GNSS 基站和动态 GNSS 数据,使用正反算法生成固定整数差分 GNSS 航迹线。集成 IMU 数据和精确的相位差分 GNSS 位置,使用长尔曼滤波正反算可以生成更加准确的航迹时刻、位置、Omega、Phi、Kappa 的航迹线文件。

图 7-4　GNSS/IMU 数据解算

(2)点云数据解析与检校。在 GNSS/IMU 数据解算后,还需对传感器设备获取的原始点云数据进行解析。无人机获取的原始点云数据格式为:＊.IMP。解算时,可设置视场角为－30～30,且最小保留距离为 50,以便滤除飞行过程中的雨点、飞鸟等噪声点云。

(3)航带拼接和航带平差。在初始解析完成后,需对数据进行质量检查,包括航带间分层检查、剖面检查。若航带间数据出现分层现象,那就需要对航带间数据进行平差纠正。

(4)去冗余。删除航带间重叠区的冗余点云数据,去除边缘精度不好的数据,实现数据间的无缝对接。

2. 点云赋色

点云赋色是指将影像纹理信息赋予点云,辅助点云交互编辑。点云赋色可以基于原始影像赋色,需要提供原始影像、相机检校文件、空三后的 POS 文件以及搜索范围;或者基于正射影像赋色,需要提供 DOM 或快拼图。

3. 坐标及高程系统转换

(1)坐标系统转换。

①直接获取转换参数转换。

A. 利用转换参数,将点云数据转换至成果坐标系统。坐标转换的中误差应不大于图上 0.1 mm(以成图比例尺计算)。

B. 当成果采用 2 000 国家大地坐标系统时,应根据原始点云所在的 ITRF 框架与 ITRF97 框架之间的转换关系,将原始点云数据转换到 ITRF97 框架 2000.0 历元上。

②利用控制点解算转换。对于无法获取已知转换参数的区域，布设、施测 3 个以上的控制点，获取控制点在两个坐标系统中的坐标值，解算两个坐标系统之间的转换参数。坐标转换中误差应不大于图上 0.1 mm(以成图比例尺计算)。

(2)高程系统转换。

①收集该区域的精化似大地水准面成果，对点云数据进行高程拟合转换，将点云高程系统转换至成果高程系统。

②对于区域似大地水准面成果不能满足数字高程模型精度要求的，应在测区施测 GNSS 水准点，进行拟合转换，或进行局部似大地水准面精化后实现转换。

③高程系统转换中误差详见之后的成果规格内容，应不大于表 7-3 高程中误差的 1/2。

4. 点云质量检查

在利用点云数据作业前，需对点云数据进行质量检查，包括点云密度检查(图 7-5)和点云精度检查(图 7-6)等。

以激光雷达点云密度为利，激光雷达点云密度利用全测区(水域除外)激光点个数与全测区(水域除外)面积进行计算。

激光雷达点云密度 ρ 按下式计算：

$$\rho=\frac{n-\sum_{i=1}^{m}n_i}{A-\sum_{i=1}^{m}A_i}$$

式中：ρ 为激光雷达点云密度，个/m^2；n 为测区内激光雷达点云总点数，个；n_i 为第 i 个水域内激光雷达点云点数，个；m 为测区内水域个数，个；A 为全测区激光雷达点云覆盖的面积，m^2；A_i 为第 i 个水域激光雷达点云覆盖的面积，m^2。

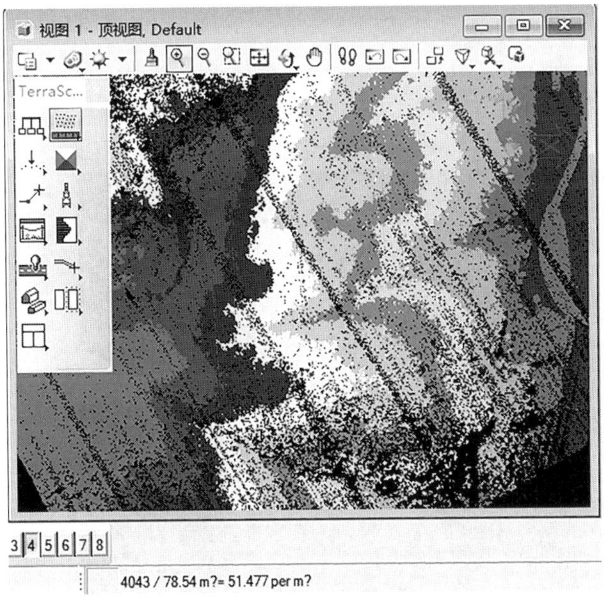

图 7-5　点云密度检查

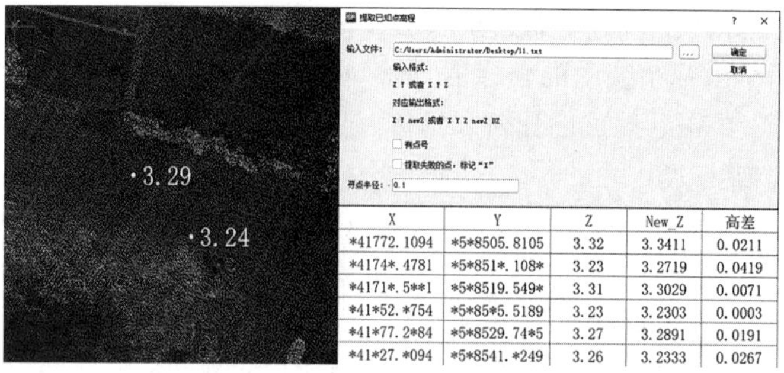

图 7-6 点云精度检查

5. 数据分块

根据实际需要对点云数据进行分块。每一个数据块为软件处理的一个单元，一般按矩形切块。数据块的大小根据数据处理软、硬件性能综合考虑。

6. 点云去噪

受到仪器、周围环境、被扫描目标本身的特性影响，点云数据中无法避免存在一些噪声。噪声的来源有很多，比如超过扫描设定范围的点；由于受到周围的风、周围物体的震动等影响产生的点；空气中水汽的影响等。产生的噪声点不仅会增加点云的数据量，还会影响建模、信息提取的精度等，需要通过滤波处理进行去除，如图 7-7 所示。

点云噪点一般包含以下几类：

(1)体外的飞点，这种点偏离实测的数据比较远，全部在主体点云的外围。

(2)集群成簇的噪点，也是偏离主体比较远，但是是成簇出现的，对于这种噪点，可以用裁剪工具删除掉。

(3)混杂噪点，这种点是跟真实的点混杂在一起的，这类的处理就比较困难，一般会借助剖面编辑去一点点地对它进行分类。

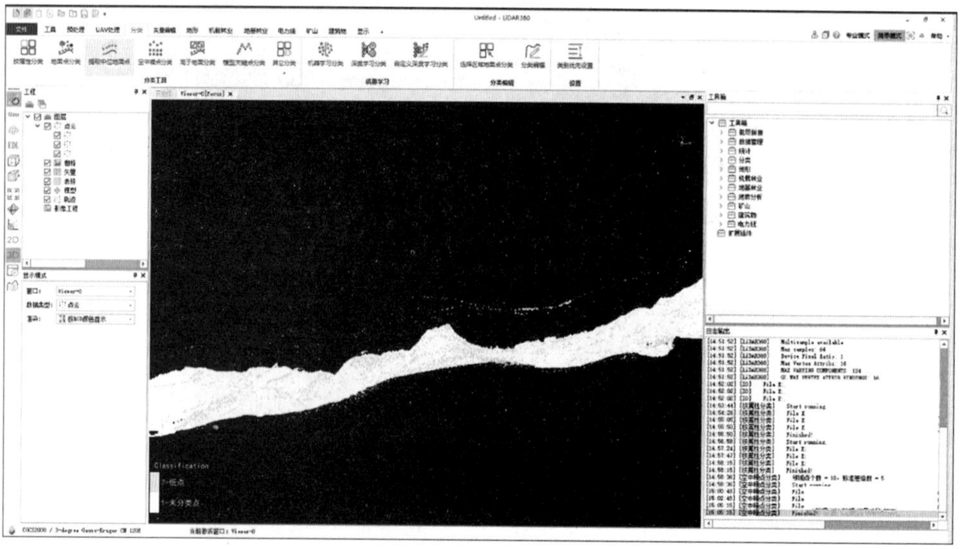

图 7-7 点云去噪

7. 点云重采样

点云重采样是指，对于一个输入的原始点云，调整其点的位置以及分布密度，提升点云的质量，并提高点云后续应用的效果。重采样主要可以分为两个方向，一种是针对原先就很稠密的点云进行降采样（下采样），通过去除冗余的点达到简化点云的目的；另一种是针对原先稀疏的点云进行上采样。有时候点云数据量巨大，存储、操作都不方便，就需要进行降采样，即从大容量的点云数据样本中按照一定规律选取具有代表性的样本来代替原来的大样本，可以简化操作、计算等。图 7-8 为点云重采样示意图。

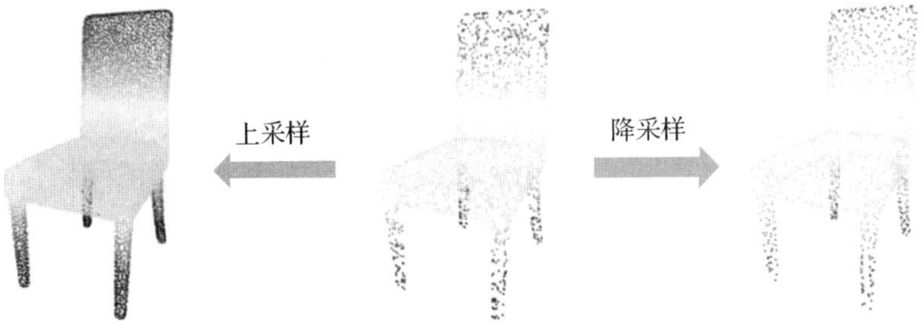

图 7-8　点云重采样示意图

8. 点云分类

点云分类是一个将点云数据划分到不同类别的问题。这个过程通常涉及机器学习和数据挖掘技术。一种常见的分类方法是先对原始点云数据进行预处理，包括降噪、滤波和特征提取等，然后使用分类器（如支持向量机、神经网络等）对处理后的数据进行分类；另一种分类方法是基于聚类的方法，如 K-均值聚类、层次聚类等，这种方法将点云数据划分为多个聚类，每个聚类代表一个类别。

在实际应用中，点云分类的方法还有很多，选择哪种方法取决于具体的应用场景和数据特点。同时，点云分类的效果也受到数据质量、特征提取和分类器设计等多种因素的影响。图 7-9 为点云分类流程。

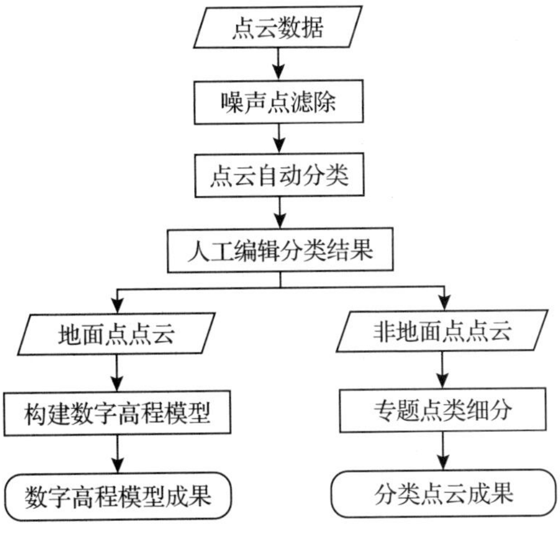

图 7-9　点云分类流程

(1)点云自动分类包括:

①分类算法。利用基于反射强度、回波次数、地物形状等的算法或算法组合,对点云数据进行自动分类。

②提取地面点云。裸露地表处有且只有一次回波,此次回波对应的反射点即地面点。植被覆盖区域可能对应多次回波,正常的地面点是最后一次回波对应的反射点。相对于地物点,地面点的高程是最低的。从较低的激光点中提取初始地表面;基于初始地表面,设置地面坡度阈值进行迭代运算,直至找到合理的地面。图 7-10 为林区地面点分类。

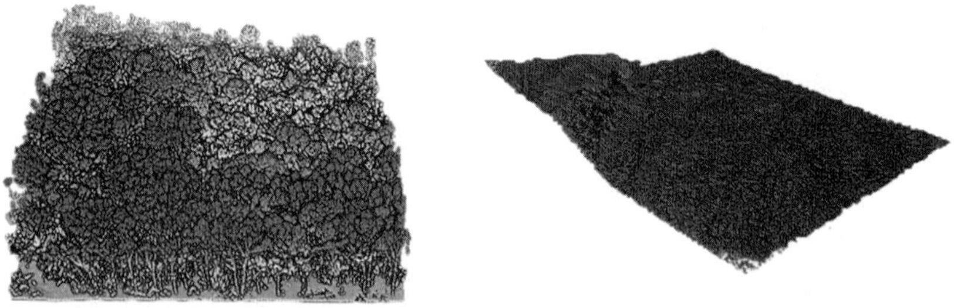

图 7-10 林区地面点分类

③非地面点分类。根据点的高度及点云分布的形状、密度、坡度等特征,对非地面点云进行分类。对于形状规则、空间特征明显的地物,可通过参数设置,利用软件自动提取,如建筑物、电力塔等。

(2)人工编辑分类结果包括:

①对高程突变的区域,调整参数或算法,重新进行小面积的自行分类;

②采用人工编辑的方法,对分类错误的点重新进行分类。

(3)质量控制包括:

①检查方法。对分类结果进行检查。通过将点云分类显示、按高程显示等方法,目视检查分类后点云;对有疑问处用断面图进行查询、分析。

地面点检查一般采用建立地面模型的方法进行检查,对模型上不连续、不光滑处,绘制断面图进行查看。若有对应影像,可用辅助检查分类的可靠性。

②检查内容。检查的主要内容包括点云分类是否正确;地面点云表面模型是否连续、光滑;地面点的剖面图形态是否合理;分类结果与地形图、影像套合,所分点类与影像范围是否一致。

9. 数字高程模型制作及质量控制

(1)地面点处理要求。

①数据空白区处理。数据空白区处理主要有以下两种情况:

A. 对于河流、湖泊等面积较大的无数据水体区域,采集水涯线作为特征线参与高程模型的生成。当点云数据中无法获取水涯线高程时,应实地补测高程信息。

B. 对于滤除非地面点后出现的零散、小面积无数据区域,制作数字高程模型时,根据数据实际情况设置较大的构网距离,保证插值结果反映完整地形,不得出现插值漏洞。

②补测、实测。对不满足要求的区域(如山体、陡坎或地物遮蔽严重等特殊地形处,由于地面数据缺失,插值后损失地形细节,因此会影响数字高程模型精度)进行外业实测、补测高程信

息。对于具备同期数码影像的，可基于立体像对补测特征点、特征线等高程信息，保证地形细节完整。

③特殊地物数据处理要求。制作数字高程模型时，应注意以下特殊地物数据的处理。

A. 立交桥、高架桥、桥梁等架空于地面或水面之上的人工地物范围，一般只保留地面或水面上的点云数据。

B. 路堤、土堤、拦水坝、水闸等底部与地面相接的构筑物，保留其点云数据。

(2)数字高程模型制作。

①数字高程模型生成。云中所有地面点均作为特征点进行数字高程模型构建。根据实际情况，可选择带有高程信息的精确匹配的道路特征线、河流边线、面状水域(湖泊、水库、池塘等)范围线等参与数字高程模型生成。

②图幅裁切。按照成图比例尺，对生成的数字高程模型按表 7-1 的规定裁切生成图幅数字高程模型。图幅数字高程模型跨分块时，应通过拼接确保数据完整，接边处地形过渡自然。

表 7-1 数字高程模型格网尺寸 m

比例尺	格网尺寸
1∶500	0.5
1∶1 000	1
1∶2 000	2

(3)质量控制。

①检查方法。

A. 通过三维透视及晕渲，检查数字高程模型的可靠性。对模型不连续、不光滑处应重新核实地面点分类的可靠性。

B. 使用实地施测的地面检查点，在数字高程模型中内插获取相应平面位置的高程，计算并统计检查点与内插点间的高程中误差。

②检查内容。

A. 数字高程模型覆盖范围及格网尺寸的正确性。

B. 地面点云数据使用的准确性。

C. 特征线位置的合理性及高程的正确性。

D. 河流边线的高程值应从上游到下游逐渐降低，湖泊、水库、池塘等面状水域边线的高程值应一致。

E. 数字高程模型(图 7-11)高程精度是否符合规定要求。

F. 接边精度是否符合要求。

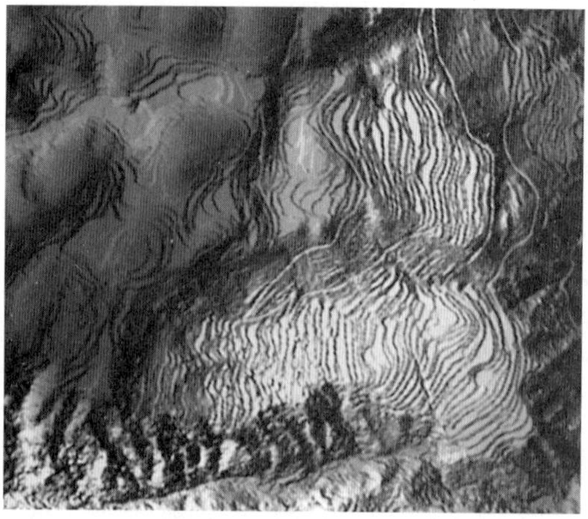

图 7-11 数字高程模型

10. 数字正射影像图制作及质量控制

(1)数据准备。数字正射影像图制作时准备如下数据。

①数码航摄影像数据,影像应清晰,反差适中,色调正常。

②影像索引文件(GNSS 采样时间与影像名称的对应列表文件)、相机航迹文件等参考文件。

③影像内、外方位元素,相机镜头畸变等参数。

④用于精度检查的检查点。

(2)成果生成。数字正射影像图生成的主要步骤如下。

①基于校正后的影像内、外方位元素和数字高程模型,对原始影像进行自动微分纠正,生成单片数字正射影像。

②对单片数字正射影像做匀光、匀色处理,保证区域整体影像色彩的平衡。

③对单片数字正射影像进行拼接,避免拼接线出现在房屋、立交桥、陡坎等地形有高差的区域。

④按照分幅要求对拼接后的数字正射影像进行裁切,生成分幅数字正射影像图。

图 7-12 数字正射影像

(3)质量控制。数字正射影像图(图 7-12)主要质量控制内容如下。

①各参数文件的使用是否正确。

②影像地面分辨率、数据范围是否正确。

③影像是否清晰,色调是否均匀,是否存在模糊或重叠。

④数字正射影像图平面精度、接边精度是否符合要求。

11. 矢量要素采集及质量控制

(1)等高线生成。基于地面点云或数字高程模型,根据成图比例尺、地形类别和等高距,计算生成等高线数据。

(2)高程注记点采集。基于地面点云或数字高程模型采集高程注记点。根据成图比例尺,高程注记点采集应符合 CH/T 9008.1 或 CH/T 1011 的相关规定。

(3)其他要素采集。根据实际需求情况,基于点云或数字正射影像采集部分地物要素。按GB/T 13923 的要求执行要素的分类与代码。

(4)质量控制。矢量要素采集的主要质量控制内容如下。

①矢量数据与点云是否吻合良好。

②矢量数据与数字正射影像的套合精度。

③矢量数据的位置精度、属性精度、逻辑精度等。

图 7-13 为数字线划图。

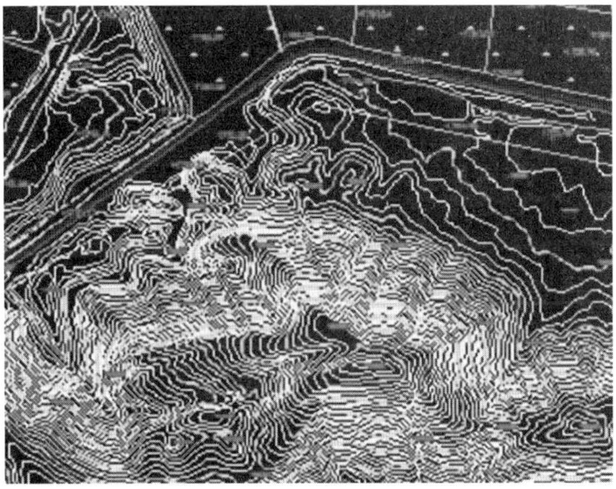

图 7-13 数字线划图

12. 成果规格

(1)格网间距及地面分辨率。数字高程模型格网间距采用 0.5 m、1.0 m、2.0 m、2.5 m、5.0 m 等多种规格,其纵向与横向间距保持一致。数字正射影像图地面分辨率采用 0.05 m、0.1 m、0.2 m、0.5 m、1.0 m 等多种规格,其纵向与横向间距保持一致。具体要求见表 7-2。

表 7-2 格网间距及地面分辨率 m

分幅比例尺	数字高程模型格网间距	数字正射影像图地面分辨率
1∶500	0.5	0.05
1∶1 000	1.0	0.1
1∶2 000	2.0	0.2
1∶5 000	2.5	0.5
1∶10 000	5.0	1.0

(2)精度指标。数字高程模型相对于野外控制点的高程中误差,数字正射影像图相对于野外控制点的平面中误差应符合表 7-3 的规定。矢量要素的精度根据成图比例尺要求,应符合 CH/T 9008.1、CH/T 1011 等相关标准的规定。

表 7-3 精度要求

m

比例尺	地形类别	数字高程模型高程中误差	数字正射影像图平面中误差
1∶500	平地	0.2	0.3
	丘陵地	0.4	0.3
	山地	0.5	0.4
	高山地	0.7	0.4
1∶1 000	平地	0.2	0.6
	丘陵地	0.5	0.6
	山地	0.7	0.8
	高山地	1.5	0.8
1∶2 000	平地	0.4	1.2
	丘陵地	0.5	1.2
	山地	1.2	1.6
	高山地	1.5	1.6
1∶5 000	平地	0.5	2.5
	丘陵地	1.2	2.5
	山地	2.5	3.7
	高山地	4.0	3.7
1∶10 000	平地	0.5	5.0
	丘陵地	1.2	5.0
	山地	2.5	7.5
	高山地	5.0	7.5

在植被覆盖密集区域、反射率较低区域(如水域、光滑表面等易形成镜面反射的区域)等特殊困难地区，高程、平面中误差可放宽 0.5 倍。

数字高程模型的高程值位于格网的交叉点上。格网内插点的高程中误差按表 7-3 中高程中误差的 1.2 倍计。最大允许误差为表 7-3 中误差的 2 倍。

7.4 机载雷达数据的应用

7.4.1 无人机测绘领域的应用

机载雷达数据在无人机测绘领域有着广泛的应用，其数据的应用方向主要包括以下几个方面。

1. 地形测绘

通过无人机搭载的机载雷达对目标区域进行测绘，可以获取高精度的地形数据，包括地形高度、地形坡度、地形走向等参数，从而为城市规划、土地资源调查、环境保护等领域提供重要的基础数据支持。

2. 资源调查与监测

通过无人机搭载的机载雷达对森林、水域等资源进行调查与监测,可以获取资源分布情况、资源面积、资源生长状况等参数,从而为资源管理和保护提供科学依据。

3. 城市规划与建设

通过无人机搭载的机载雷达对城市区域进行测绘,可以获取城市地形数据、建筑物高度、建筑物分布等参数,从而为城市规划、交通线路规划、土地资源利用等方面提供重要的基础数据支持。

4. 环境保护

通过无人机搭载的机载雷达对环境敏感区域进行监测,可以获取地形地貌、土地利用、水域分布等参数,从而为环境保护、生态修复等方面提供重要的基础数据支持。

5. 应急救援

在灾害发生后,可以通过无人机搭载的机载雷达对灾区进行测绘,快速获取灾区的地形数据、建筑物破坏情况等参数,从而为应急救援指挥提供科学依据和决策支持。

7.4.2 其他领域的应用

机载雷达数据不仅在无人机测绘领域有着广泛的应用,还在其他领域中有着重要的应用价值。

1. 目标跟踪与定位

通过无人机搭载的机载雷达对目标进行监测和跟踪,可以获取目标的实时位置、速度和运动轨迹等参数,从而为智能交通、安防监控等领域提供重要的技术支持。

2. 气象观测与预报

通过无人机搭载的机载雷达可以获取大气中的水汽分布、风速、温度等信息,从而为气象预报、气候变化研究等领域提供重要的数据支持。

3. 农业应用

通过无人机搭载的机载雷达对农作物进行监测,可以获取农作物的生长情况、病虫害情况等信息,从而为农业生产提供科学依据和决策支持。

4. 林业应用

可以为森林资源的调查和评估、森林火灾的预警和应急救援、森林病虫害的监测和预警、森林资源的评估和规划、森林生态的研究、造林工程的实施等提供重要的数据支持。

5. 环境监测

通过无人机搭载的机载雷达对环境敏感区域进行监测,可以获取地形地貌、土地利用、水域分布等参数,从而为环境保护、生态修复等方面提供重要的基础数据支持。

6. 考古与文化遗产保护

通过无人机搭载的机载雷达对遗址或古建筑进行测绘和监测,可以获取高精度的地形数据和建筑物信息,从而为考古研究和文化遗产保护提供重要的数据支持。

7. 野生动物保护与管理

通过无人机搭载的机载雷达对野生动物进行监测和跟踪，可以获取野生动物的行为习惯、活动范围等参数，从而为野生动物保护和管理提供科学依据和决策支持。

7.5 机载雷达技术展望

机载雷达技术是无人机测绘领域中的重要技术之一，其发展趋势主要体现在以下几个方面。

1. 高频化和宽带化

随着无人机测绘技术的不断发展，对机载雷达的探测能力和测量精度提出了更高的要求。为了满足这些要求，机载雷达技术将向高频化和宽带化方向发展。高频化可以提高雷达的分辨率和探测能力，宽带化可以增加雷达的测量精度和数据处理能力。例如，采用高频段、高带宽的雷达信号可以获得更高的测量精度和更丰富的目标特征信息，从而更好地支持无人机测绘任务。

2. 集成化和智能化

集成化可以提高雷达设备的可靠性和紧凑性，降低设备的体积和重量，提高设备的便携性和可维护性。智能化则可以利用先进的算法和计算机技术，实现雷达设备的自动化和智能化。例如，通过采用先进的信号处理技术和人工智能技术，可以实现雷达设备的自动目标识别、自动跟踪、自动测量等功能，从而提高无人机测绘的自动化程度和作业效率。

3. 高机动性和高灵敏度

高机动性可以提高雷达设备的响应速度和作业效率，高灵敏度则可以提高雷达设备的探测能力和测量精度。例如，采用先进的雷达控制技术和高精度伺服系统，可以实现雷达设备的快速扫描和跟踪，提高雷达设备的机动性和灵敏度，从而更好地适应各种复杂环境和紧急任务的需求。

4. 多功能化和多模态化

多功能化是指雷达设备可以具备多种功能，如雷达成像、目标检测、地面分类等。多模态化则是指雷达设备可以同时或交替工作在多种模式下，如 SAR 模式、GMTI 模式、多种波段和频率模式等。例如，采用多模态雷达可以实现地面分类和目标检测的同时进行，提高无人机测绘的效率和精度。

5. 轻量化和小型化

轻量化和小型化可以提高无人机的搭载能力和适应性，降低无人机的制造成本和使用成本。例如，采用先进的材料和技术，实现雷达设备的轻量化和小型化，可以更好地适应各种不同类型和规格的无人机，提高无人机测绘的灵活性和普及性。

6. 高分辨率和高重频 SAR 技术

高分辨率 SAR 技术可以实现更高的图像分辨率和更丰富的目标特征信息，高重频 SAR 技术则可以实现更快的图像更新率和更高的数据传输速率。这些技术的进步将进一步提高无人机测绘的精度和效率。

思政小课堂

保密意识

在信息化时代，数据已经成为一种重要的资源，而测绘数据作为其中的一种，更是具有极高的价值和重要性。测绘数据不仅关乎国家的领土完整和主权安全，还广泛应用于经济建设、社会发展、生态保护等多个领域。

一、测绘数据的定义与价值

测绘数据是通过测绘技术获取的各种地理空间信息，包括地形、地貌、地物、地理位置等。这些数据具有高精度、高可靠性和高时效性的特点，是国家基础设施建设和发展的重要支撑。同时，测绘数据还是国家安全保障体系的重要组成部分，对维护国家领土完整和主权安全具有不可替代的作用。

二、测绘数据保密的重要性

(一)维护国家安全与利益

测绘数据作为国家安全保障体系的重要组成部分，其保密工作直接关系到国家的安全和利益。一旦测绘数据泄露，就可能会暴露国家的军事部署、重要设施、经济资源等敏感信息，给国家的安全和利益带来严重损害。因此，加强测绘数据保密工作是维护国家安全与利益的必然要求。

(二)保障经济建设与社会发展

测绘数据在经济建设和社会发展中发挥着重要作用。在城市规划、交通建设、水利工程、环境保护等领域，都需要依赖测绘数据提供的基础信息。如果测绘数据泄露，可能会导致商业机密泄露、市场竞争失序、社会公共服务受损等问题，严重影响经济建设和社会发展的正常秩序。因此，加强测绘数据保密工作，也是保障经济建设与社会发展的重要举措。

(三)维护国际竞争与合作秩序

在全球化的背景下，国际竞争与合作日益频繁。测绘数据作为国家战略资源的一种，其保密工作也涉及国际竞争与合作的秩序问题。如果测绘数据泄露，这些数据可能会被其他国家或组织利用，对我国的国际竞争力和合作地位造成不利影响。因此，加强测绘数据保密工作，也是维护国际竞争与合作秩序的需要。

作业习题

一、选择题

1. 机载雷达的主要作用是什么?(　　)
   A. 探测地面目标　　B. 提供导航信息
   C. 监测天气变化　　D. 绘制地形图
2. 机载雷达的工作原理是基于什么?(　　)
   A. 红外线探测　　B. 无线电波反射
   C. 激光测距　　D. 磁场感应
3. 机载雷达的组成部分不包括以下哪项?(　　)
   A. 发射机　　B. 接收机
   C. 天线　　D. 光学镜头
4. 在机载雷达外业数据采集过程中,以下哪项不是必要的步骤?(　　)
   A. 设定飞行路线　　B. 校准雷达设备
   C. 选择合适的天气条件　　D. 手动调整天线角度
5. 机载雷达内业数据处理的主要目的是什么?(　　)
   A. 提高图像分辨率　　B. 去除噪声和干扰
   C. 增加探测范围　　D. 降低设备成本
6. 机载雷达数据在无人机测绘领域主要用于什么?(　　)
   A. 导航定位　　B. 地形测绘　　C. 气象监测　　D. 通信中继
7. 除了无人机测绘领域,机载雷达还应用在哪个领域?(　　)
   A. 航空安全　　B. 农业生产　　C. 医疗卫生　　D. 娱乐游戏
8. 机载雷达技术的发展趋势不包括以下哪项?(　　)
   A. 更高分辨率　　B. 更小体积
   C. 更低成本　　D. 更慢的数据处理速度
9. 在机载雷达系统中,哪个部件负责发送和接收无线电波?(　　)
   A. 发射机　　B. 接收机　　C. 天线　　D. 处理器
10. 机载雷达数据的应用中,以下哪项不是其主要优势?(　　)
   A. 高精度　　B. 高效率
   C. 低成本　　D. 无须后期处理

二、简答题

1. 简述机载雷达的工作原理。
2. 列举机载雷达在无人机测绘领域的应用,并说明其重要性。
3. 简述机载雷达技术的未来发展趋势。

项目8 无人机模拟器模拟飞行

【思维导图】

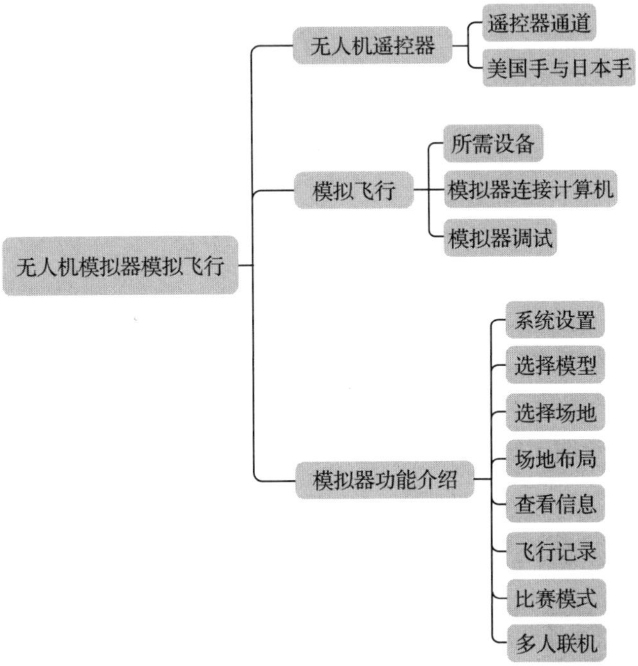

【项目导读】

无人机模拟器模拟飞行项目是无人机学习的重要环节,通过模拟飞行,可以安全、有效地掌握无人机操作技能。本项目介绍无人机遥控器的基本知识,包括遥控器通道和美国手、日本手的操作特点。通过实践操作,将学习如何连接模拟器、调试设备以及进行模拟飞行。通过模拟飞行练习,将掌握起飞、飞行和降落等基本操作技能,同时学习调整飞行参数和应对突发情况的方法。此外,本项目还将介绍模拟器的多种功能,如任务编辑和联机飞行等,以提升进阶技能和团队协作能力。

【学习指南】

在学习过程中,先了解遥控器的基本操作和美国手、日本手的区别,掌握遥控器通道的使用。通过模拟飞行软件,熟悉无人机的起飞、飞行和降落等操作,逐步提升飞行技巧。注意观察飞行参数的变化,学习如何调整以保持稳定飞行。同时,了解模拟器的其他功能,如任务编辑和联机飞行等,以提升进阶技能和团队协作能力。最后,务必遵守无人机航空摄影或测绘的合法性,避免"黑飞"带来的危害。

8.1 无人机遥控器

遥就是远距离,控就是可以控制设备,器就是一个电子器件。无人机的遥控器就像电视机遥控器、空调遥控器一样,可以不用接触设备,仅通过一个手持器件,使用无线电与被控设备进行通信,就能完成对设备的控制。各种类型的无人机遥控器如图 8-1 所示。

图 8-1 各种类型的无人机遥控器

1. 遥控器通道

遥控器想达到与无人机通信的目的,需要两部分配合完成,即发射器与接收机。遥控器上的控制杆动作会将无线电指令发送给接收机,而接收机通过接受无线电波,读取遥控器上控制杆的读数,并转为数字信号发送到无人机的控制器中。

通道其实就是遥控器可以控制的动作路数。比如遥控器控制四旋翼无人机上下飞,那么就是 1 个通道。但是四旋翼无人机在控制过程中需要控制的动作路数有:上下、左右、前后、旋转,所以最少要 4 个通道。

遥控器具有以下 4 个主通道：

第一通道，指副翼，用来控制和改变机身横滚方向的姿态变化。

第二通道，指升降舵，用来控制机身前进与后退。

第三通道，指油门，用来控制发动机或电机转速。

第四通道，指方向舵，用于改变机头朝向。

2. 美国手与日本手

美国手、日本手的区别在于通道排列不一样，它们命名的缘由其实是沿用了航模领域固定翼的叫法。

(1)美国手。

右边摇杆：
向上拨动，机身向前飞行；
向下拨动，机身向后飞行；
向左拨动，机身向左飞行；
向右拨动，机身向右飞行。

左边摇杆：
向上拨动，机身上升；
向下拨动，机身下降；
向左拨动，机头向左旋转；
向右拨动，机头向右旋转。

(2)日本手。

右边摇杆：
向上拨动，机身上升；
向下拨动，机身下降；
向左拨动，机身向左飞行；
向右拨动，机身向右飞行。

左边摇杆：
向上拨动，机身向前飞行；
向下拨动，机身向后飞行；
向左拨动，机头向左旋转；
向右拨动，机头向右旋转。

(3)美国手与日本手各自特点。美国手的特点是控制飞行器姿态的两个舵面统一由右手控制，油门和方向控制在左手。正常无人机飞行建议使用美国手，因为美国手的右手能直接控制飞机的前后、左右飞行，比较符合中国人常用右手的习惯，而且正常作业的时候操作也比较简单。

日本手的特点是控制飞行器姿态的两个舵面(升降和副翼)分别由左手和右手控制，油门控制在右手，方向控制在左手。日本手遥控器适合需要大舵量精准控制的飞行情况，比如很多航模比赛队员都喜欢用日本手遥控器。

8.2 模拟飞行

1. 所需设备

计算机模拟飞行所需设备包括模拟器、4 通道以上遥控器、计算器，如图 8-2 所示。

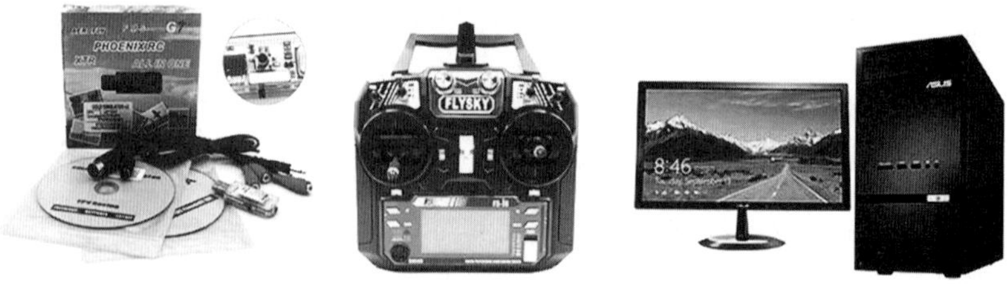

图 8-2 模拟飞行所需设备

2. 模拟器连接计算机

模拟器连接方法如图 8-3 所示。

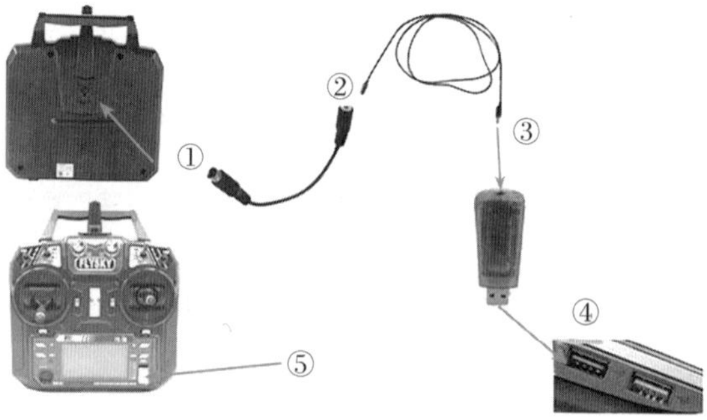

图 8-3 模拟器连接方法

3. 模拟器调试

(1)双击桌面上的模拟器图标，如果提示升级可连续 2 次单击【否】按钮，如图 8-4 所示。

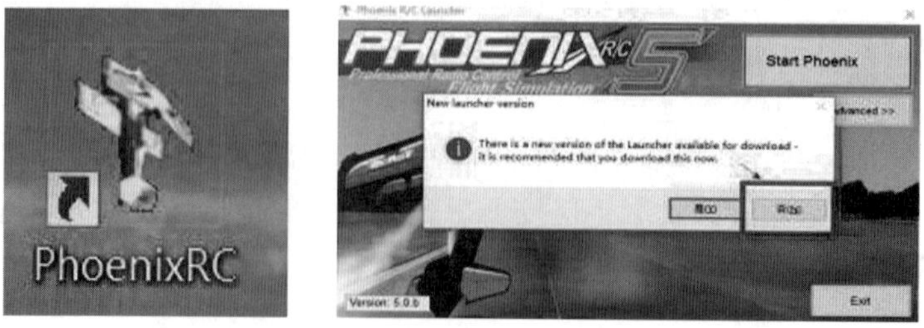

图 8-4 Phoenix R/C 模拟器图标

(2)单击右上角的【Start Phoenix R/C】按钮，如图 8-5 所示。

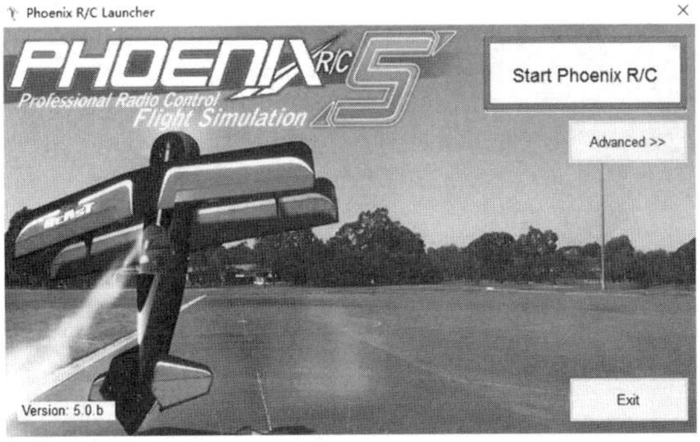

图 8-5　Phoenix 模拟器进入界面

(3)单击右上角的【×】按钮,如图 8-6 所示。

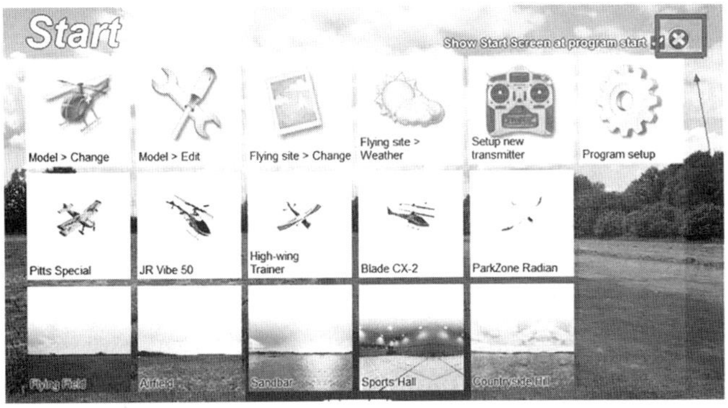

图 8-6　Phoenix 模拟器界面

(4)选择【系统设置】→【配置新遥控器】选项,如图 8-7 所示,进入新遥控器设置界面。

图 8-7　选择“配置新遥控器”选项

(5)单击【下一步】按钮,如图 8-8 至图 8-11 所示。

图 8-8 配置遥控器界面

图 8-9 配置遥控器向导

图 8-10 配置遥控器注意事项

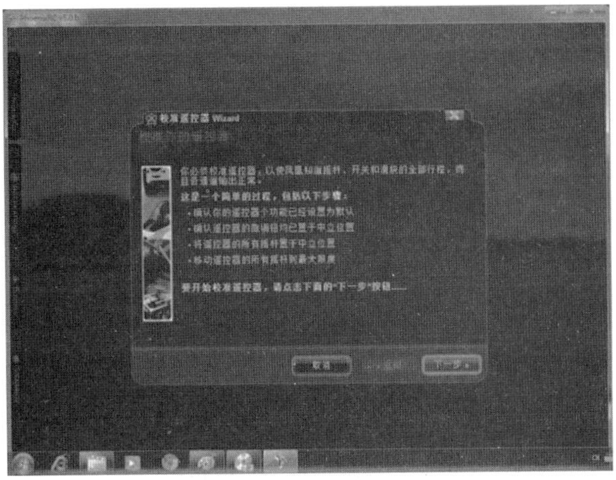

图 8-11　配置遥控器的基本过程

(6)根据向导提示，来到创建配置文件界面，选中【快速设置】单选按钮，如图 8-12 所示。

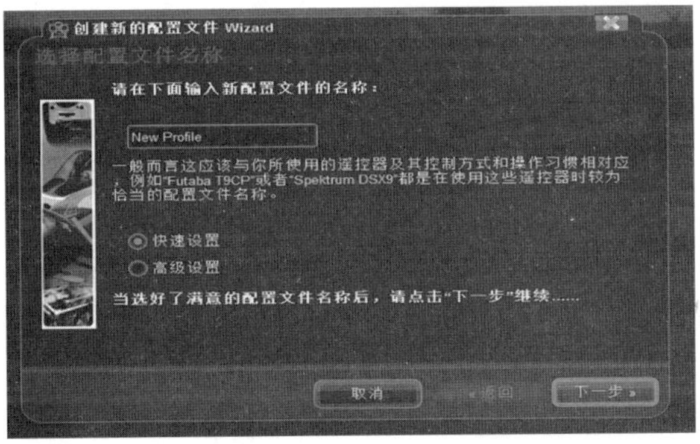

图 8-12　选中"快速设置"单选按钮

(7)根据向导提示，将遥控器左右两个摇杆置于中立位置，如图 8-13 所示。

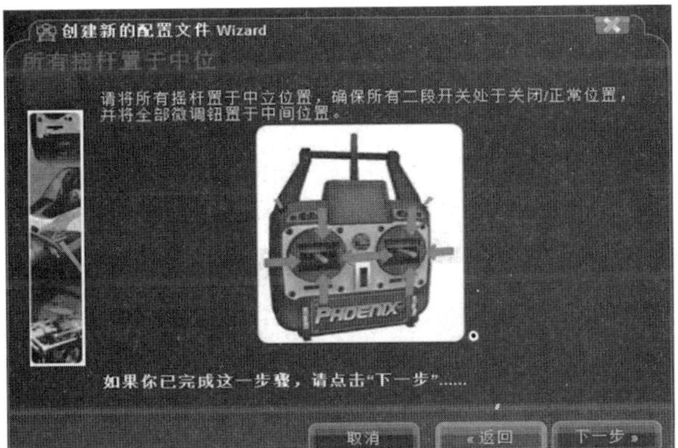

图 8-13　摇杆居中

(8)滑动遥控器两个摇杆，确定摇杆沿边缘画圆，同时能够看到动画跟随画圆，如图 8-14 所示。

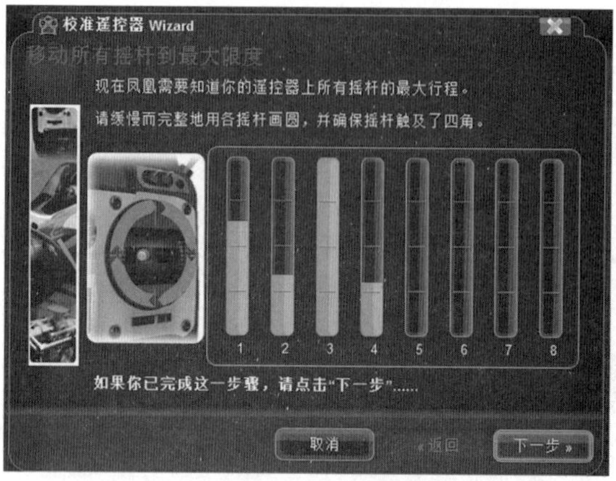

图 8-14　摇杆最大行程校准

(9)推动各摇杆，确定达到最大位置，包括旋钮、二挡和三挡开关，如图 8-15 所示。

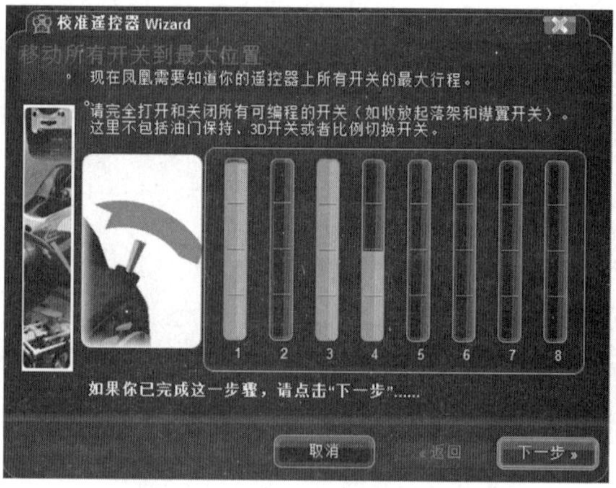

图 8-15　遥控器开关最大行程校准

(10)检查校准结果，如果推动一个摇杆时有两个黄色条状在大幅度滑动，则证明打开了混控模式，需要关闭混控模式，如图 8-16 所示。

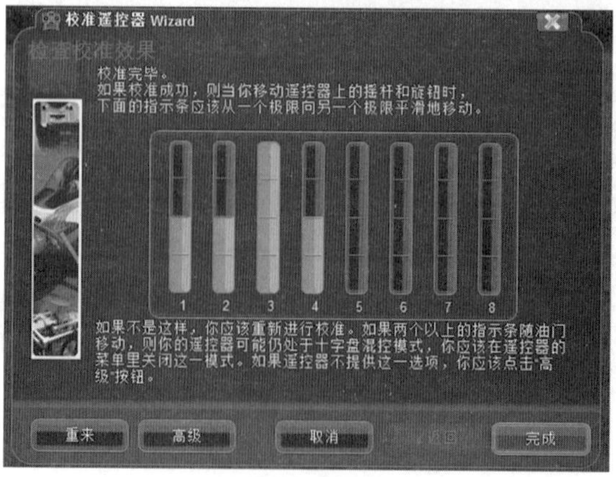

图 8-16　检查遥控器的校准结果

(11)单击【完成】按钮，根据向导指示来到通道配置环节，率先确定遥控器摇杆在中立位置，如图 8-17 所示。

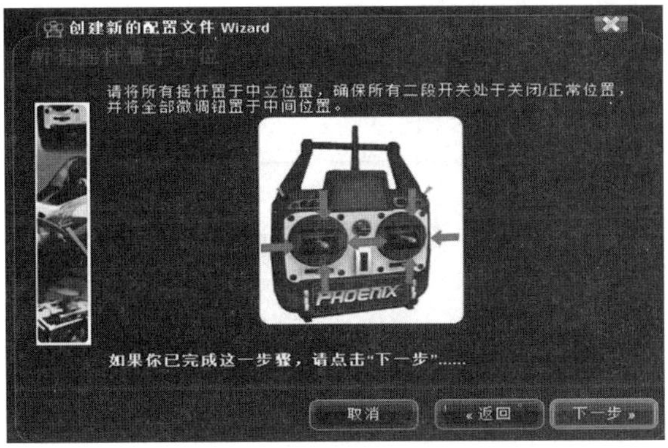

图 8-17　通道配置开始界面

(12)引擎设置。通过推动油门摇杆来设置引擎，如图 8-18 所示。

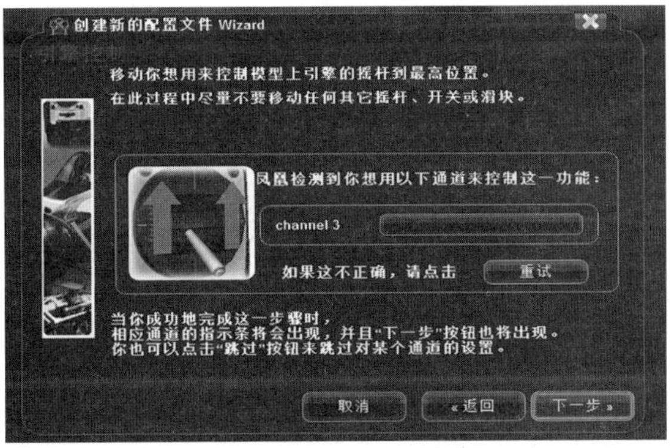

图 8-18　引擎设置

(13)桨距设置。通过再次推动油门摇杆来设置桨距。

(14)方向舵设置。通过左右推动方向摇杆来设置方向舵，如图 8-19 所示。

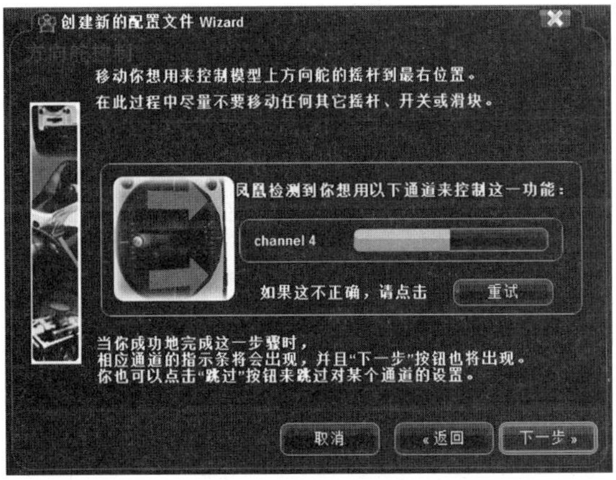

图 8-19　方向舵设置

(15)升降舵设置。通过推动升降舵摇杆来设置升降舵,如图 8-20 所示。

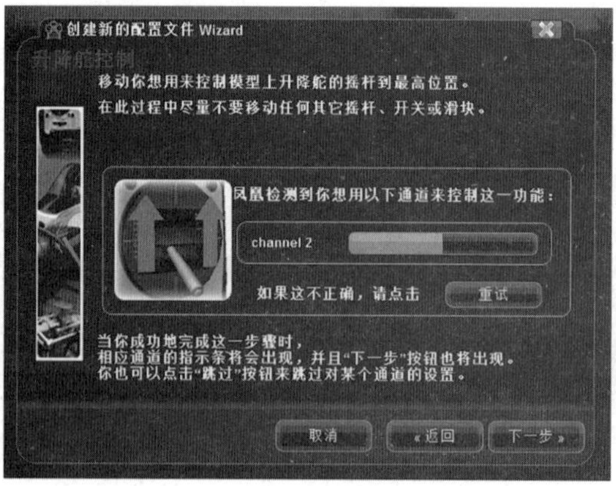

图 8-20　升降舵设置

(16)副翼舵设置。通过左右移动副翼摇杆来设置副翼舵,如图 8-21 所示。

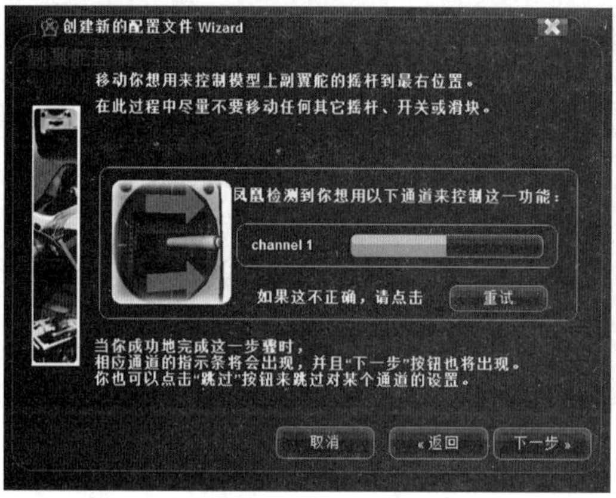

图 8-21　副翼舵设置

(17)起落架和襟翼不用设置,单击【Skip】按钮,如图 8-22 和图 8-23 所示。

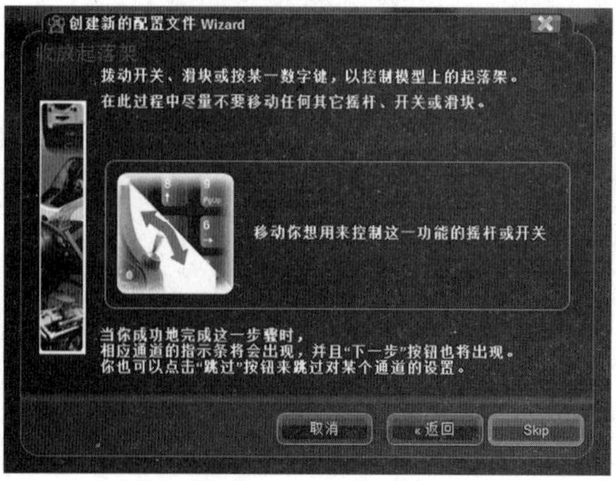

图 8-22　跳过起落架通道配置

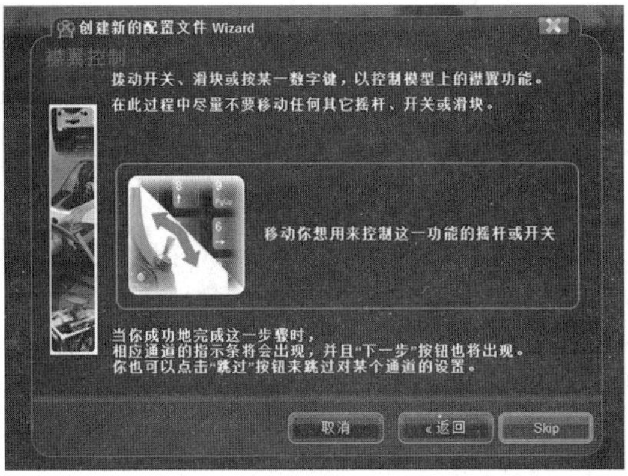

图 8-23　跳过襟翼通道配置

(18)单击【完成】按钮，设置完毕，如图 8-24 所示。

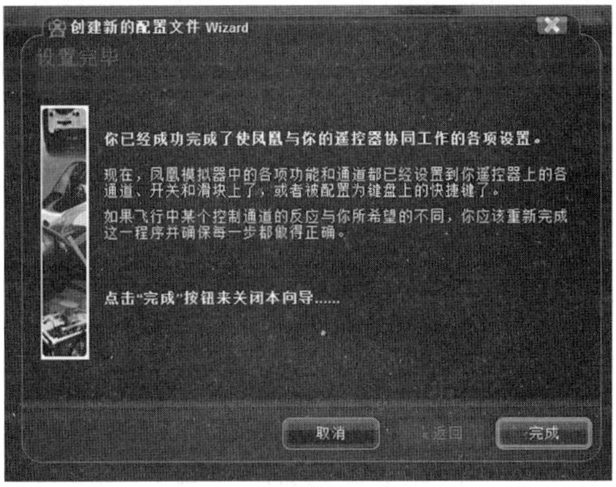

图 8-24　完成各通道配置

(19)检验设置。选择【系统设置】→【控制通道设置】选项，再打开控制通道设置界面，单击【编辑配置文件】按钮，查看配置文件，如图 8-25 和图 8-26 所示。

图 8-25　选择"控制通道设置"选项

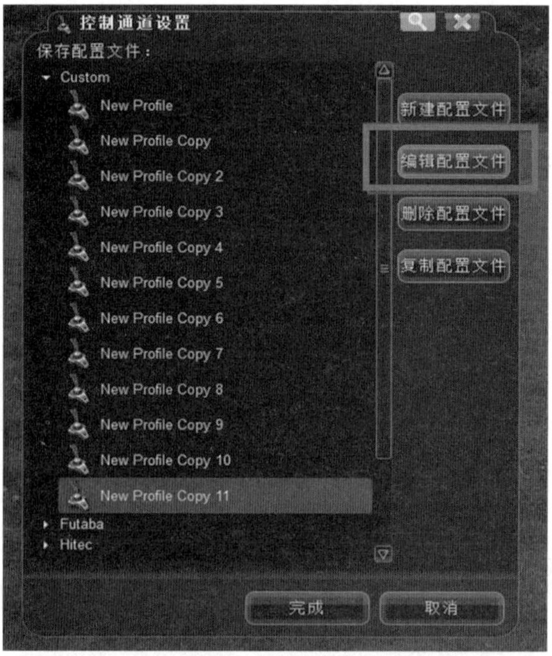

图 8-26 查看配置文件

(20)单击【简要信息】按钮，可以看到设置好的各通道，依次推动各控杆，观察各通道黄条状运动方向。正确的是：推动油门向上时，引擎和桨距要从 0 到 100 滑动；从左右推动方向舵和副翼舵时，屏幕显示黄色条状也是从左到右滑动；由下向上推动升降舵时，屏幕升降舵要从 100 到 0 滑动。如果不符，则通过选中或取消选中对应的通道复选框进行调节。如图 8-27 所示。

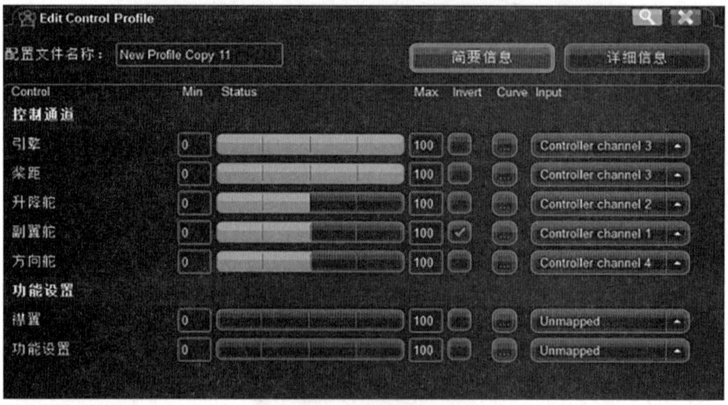

图 8-27 通道检查

(21)确定没有问题后，即可开始使用遥控器。

8.3 模拟器功能介绍

模拟器中有很多功能可供选择，以在合适的场景、天气中完成比较逼真的飞行练习。

(1)“系统设置”菜单中能够配置新遥控器、选择遥控器、控制通道设置、键盘设置控制、程序设置,如图 8-28 所示。

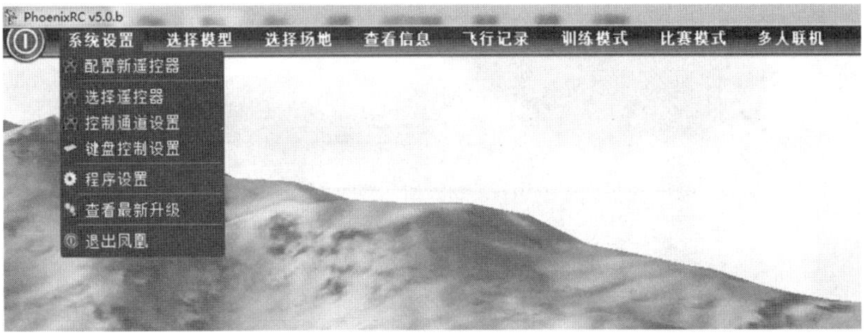

图 8-28　“系统设置”菜单功能

(2)“选择模型”菜单中可以更换模型、编辑模型等,并可根据需要进行其他设置,如图 8-29 所示。

图 8-29　“选择模型”菜单功能

(3)“选择场地”菜单中可根据需要进行场地更换和设置场地天气以及布局,也可以增加系统设置的模友一起飞行,并可观看系统模友的飞行,如图 8-30 所示。

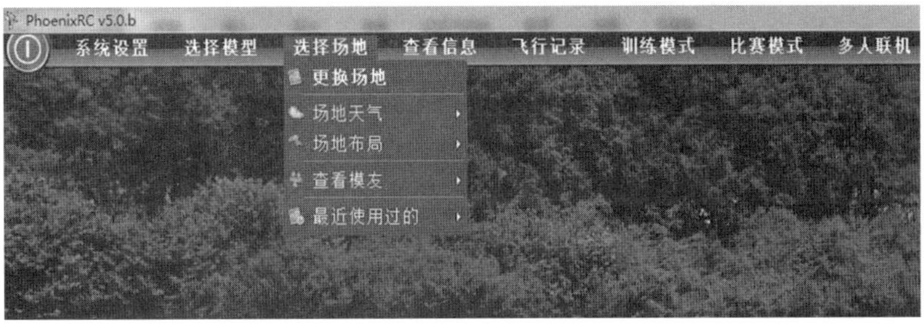

图 8-30　“选择场地”菜单功能

(4)根据需要选择系统设置好的天气进行训练,在这种复杂的天气中训练会更接近实际飞行,如图 8-31 所示。

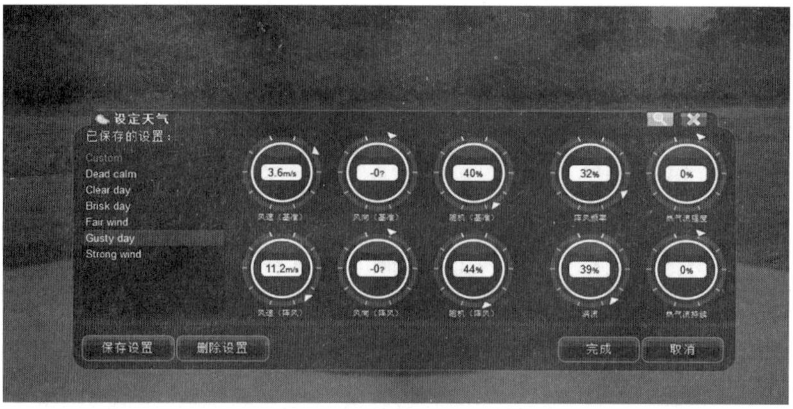

图 8-31 模拟飞行天气设定

(5)"选择场地"菜单中也可选择场地布局，按照场地布局去加强训练，如图 8-32 所示。

图 8-32 模拟飞行场地布局设置

(6)"查看信息"菜单中可根据需要增加辅助飞行的数字化仪器、设备等，如图 8-33 所示。

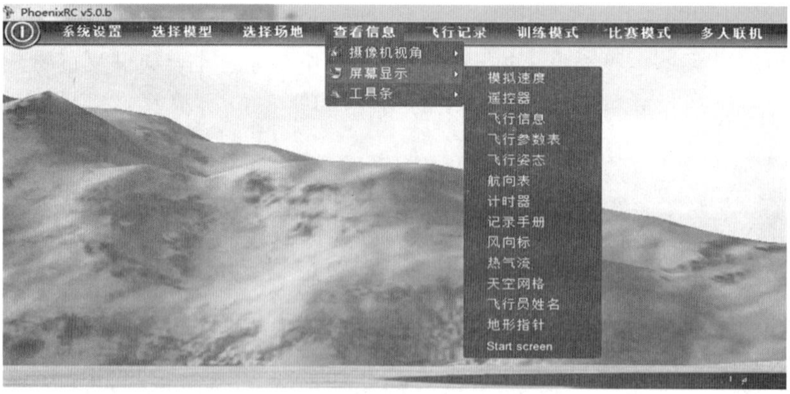

图 8-33 "查看信息"菜单功能

(7)可利用"飞行记录"菜单中的功能记录自己的飞行，如图 8-34 所示。

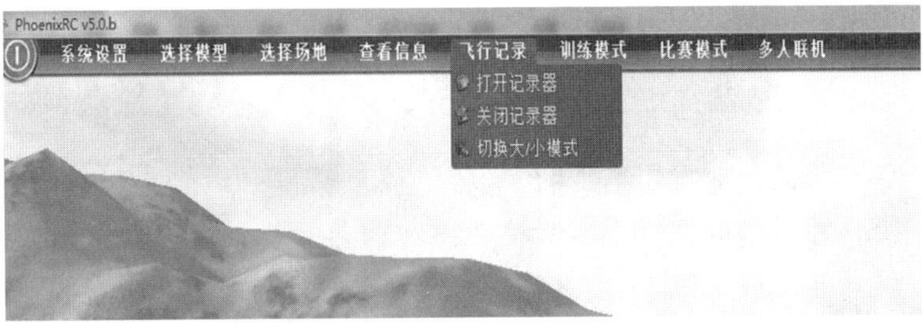

图 8-34 “飞行记录”菜单功能

(8)可利用“比赛模式”菜单中的功能进行趣味性、竞赛性的练习,如图 8-35 所示。

图 8-35 “比赛模式”菜单功能

(9)也可以进行计算机联机飞行练习,如图 8-36 所示。

图 8-36 “多人联机”菜单功能

思政小课堂

合法航飞

随着科技的飞速发展,无人机航空摄影或测绘技术已经广泛应用于多个领域,为现代社会带来了诸多便利。与此同时,非法无人机飞行(俗称“黑飞”)问题也日益凸显,给社会公共安全和个人隐私带来了严重威胁。

一、合法无人机航空摄影或测绘的重要性

(一)推动产业发展与创新

合法无人机航空摄影或测绘是推动相关产业发展和创新的重要动力。在遵守法律法规的前提下,无人机技术可以广泛应用于城市规划、环境监测、灾害评估等多个领域,为决策者提供准确、实时的数据信息,提高工作效率。同时,随着技术的不断进步和应用需求的不断增加,无人机产业也将迎来更广阔的发展空间。

(二)维护社会秩序与公共安全

合法无人机航空摄影或测绘是维护社会秩序和公共安全的重要手段。无人机在飞行过程中必须遵守相关法律法规,如《中华人民共和国民用航空法》《无人驾驶航空器飞行管理暂行条例》等,以确保飞行的安全性和合法性。同时,合法飞行也有助于减少无人机与其他航空器之间的冲突和碰撞风险,保障航空安全。

(三)保护个人隐私与商业机密

合法无人机航空摄影或测绘是保护个人隐私与商业机密的重要保障。在使用无人机进行航空摄影或测绘时,必须尊重他人的隐私权和商业秘密,确保获取的信息合法、合规。这不仅有助于维护个人和企业的合法权益,也有助于促进社会的和谐、稳定。

二、"黑飞"的危害

2021 年 2 月 27 日晚上 7 点半左右,江西上饶市广丰区月兔广场,一架无人机在广场降落时,旋翼割伤了一名 5 岁孩子的右脸颊,伤口长 3 cm、深 1 cm。飞手"李某"出现后,不但没有道歉,还斥责孩子,与其家人发生争吵。随后,孩子家长报警并将孩子送往医院。

2018 年 2 月 7 日,河北省唐山市古冶区公安部门与部队联合行动,迅速查处一起无人机"黑飞"事件。该无人机在飞行过程中干扰了正常的航空秩序。经检察机关批准,唐某等 4 名犯罪嫌疑人因涉嫌过失以危险方法危害公共安全罪被警方依法逮捕。

在杭州某禁飞区,巡逻警力发现一名男子正在操作一架改装过的二手大疆御 2pro 无人机,该无人机突破了电子围栏的限制,进入禁飞区飞行。经查,该男子名叫颜某某,是杭州一家传媒有限公司的经营者,因承接业务而冒险黑飞。颜某某被当场查获并固定物证,导出飞行记录等实时汇报至巡特警大队无人机专班。他可能会面临相关法律的严厉处罚,包括罚款、没收无人机、甚至承担刑事责任。

作业习题

一、选择题

1. 无人机遥控器的主要作用是什么？（　　）
   A. 控制无人机飞行　　B. 接收无人机信号
   C. 为无人机提供电源　　D. 显示无人机拍摄的画面
2. 模拟飞行通常用于什么目的？（　　）
   A. 娱乐游戏　　B. 无人机飞行训练
   C. 天气预报　　D. 地面控制站操作
3. 无人机模拟器与真实无人机的主要区别是什么？（　　）
   A. 价格　　B. 外观
   C. 功能　　D. 操作方式
4. 在无人机模拟器中，以下哪项功能通常不可用？（　　）
   A. 飞行模式切换　　B. 遥控器信号测试
   C. 真实环境感知　　D. 飞行轨迹回放
5. 模拟飞行训练对无人机操作者的重要性体现在哪里？（　　）
   A. 提高飞行速度　　B. 增强飞行安全意识
   C. 减少维护成本　　D. 增加飞行距离
6. 无人机遥控器上的摇杆通常用于控制什么？（　　）
   A. 无人机高度　　B. 无人机方向
   C. 无人机摄像头角度　　D. 无人机通信频率
7. 模拟器在无人机飞行训练中的优势是什么？（　　）
   A. 无须维护　　B. 费用低廉
   C. 安全性高　　D. 真实感强
8. 在无人机模拟器中，以下哪项操作是无法进行的？（　　）
   A. 无人机起飞　　B. 无人机降落
   C. 无人机维修　　D. 无人机悬停
9. 模拟飞行和真实飞行的最大相似之处是什么？（　　）
   A. 飞行速度　　B. 飞行环境
   C. 操作方式　　D. 飞行时间
10. 无人机遥控器上通常会有哪种类型的控制开关？（　　）
   A. 旋钮　　B. 触摸屏
   C. 按键　　D. 摇杆

二、简答题

1. 简述无人机模拟器的功能及其在无人机飞行训练中的作用。
2. 无人机遥控器的主要组成部分有哪些？它们各自的作用是什么？
3. 模拟飞行与真实飞行有哪些区别？为什么无人机操作者需要进行模拟飞行训练？

项目9

无人机测绘技术在各行业的应用

【思维导图】

- 无人机测绘技术在各行业的应用
  - 在智慧城市建设中的应用
  - 在应急测绘中的应用
  - 在电力行业中的应用
  - 在农业行业中的应用
  - 在水利行业中的应用
  - 在林业行业中的应用
  - 在交通领域的应用
  - 在资源调查和环境监测中的应用

【项目导读】

无人机测绘技术正逐渐成为各行业的有力助手，从智慧城市建设到应急救援响应，再到农业、林业、水利的资源监测与规划，其应用前景广阔。本项目介绍无人机测绘在各行业的应用现状和价值。

【学习指南】

学习无人机测绘技术在各行业的应用，首先要了解无人机测绘的基本原理和操作方法，关注各行业的需求和特点；其次要了解无人机在智慧城市、应急测绘、电力、农业、水利、林业等行业的应用案例。关注无人机的最新技术和趋势，探索其在各行业的创新应用。

9.1 在智慧城市建设中的应用

1. 城市规划与设计

在城市规划和设计中，无人机测绘技术可以提供高精度的地形数据、建筑物的三维模型等空间信息。这些数据可以帮助城市规划师和设计师了解城市的空间结构和地形特点，为合理进行城市规划和设计提供科学依据。例如，通过无人机拍摄的图像可以生成城市的三维模型，使城市规划方案可视化，并对其进行评估和优化。

2. 城市交通与智能交通系统

无人机测绘技术可以应用于城市交通管理和智能交通系统的建设中。通过无人机拍摄的道路和交通设施的高精度图像，可以生成道路的三维模型，为交通流量分析、道路规划、交通信号控制等提供数据支持。此外，无人机还可以用于路况实时监测，为交通管理部门提供及时的路况信息，优化交通组织和管理。

3. 城市环境和公共安全监测

无人机测绘技术可以对城市环境和公共安全进行实时监测。无人机可以搭载高精度相机和其他传感器，对城市的环境变化、空气质量、火灾隐患、建筑物损伤等进行监测和预警，提高公共安全管理和应急响应能力。例如，无人机可以在火灾发生时迅速获取灾区的实时图像，为消防部门提供准确的信息，以便及时组织救援并制订有效的灭火方案。

4. 智慧园林与绿化管理

无人机测绘技术可以应用于园林和绿化管理中，以实现智慧园林建设。无人机可以采集公园、广场、绿地的空间数据和地表覆盖物，获取植被种类、生长状况、分布情况等绿化信息。这些数据可以为园林和绿化管理部门提供决策支持，实现科学管理和资源优化配置。例如，通过对公园的植被进行数字化管理，可以准确统计和分析植被的种类、数量、生长情况等信息，为公园的绿化管理和维护提供科学依据。

5. 文化遗产保护与古迹修复

无人机测绘技术可以应用于文化遗产保护和古迹修复工作中。无人机可以采集古建筑、遗址等文化遗产的高精度图像和三维数据，为古迹修复提供准确的数据支持。同时，这些数字化数据可以用于文化遗产的数字化保存和传承，提高文化遗产保护工作的效果和价值。例如，通过无人机拍摄的古建筑图像可以生成三维模型，对古建筑的损伤部位进行数字化修复，为古建筑保护和修复提供科学依据和技术支持。

6. 城市防灾减灾与应急管理

无人机测绘技术可以应用于城市防灾减灾和应急管理中。无人机可以快速获取灾区的空间数据和实时图像，为灾害预警、应急救援、灾后评估等提供准确的信息支持。例如，在地震、洪水等灾害发生后，无人机可以迅速获取灾区的实时图像和三维数据，为救援队伍提供准确的位置信息和技术支持，提高应急响应速度。

无人机测绘技术在智慧城市建设中具有广泛的应用前景。这些技术的应用可以提高城市规划、设计、管理和监测的效率和精度，促进城市可持续发展。随着技术的不断进步和应用领域的拓展，无人机测绘技术将在未来智慧城市建设中发挥越来越重要的作用。

9.2 在应急测绘中的应用

无人机测绘技术在应急测绘中的应用具有重要意义。在突发事件发生后，快速、准确地对灾区进行测绘是非常必要的，这可以帮助救援队伍及时获取灾区的详细信息，为救援计划的制订和实施提供数据支持。而无人机测绘技术具有快速、灵活、高效等优点，在应急测绘中具有不可替代的作用。

1. 灾害应急响应

在灾害应急响应中，无人机测绘技术可以提供高精度的灾区地形数据、建筑物的三维模型等空间信息。这些数据可以帮助应急救援队伍了解灾区的地形和建筑物的特点，为合理进行救援和灾后重建提供科学依据。

2. 危险区域监测

在危险区域，如火山、地震、洪涝等灾害高发区，无人机测绘技术可以用于实时监测和预警。无人机可以搭载高精度相机和其他传感器，对危险区域进行实时监测和拍摄，获取危险区域的地形数据、地表变化等信息。这些数据可以为应急管理部门提供及时的风险预警和决策支持，以便及时组织人员撤离和避免不必要的损失。

3. 现场指挥与调度

无人机测绘技术可以应用于现场指挥和调度中。无人机可以提供高清晰度、高精度的实时图像和视频，帮助指挥中心了解现场的情况，从而做出准确的决策和调度。例如，在消防救援中，无人机可以获取火灾现场的实时图像，为消防指挥中心提供准确的信息，以便及时组织救援力量和制订有效的灭火方案。

4. 灾后评估与重建

无人机测绘技术可以应用于灾后的评估和重建工作中。无人机可以采集灾区的地形数据、建筑物的三维模型等空间信息，评估灾害对建筑物、基础设施等造成的损失程度。这些数据可以为灾后重建提供科学依据和技术支持，帮助政府部门制定合理的重建方案和资金投入计划。例如，通过对灾区的建筑物进行数字化评估，可以准确统计和分析建筑物的损失情况、修复所需资金等信息，为政府部门的重建规划和资金投入提供科学依据。

5. 环境监测与生态保护

无人机测绘技术还可以应用于环境监测和生态保护中。无人机可以搭载高精度传感器，监测大气、水体、土壤等环境指标，获取环境污染数据和分布情况。这些数据可以为环保相关部门提供准确的信息支持，以便及时采取措施治理环境污染和保护生态环境。例如，通过对大气进行监测，可以了解大气的污染状况和污染物的分布情况，为环保相关部门治理大气污染提供科学依据。

无人机测绘技术在应急测绘中具有广泛的应用前景。这些技术的应用可以提高应急测绘的效率和精度，为灾害预防、应急响应、灾后评估与重建等提供科学依据和技术支持。随着技术的不断进步和应用领域的拓展，无人机测绘技术将在未来应急测绘中发挥越来越重要的作用。

9.3 在电力行业中的应用

无人机测绘技术在电力行业中的应用已经越来越广泛。在电力行业中，无人机测绘技术主要应用于输电线路规划与设计、输电线路巡检与维护等方面，为电力行业的快速发展提供了重要的技术保障。

1. 输电线路规划与设计

无人机测绘技术可以应用于输电线路的规划与设计中。无人机可以采集输电线路沿线的地形数据和影像，生成高精度的三维模型，为输电线路的规划和设计提供准确的地形信息。这些数据可以帮助电力工程师了解线路沿线的地形起伏、建筑物分布等信息，确保输电线路的合理规划和设计，避免线路跨越建筑物或危险区域。

2. 输电线路巡检与维护

无人机测绘技术可以应用于输电线路的巡检和维护中。无人机可以搭载高精度相机和其他传感器，对输电线路进行定期巡检和拍摄，获取线路设备的运行状态和损伤情况等信息。这些数据可以帮助电力工程师及时发现线路设备的缺陷和潜在隐患，采取有效的维护措施，确保输电线路的安全稳定运行。

3. 电力设施建设与评估

无人机测绘技术可以应用于电力设施的建设和评估中。无人机可以采集电力设施的三维模型数据和影像，生成高精度的三维模型，为电力设施的建设和评估提供准确的空间信息。这些数据可以帮助电力工程师了解电力设施的建设情况、结构特征等信息，对电力设施的安全性能和可靠性进行评估，确保电力设施的顺利建设和高效运行。

4. 电力资源勘查与选址

无人机测绘技术可以应用于电力资源的勘查与选址中。无人机可以采集电力资源的分布数据和影像，生成高精度的三维模型，为电力资源的勘查和选址提供准确的空间信息。这些数据可以帮助电力工程师了解电力资源的分布情况、地质条件等信息，为电力资源的开发和利用提供科学依据和合理建议。

5. 智能电网建设与优化

无人机测绘技术可以应用于智能电网的建设与优化中。智能电网是采用先进的传感器、通信和控制技术构建的电网系统,可以实现电力供应的智能化和高效化。无人机可以作为智能电网中的一部分,实现电力设备的实时监控、能源调度和管理等功能。通过无人机测绘技术,可以获取准确的电网设备信息和运行状态,为智能电网的建设和优化提供科学依据和技术支持。

6. 电力安全与应急管理

无人机测绘技术可以应用于电力安全与应急管理中。无人机可以搭载高精度相机和其他传感器,对电力设施进行实时监测和拍摄,获取电力设施的运行状态和安全情况等信息。这些数据可以帮助电力工程师及时发现电力设施的安全隐患和潜在风险,采取有效的安全措施和应急预案,确保电力设施的安全稳定运行。

无人机测绘技术在电力行业中的应用具有广泛的前景。这些技术的应用可以帮助电力工程师了解输电线路、电力设施等空间信息的特征和状态,提高电力行业的规划、设计、巡检、维护、选址、优化、安全与应急管理等工作的效率和精度。随着技术的不断进步和应用领域的拓展,无人机测绘技术将在未来电力行业中发挥越来越重要的作用。

9.4 在农业行业中的应用

无人机测绘技术在农业行业中的应用已经越来越广泛。在农业领域,无人机测绘技术主要应用于农业生产管理、土地资源利用规划等方面,为农业生产提供了重要的支持和保障。

1. 农业生产管理

无人机测绘技术可以提供高精度的地形图和地块信息,可以帮助农业生产者更好地了解土地资源的情况,制订合理的农业生产计划。例如,通过 DEM 和 DOM,可以分析地形的复杂程度、水文分布、地块边界等信息,为农业生产者提供种植适宜性评估、灌溉系统规划、作物产量预测等方面的支持。

同时,利用无人机进行航空摄影,可以获取作物的生长状况和长势信息,再结合图像处理和机器学习技术,可以对作物的生长状态进行监测和预测,为农业生产者提供及时的病虫害预警、作物生长阶段判断等信息。这些信息可以帮助农业生产者更好地管理农业生产,提高产量和品质。

2. 土地资源利用规划

无人机测绘技术可以提供高精度的地形图和地块信息,可以帮助政府部门更好地了解土地资源的利用情况,制定科学的土地资源利用规划。例如,通过高精度的地形图和地块信息,可以分析土地资源的适宜性、承载能力等信息,为政府部门提供土地资源优化配置、农业功能区划分的依据。

同时,利用无人机进行航空摄影,可以获取土地利用的动态变化信息,再结合 GIS 技术,可以对土地利用的变化趋势进行预测和分析,为政府部门提供土地资源利用的预警和调控依据。这些信息可以帮助政府部门更好地规划和管理土地资源，提高土地资源的利用效率和可持续性。

3. 生态环境保护

无人机测绘技术可以提供高精度的地形图和地块信息，可以帮助生态环境保护工作者更好地了解土地资源的生态环境状况，采取合理的生态环境保护措施。例如，通过高精度的地形图和地块信息，可以分析土地资源的土壤质量、植被覆盖等信息，为生态环境保护工作者提供生态环境质量评估、土壤污染治理等方面的支持。

同时，利用无人机进行航空摄影，可以获取生态环境的变化信息，再结合图像处理和机器学习技术，可以对生态环境的动态变化进行监测和预测，为生态环境保护工作者提供及时的生态环境预警、生态修复方案等信息。这些信息可以帮助生态环境保护工作者更好地保护生态环境，提高生态环境的稳定性和可持续性。

无人机测绘技术在农业领域的应用具有广泛性和实用性，可以为农业生产者、政府部门和生态环境保护工作者提供高精度的地形图、地块信息和农业生产活动信息等，在农业生产管理、土地资源利用规划和生态环境保护等方面提供重要的支持和保障。

未来，随着无人机测绘技术的不断发展，其应用将会更加广泛和深入。例如，利用更高精度的相机和传感器进行航空摄影，可以获取更加详尽的地形和地块信息；利用更加智能的图像处理和机器学习技术，可以更加准确地识别和分析作物的生长状态和生态环境变化等。这些技术的发展将进一步推动无人机测绘技术在农业领域的应用和发展。

9.5 在水利行业中的应用

无人机测绘技术在水利行业中的应用已经越来越广泛。在水利工程中，无人机测绘技术主要应用于水文水资源监测、水利工程规划与设计等方面，为水利工程的规划、建设和管理工作提供了重要的技术支持。

1. 水文水资源监测

无人机测绘技术可以应用于水文水资源的监测中。无人机可以采集河流、湖泊等水体的水位、流速、水量等数据，对水文水资源进行实时监测和评估。这些数据可以帮助水利工程师及时掌握水文水资源的状况，为水资源的管理和合理利用提供科学依据。例如，无人机可以快速获取河流的水位和流速数据，为水利部门提供及时的水文水资源信息，以便采取有效的应对措施。

2. 水利工程规划与设计

无人机测绘技术可以应用于水利工程的规划与设计中。无人机可以采集水利工程的地形数据和影像，生成高精度的三维模型，为水利工程的规划和设计提供准确的地形信息。这些数据可以帮助水利工程师了解工程区域的地形地貌、地质条件等信息，为水利工程的合理规划和高精度设计提供科学依据。例如，无人机可以采集水利工程区域的地形数据，为水利工程师提供准确的地形信息，以便合理确定工程方案和设计参数。

3. 水库大坝安全监测

无人机测绘技术可以应用于水库大坝的安全监测中。无人机可以搭载高精度相机和其他传感器，对水库大坝进行定期巡检和拍摄，获取大坝的变形、裂缝等信息。这些数据可以帮助水利工程师及时发现水库大坝的安全隐患和潜在风险，采取有效的维护措施，确保水库大坝的安全稳定运行。例如，无人机可以快速获取水库大坝的表面变形数据，为水利部门提供及时的安全监测信息，以便采取有效的应对措施。

4. 防洪减灾与应急管理

无人机测绘技术可以应用于防洪减灾和应急管理中。无人机可以快速获取洪水灾害现场的实时图像和三维模型数据，为防洪减灾部门提供准确的位置信息和技术支持，提高应急响应速度和救援效果。这些数据可以帮助水利工程师及时了解洪水灾害的规模、影响范围等信息，为防洪减灾决策和应急预案的制订提供科学依据。例如，在洪水灾害发生后，无人机可以迅速获取灾区的实时图像和三维模型数据，为救援队伍提供准确的信息，以便及时组织力量和制订有效的救援方案。

5. 水环境监测与保护

无人机测绘技术可以应用于水环境的监测与保护中。无人机可以搭载高精度传感器，监测水体的污染情况和水质参数等信息。这些数据可以帮助水利工程师及时发现水环境的污染源和潜在问题，采取有效的治理措施，确保水资源的可持续发展和生态环境的保护。例如，无人机可以快速获取水体的水质参数数据，为水利部门提供及时的水环境监测信息，以便采取有效的应对措施。

无人机测绘技术在水利行业中的应用具有重要意义。这些技术的应用可以帮助水利工程师了解水文水资源、水利工程等空间信息的特征和状态，提高水利行业的规划、设计、监测、应急管理等工作的效率和精度。随着技术的不断进步和应用领域的拓展，无人机测绘技术将在未来水利行业中发挥越来越重要的作用。

9.6 在林业行业中的应用

无人机测绘技术在林业行业中的应用已经越来越广泛。在林业工作中，无人机技术的应用节省了大量的人力和物力，减少了人员的工作量，提高了林业工作监测管理的质量标准。以下从森林资源调查与规划、森林火灾监测与应急管理等方面，阐述无人机测绘技术在林业行业中的应用。

1. 森林资源调查与规划

无人机测绘技术可以应用于森林资源的调查与规划中。无人机可以采集森林的地形数据和影像，生成高精度的三维模型，为森林资源的调查和规划提供准确的地形信息。这些数据可以帮助林业工程师了解森林资源的分布、面积、树种结构等信息，为森林资源的合理开发和利用提供科学依据。例如，无人机可以快速获取森林的地形数据和植被信息，为林业部门提供及时的数据支持，以便制定科学的森林资源管理和开发方案。

2. 森林火灾监测与应急管理

无人机测绘技术可以应用于森林火灾的监测与应急管理中。无人机可以搭载高精度相机和其他传感器，对森林进行实时监测和拍摄，获取火灾现场的实时图像和视频，为消防部门提供准确的位置信息和技术支持，提高应急响应速度和救援效果。这些数据可以帮助林业工程师及时发现森林火灾，为消防部门提供准确的火场信息，以便采取有效的应急救援措施。例如，在森林火灾发生后，无人机可以迅速获取火灾现场的实时图像和三维模型数据，为消防队伍提供准确的信息，以便及时组织力量和制订有效的灭火方案。

3. 森林病虫害监测与防治

无人机测绘技术可以应用于森林病虫害的监测与防治中。无人机可以搭载高精度传感器，监测森林病虫害的发生和发展情况，获取病虫害区域的分布和影响范围等信息。这些数据可以帮助林业工程师及时发现森林病虫害，采取有效的防治措施，避免病虫害的扩散和蔓延。例如，无人机可以快速获取病虫害区域的图像和视频，为林业部门提供及时的数据支持，以便采取有效的防治措施。

4. 人工造林与生态修复

无人机测绘技术可以应用于人工造林和生态修复中。无人机可以采集宜林地块的地形数据和影像，生成高精度的三维模型，为人工造林和生态修复提供科学依据和技术支持。这些数据可以帮助林业工程师了解宜林地块的地形地貌、土壤性质等信息，为人工造林和生态修复的规划提供科学依据和技术支持。例如，无人机可以快速获取宜林地块的地形数据和植被信息，为林业部门提供及时的数据支持，以便制定科学的人工造林和生态修复方案。

5. 林业资源评估与决策

无人机测绘技术可以应用于林业资源的评估和决策中。无人机可以采集林业资源的分布数据和影像，生成高精度的三维模型，为林业资源的评估和决策提供科学依据和技术支持。这些数据可以帮助林业工程师及时了解林业资源的分布、面积、树种结构等信息，为林业资源的合理开发和利用提供科学依据。例如，无人机可以快速获取林业资源的分布数据和植被信息，为林业部门提供及时的数据支持，以便制定科学的林业资源管理和开发方案。

无人机测绘技术在林业行业中的应用具有广泛的前景。这些技术的应用可以帮助林业工程师了解森林资源、森林火灾、森林病虫害等空间信息的特征和状态，提高林业行业的调查、规划、监测、应急管理、评估等工作的效率和精度。随着技术的不断进步和应用领域的拓展，无人机测绘技术将在未来林业行业中发挥越来越重要的作用。

9.7 在交通领域的应用

无人机测绘技术在交通领域中具有广泛的应用前景。在交通运输领域，无人机航测技术在信息获取、快速处理等方面具有明显的技术优势，可以在交通基础设施监测与评估、交通规划与设计等方面提供重要的技术支持。

1. 交通基础设施监测与评估

无人机测绘技术可以应用于交通基础设施的监测与评估中。无人机可以搭载高精度相机和其他传感器，对公路、桥梁、隧道等交通基础设施进行定期监测和拍摄，获取基础设施的运行状态和安全情况等信息。这些数据可以帮助交通工程师及时发现基础设施的缺陷和潜在风险，采取有效的维护措施，确保交通基础设施的安全稳定运行。例如，无人机可以快速获取公路路面的破损情况，为交通管理部门提供及时的基础设施监测信息，以便采取有效的维护措施。

2. 交通规划与设计

无人机测绘技术可以应用于交通规划与设计中。无人机可以采集交通规划区域的地形数据和影像，生成高精度的三维模型，为交通规划与设计提供准确的地形信息。这些数据可以帮助交通工程师了解规划区域的地形地貌、地质条件等信息，为交通规划与设计的合理性和经济性提供科学依据和技术支持。例如，无人机可以采集交通规划区域的地形数据，为交通工程师提供准确的地形信息，以便合理确定道路线路和设计参数。

3. 交通应急救援与调度

无人机测绘技术可以应用于交通应急救援与调度中。无人机可以搭载高精度相机和其他传感器，对交通事故现场进行实时监测和拍摄，获取事故现场的实时图像和视频，为应急救援队伍提供准确的位置信息和技术支持，提高应急响应速度。这些数据可以帮助交通工程师及时了解交通事故的情况，采取有效的应急救援措施和调度方案。例如，在交通事故发生后，无人机可以迅速获取事故现场的实时图像和三维模型数据，为救援队伍提供准确的信息，以便及时组织力量和制订有效的救援方案。

4. 智能交通系统建设与优化

无人机测绘技术可以应用于智能交通系统的建设与优化中。智能交通系统是采用先进的传感器、通信和控制技术构建的交通管理系统，可以实现交通运行的智能化和高效化。无人机可以作为智能交通系统中的一部分，实现交通流量的实时监控、信号灯控制、拥堵预测等功能。通过无人机测绘技术，可以获取准确的交通运行状态信息，为智能交通系统的建设和优化提供科学依据和技术支持。例如，无人机可以搭载高精度相机和其他传感器，对交通流量进行实时监测和拍摄，为智能交通系统提供实时数据支持，以便采取有效的交通管理措施。

5. 车辆监测与自动驾驶

无人机测绘技术可以应用于车辆监测与自动驾驶中。无人机可以搭载高精度相机和其他传感器，对车辆的运行状态和安全性能进行监测和评估。这些数据可以帮助车辆工程师及时发现车辆的潜在风险和安全隐患，采取有效的维护措施和安全保障。同时，无人机还可以为自动驾驶系统提供高精度的地图和定位信息，为自动驾驶的实现提供技术支持。例如，无人机可以监测车辆的运行状态和安全性能，为车辆工程师提供及时的数据支持，以便采取有效的维护措施和安全保障。

无人机测绘技术在交通领域的应用具有重要意义。这些技术的应用可以帮助交通工程师了解交通基础设施、交通事故、交通流量等空间信息的特征和状态，提高交通行业的规划、设计、监测、应急救援、调度等工作的效率和精度。随着技术的不断进步和应用领域的拓展，无人机测绘技术将在未来交通行业中发挥越来越重要的作用。

9.8　在资源调查和环境监测中的应用

无人机测绘技术在资源调查和环境监测中有着广泛的应用，其优势在于高效率、高精度、低成本和实时监测等。下面将分别从土地资源调查与监测、矿产资源调查与监测、环境监测与评价等方面进行阐述。

1. 土地资源调查与监测

无人机测绘技术可以应用于土地资源的调查与监测中。无人机可以搭载高精度相机和其他传感器，对土地资源进行航拍和监测，从而获取土地资源的分布、面积、利用状况等信息。这些数据可以帮助资源调查人员及时了解土地资源的现状和变化情况，为土地资源的管理和合理利用提供科学依据和技术支持。例如，无人机可以快速获取土地资源的航拍图像和三维模型数据，为资源调查人员提供及时的数据支持，以便合理确定土地资源的利用方案和管理措施。

2. 矿产资源调查与监测

无人机测绘技术可以应用于矿产资源的调查与监测中。无人机可以搭载高精度相机和其他传感器，对矿产资源分布区域进行航拍和监测，获取矿产资源的分布、储量、开采状态等信息。这些数据可以帮助矿产资源调查人员及时了解矿产资源的现状和变化情况，为矿产资源的合理开发和利用提供科学依据和技术支持。例如，无人机可以快速获取矿产资源分布区域的航拍图像和三维模型数据，为矿产资源调查人员提供及时的数据支持，以便合理确定矿产资源的开发方案和管理措施。

3. 环境监测与评价

无人机测绘技术可以应用于环境监测与评价中。无人机可以搭载高精度传感器，监测环境污染源、空气质量、水体污染等信息，获取环境参数和污染源分布情况等信息。这些数据可以帮助环境监测人员及时了解环境质量和污染状况，为环境保护和治理提供科学依据和技术支持。例如，无人机可以快速获取环境污染源的图像和视频，为环境监测人员提供及时的数据支持，以便采取有效的环境保护和治理措施。

4. 生态保护与修复

无人机测绘技术可以应用于生态保护与修复中。无人机可以采集生态环境的变化数据和影像，生成高精度的三维模型，为生态保护与修复提供准确的空间信息。这些数据可以帮助生态保护与修复工程师及时了解生态环境的变化情况和潜在问题，采取有效的生态保护与修复措施。例如，无人机可以快速获取生态环境变化的图像和视频，为生态保护与修复人员提供及时的数据支持，以便制订科学的生态保护与修复方案。

5. 地质灾害预警与应急管理

无人机测绘技术可以应用于地质灾害预警与应急管理中。无人机可以搭载高精度相机和其他传感器，对地质灾害易发区进行监测和拍摄，获取地质灾害的变化情况、潜在风险等信息。这些数据可以帮助地质灾害预警和应急管理人员及时发现地质灾害的征兆和潜在风险，采取有效的预警和应急管理措施。例如，在滑坡等地质灾害易发区，无人机可以快速获取地质灾害的变化图像和三维模型数据，为地质灾害预警和应急管理人员提供及时的数据支持，以便采取有效的预警和应急管理措施。

无人机测绘技术在资源调查和环境监测中的应用具有广泛的前景。这些技术的应用可以帮助资源调查和环境监测人员了解土地资源、矿产资源、环境质量、生态保护等空间信息的特征和状态，提高资源调查和环境监测工作的效率和精度。随着技术的不断进步和应用领域的拓展，无人机测绘技术将在未来资源调查和环境监测中发挥越来越重要的作用。

思政小课堂

中国航测与遥感之父——王之卓

王之卓(1909—2002)，河北丰润人。我国航空摄影测量和遥感学科的主要奠基人和开拓者。先后在中山大学、中国地理研究所、陆地测量局工作。1946—1949年，先后任交通大学教授、工学院院长、代理校长、校长，在困境中为保存交通大学校产作出了重要贡献。

一、中国航测博士第一人

在交通大学任教期间，王之卓受到严格的科学训练，逐渐养成严谨求实的治学精神，这为他后来留学德国攻读航空测量学打下坚实的基础。

1934年，第二届中英庚款留学报考工作开始。该届留英庚款生共26名，其中有4名被指定必须攻读测绘。王之卓以优异成绩被录取，成为4名中的1名。

二、家国情怀

在德读书期间，王之卓虽然生活有保障，妻子女儿也被接到身边，但他却时刻关注国内，常与夏坚白、陈永龄等一起讨论回国后如何推动中国的测绘事业。1939年，他一获得博士学位就决定启程回国。此时国内战火纷飞，妻子正怀着8个月的身孕，从德国到中国，漂洋过海，万里迢迢，舟车劳顿，苦不堪言。但他“固执己见”，硬是扶着怀孕8个月的妻子，怀抱年仅5岁的长女辗转数月，经法国、意大利等，最后回到祖国。妻子在途经法国巴黎时，产下二女儿守范。

三、任交大校长，救校于水火

1946年夏，王之卓受聘母校交通大学教授、工学院院长。当时，交大渝校刚从重庆复员上海不久，百废待兴，千头万绪。他一面积极参与全校的恢复工作，一面努力抓学院工作。

四、高瞻远瞩、目光如炬

王之卓在他所从事的专业领域内，不仅是一个科学的实践者，还是时代的预言家。他超前的科学思想和眼光，使他总能预见到科技发展的新趋势和新动向，所以他总能站在学科发展的前沿，指明学科发展的方向，进而做出具有重大创新价值的科学贡献。

遥感是在空间技术基础上于20世纪70年代才诞生的新兴现代科学技术。但早在此前的1957年，苏联第一颗人造卫星上天，20世纪60年代美国成功实施阿波罗计划后，王之卓便敏锐地意识到，这将给测绘科学带来革命性的变化。他预言："人造卫星将为测图人员提供编制或修订地球上地形图的相片。"而当时人造卫星即使在美国也还处于保密阶段，且主要用于军事目的。

五、中国航测遥感之父

1939年2月，王之卓在柏林工业大学获工学博士学位，是我国历史上第一个获博士学位的航测专家。

中国测绘科学发展的每一阶段几乎都印有王之卓坚实的足迹。对此，原武汉测绘科技大学校长宁津生如是评价："我国测量科学发展的各个阶段，王之卓始终站在学科发展的最前列，高瞻远瞩地指出学科发展方向，并奠定其理论基础。"王之卓对航空摄影测量与遥感科学的奠基之功和特殊贡献，为他赢得了"中国航测与遥感之父"的崇高评价。

作业习题

一、选择题

1. 在智慧城市建设中，无人机测绘技术主要用于获取哪种数据？（　　）
   A. 城市规划图　　B. 道路交通流量
   C. 人口统计数据　　D. 气象预测信息
2. 在应急测绘中，无人机通常用于哪种场景？（　　）
   A. 地震灾区评估　　B. 城市规划设计
   C. 农作物生长监测　　D. 森林火灾预防
3. 在电力行业中，无人机测绘主要用于哪种作业？（　　）
   A. 电缆铺设　　B. 变压器检修
   C. 输电线路巡检　　D. 电站安全管理
4. 无人机在农业行业中主要用于哪种应用？（　　）
   A. 作物病虫害监测　　B. 农业机械设备维护
   C. 农业政策制定　　D. 农业保险评估
5. 在水利行业中，无人机测绘技术常用于哪种工作？（　　）
   A. 水库大坝维护　　B. 水质分析
   C. 洪水预警系统　　D. 河道清淤
6. 在林业行业中，无人机的主要应用于哪种工作？（　　）
   A. 森林火灾监测　　B. 树种分类

C. 木材加工　　D. 野生动物保护

7. 在交通领域中，无人机测绘技术主要用于哪种目的？（　　）

A. 交通流量统计　　B. 高速公路建设

C. 桥梁结构检测　　D. 交通规则制定

8. 在资源调查中，无人机通常用于哪种任务？（　　）

A. 矿产资源勘探　　B. 人口普查

C. 气候变化研究　　D. 城市规划

9. 在环境监测中，无人机的主要优势是什么？（　　）

A. 高分辨率影像　　B. 实时数据分析

C. 广泛覆盖面积　　D. 快速部署能力

10. 无人机在智慧城市建设中的数据收集相比传统方法有何优势？（　　）

A. 成本更低　　B. 数据更精确

C. 速度更快　　D. 安全性更高

二、简答题

1. 简述无人机在智慧城市建设中的主要作用。
2. 分析无人机在应急测绘中的应用价值和挑战。
3. 讨论无人机在电力行业中的应用前景。

项目10 无人机法律法规及空域申请

【思维导图】

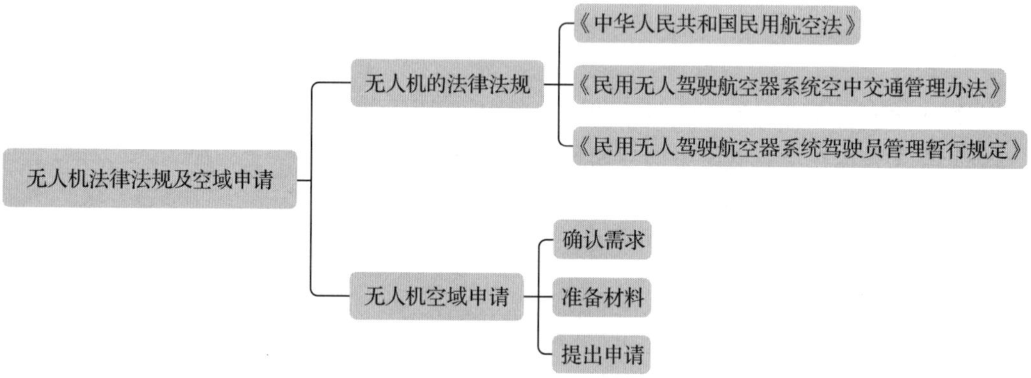

【项目导读】

本项目介绍无人机操作的法律法规和空域申请流程，确保飞行活动合法、安全。通过学习，将掌握无人机飞行的法律要求，熟悉空域申请步骤，为未来的无人机飞行之路奠定坚实基础。

【学习指南】

学习无人机法律法规及空域申请，首先要了解无人机的相关法律规定，确保飞行活动合法合规；其次要掌握无人机空域申请流程，了解申请材料和注意事项。

10.1 无人机的法律法规

无人机测绘是一种利用无人机进行地理信息采集的技术。在应用过程中，需要遵守相关的法律法规和行业规范，以确保测绘数据的准确性和合法性。

《中华人民共和国民用航空法》规定：任何组织或者个人不得破坏民用无人驾驶航空器飞行控制系统；未经批准擅自飞行的，由公安机关责令停止违法行为，处五万元以上二十万元以下的罚款；情节严重的，可以并处吊销经营许可证。

《民用无人驾驶航空器系统空中交通管理办法》规定：民用无人驾驶航空器系统应当按照有关法律法规规章和技术标准的规定申请适航审定后投入使用；民用无人驾驶航空器系统的设计单位、生产单位、使用单位应当对民用无人驾驶航空器系统飞行安全负责。

《民用无人驾驶航空器系统驾驶员管理暂行规定》规定：民用无人驾驶航空器系统驾驶员应当符合民航局有关规定要求。

无人机测绘需要在法律框架内进行操作，确保数据的安全性和合法性。同时，也需要加强监管力度，保障用户的合法权益和公共安全。在进行无人机测绘之前，需要了解并遵守相关的法律法规和标准，以确保数据的合法性、准确性和安全性。可参考以下特定规定。

(1)飞行许可。无人机测绘可能需要获得相关的飞行许可或批准。这些许可可能由当地政府机构或空中交通管制机构颁发。在某些地区，无人机飞行可能需要注册或获得特殊许可，以确保无人机在指定的空域内运行。

(2)隐私和数据保护。无人机测绘可能会涉及隐私问题和敏感数据的保护。在某些地区，无人机飞行可能会受到限制，以保护个人隐私和机密信息的安全。在无人机测绘过程中，需要遵守相关法律法规，以确保个人数据的合法使用和隐私保护。

(3)设备和操作标准。无人机测绘需要使用专门的设备和仪器进行地理信息采集和处理。这些设备和仪器需要符合相关标准和规定，以确保数据的准确性和可靠性。此外，无人机的操作也需要符合相关规定和标准，以确保安全性和合规性。

(4)航空地图和地形数据的使用。无人机测绘需要使用航空地图和地形数据来进行地理信息采集和处理。这些数据的获取和使用也需要遵守相关法律法规的规定，以确保数据的准确性和合法性。

(5)事故报告和责任追究。无人机测绘过程中发生的事故和意外可能需要报告给相关部门，并追究相关人员的责任。在某些地区，无人机操作者可能需要承担法律责任，包括刑事责任和民事赔偿。

10.2 无人机空域申请

无人机的空域申请主要根据《民用无人驾驶航空器系统空中交通管理办法》来实现。以下是申请无人机空域的步骤和注意事项。

1. 确认需求

首先要明确无人机的使用目的。根据《民用无人驾驶航空器系统空中交通管理办法》，无人机的使用大致可分为以下 4 种情形。

(1)微型、轻型、小型无人驾驶航空器在适飞空域内的飞行活动。

(2)常规农用无人驾驶航空器作业飞行活动。

(3)警察、海关、应急管理部门辖有的无人驾驶航空器,在其驻地、地面(水面)训练场、靶场等上方不超过真高 120 m 的空域内的飞行活动。但是,需在计划起飞 1 h 前经空中交通管理机构确认后方可起飞。

(4)民用无人驾驶航空器在民用运输机场管制地带内执行巡检、勘察、校验等飞行任务。但是,需定期报空中交通管理机构备案,并在计划起飞 1 h 前经空中交通管理机构确认后方可起飞。

2. 准备材料

申请无人机空域时,需要准备以下材料。

(1)公司资质,如测绘资质、通用航空经营许可证等。

(2)飞手执照及身份信息。

(3)飞行器参数信息。

(4)飞行范围、时间、高度等信息。

(5)任务证明材料。

3. 提出申请

组织无人机飞行活动的单位或者个人应当在拟飞行前 1 日 12 时前向空中交通管理机构提出飞行活动申请。空中交通管理机构应当在飞行前 1 日 21 时前做出批准或者不予批准的决定。

在飞行前一日,组织无人机飞行活动的单位或者个人还需要按批文的要求发送次日飞行计划传真报备,并在飞行当天进行起降报备。

需要注意的是,如果无人机要执行的任务涉及高度越高、运载危险品或者投放物品等情况,需要依照规定提出飞行活动申请。如果无人机要在移动的交通工具上操控,或者实施分布式操作或者集群飞行,也需要提前向空中交通管理机构提出申请。

特殊情况说明:对于空域申请,各个战区空管部门审核的资料可能会有所不同。

总体来说,无人机的空域申请过程相对复杂,因此在确定飞行计划之前,请仔细阅读相关法律法规和安全规定,并尽可能提前向有关部门提出申请。同时,在使用无人机时,一定要注意安全,遵守相关规定,避免影响公共安全和他人利益。

思政小课堂

中国现代大地测量学的开拓者和带头人——陈俊勇

陈俊勇,男,浙江宁波人,大地测量学家,中国科学院院士。陈俊勇于 1960 年本科毕业于武汉测绘学院;1968 年获硕士学位;1981 年获奥地利格拉茨技术大学科学技术博士学位;1982 年后,先后担任国家测绘地理信息局总工程师、局长、特邀顾问;1991 年当选为中国科学院学部委员(院士)。

陈俊勇主要从事几何大地测量、卫星大地测量、地球重力场参数计算等方面的研究。

陈俊勇推导的世界“1980 年大地参考系”全套参数计算公式被国际组织

IUGG采用。主持推算和提供中国首次民用地心坐标转移参数。主持1975年和1992年珠穆朗玛峰高程计算工作。主持建立中国GPS网，主持计算中国2000大地水平面。在建立和完善中国三维地心坐标基准、重力测量基准、经度基准、消除精密水准测量系统误差、航测检定场、长度野外检定基线等测绘基准方面作出贡献。

2016年11月11日同济大学校史馆网站显示，陈俊勇已发表专著10部，其中有《卫星多普勒定位》《地面参照系定向理论基础》《地面参照系的现代定向理论和地球自转运动》等。在国内外发表论文150余篇。

作为中国大地测量学的奠基人之一，陈俊勇始终致力于推动中国大地测量基准的现代化，为国家的测绘事业作出了卓越贡献，展现出了强烈的爱国精神；在大地测量和地球物理学方面精深研究，追求真实、准确的数据和结果，展现出了求实的精神；在我国大地测量领域进行了一系列开创性的研究工作，填补了多项空白，体现出了勇于创新的精神。

作业习题

一、选择题

1. 根据我国的法律法规，以下哪项关于无人机飞行的说法是正确的？（　　）
   A. 无人机可以在任何时间、任何地点自由飞行
   B. 无人机飞行必须遵守相关的法律法规和飞行规则
   C. 无人机飞行只需考虑飞行安全，无须其他许可
   D. 无人机飞行不受空管部门管理
2. 无人机空域申请的主要目的是什么？（　　）
   A. 确保无人机飞行的安全性　　B. 提高无人机的飞行速度
   C. 增加无人机的飞行高度　　D. 减少无人机的维护成本
3. 在我国，哪个部门负责无人机的空域管理？（　　）
   A. 民航局　　B. 公安部
   C. 国防部　　D. 生态环境部
4. 无人机飞行前，需要进行实名登记的是？（　　）
   A. 无人机制造商　　B. 无人机所有者
   C. 无人机操作者　　D. 无人机维修人员
5. 无人机在飞行中违反法律法规，可能会受到哪种处罚？（　　）
   A. 警告　　B. 罚款
   C. 拘留　　D. 以上都有可能
6. 以下哪项不是无人机空域申请时需要提供的信息？（　　）
   A. 飞行计划　　B. 无人机型号

C. 操作者驾驶证　　D. 操作者的年龄和性别

7. 在无人机飞行中,以下哪项行为是违法的?(　　)

A. 在规定的空域内飞行　　B. 遵守飞行高度和速度限制

C. 未经许可进入限制空域　　D. 保持与空管部门的通信联系

8. 无人机在飞行中,如遇到紧急情况需要改变飞行计划,应该怎么做?(　　)

A. 立即执行改变计划　　B. 向空管部门报告并等待指令

C. 自行决定最佳飞行路线　　D. 忽略改变计划,继续原计划飞行

9. 无人机在何种情况下需要申请特殊空域使用许可?(　　)

A. 飞行高度低于 50 m　　B. 飞行距离不超过 10 km

C. 在军事禁区或机场附近飞行　　D. 飞行时间不超过 30 min

10. 以下哪项是无人机法律法规制定的主要目的?(　　)

A. 促进无人机产业发展　　B. 提高无人机飞行速度

C. 确保无人机飞行的安全和秩序　　D. 降低无人机制造成本

二、简答题

1. 简述无人机法律法规的重要性。
2. 无人机空域申请的一般流程是什么?
3. 无人机在飞行中遇到违反法律法规的情况,应该如何应对?

项目11 测绘成果质量检查与验收

【思维导图】

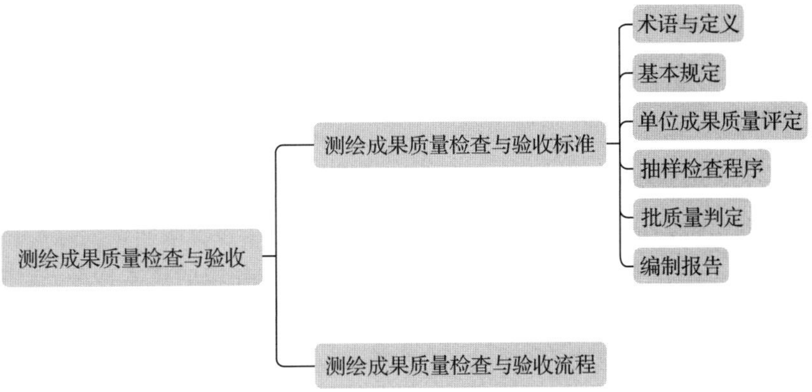

【项目导读】

测绘成果质量检查与验收是测绘工作的重要环节，它关乎成果的准确性和可靠性。本项目介绍测绘成果质量检查与验收的标准、规定和流程。学习如何根据质量评定标准对单位成果进行质量评定，掌握抽样检查程序和批质量判定方法。同时，了解如何编制检验报告，确保成果质量。通过实践操作，将学会如何运用这些方法和技巧，提升测绘成果质量。

【学习指南】

学习测绘成果质量检查与验收，了解测绘成果质量的标准和要求，掌握质量检查与验收的基本流程和方法。熟悉质量检查与验收的具体步骤和技巧，从而提高成果的准确性和可靠性。遵守相关法规和规范，确保测绘成果质量检查与验收的合法性和准确性。

11.1 测绘成果质量检查与验收标准

1. 术语与定义

(1)单位成果。为实施抽样检验的需要而划分的基本单位。例如,大地测量产品中以“点”或“测段”为单位的各等级三角点、导线点、GNSS 点、天文点、水准测段、重力点等;摄影测量与遥感测绘产品和地图制图与印刷产品中的以“幅”为单位的各种比例尺地形图、影像平面图等;地籍测绘产品中以“幅”为单位的各种比例尺地籍测绘成果等。

(2)检验批(简称批)。为实施抽样检验而汇集起来的单位成果。

(3)样本单位。从批中抽取的用于检验的单位成果。

(4)样本。从批中抽取的用于检验的单位成果的全体。

(5)质量特性。满足用户要求和使用目的的产品质量特点,将其与测绘产品结合起来,可以归纳成技术性能、技术指标、外观整饰等质量特点。

(6)权。单位成果的各质量特性在整个单位成果质量中所占的比重。

(7)随机抽样。从包含 N 个个体的总体中抽取 n 个,抽样时,使构成总体的单位都以相同的概率包括在样本中。

(8)详查。对样本进行的全面检查。

(9)概查。对样本以外的、影响产品质量的重要质量特性和带倾向性问题所做的检查。

(10)过程检查。在作业组(人员)自查互检的基础上,按相应的技术标准、技术设计书和有关的技术规定,对作业组生产的产品所进行的全面检查。

(11)最终检查。在过程检查的基础上,生产单位对作业组生产的产品所进行的再一次全面检查。

(12)验收。为判断受检批能否被接受而进行的检查。

2. 基本规定

(1)二级检查一级验收。测绘成果质量通过二级检查和一级验收方式进行控制,测绘成果应依次通过测绘单位作业部门的过程检查、测绘单位质量管理部门的最终检查和项目管理单位组织的验收或委托具有资质的质量检验机构进行质量验收。要求如下:

①测绘单位实施成果质量的过程检查和最终检查。过程检查采用全数检查。最终检查一般采用全数检查,涉及野外检查项的可采用抽样检查,样本以外的应实施内业全数检查。

②验收一般采用抽样检查。质量检验机构应对样本进行详查,必要时可对样本以外的单位成果的重要检查项进行概查。

③各级检查验收工作应独立、按顺序进行,不得省略、代替或颠倒顺序。

④最终检查应审核过程检查记录,验收应审核最终检查记录。审核中发现问题作为资料质量错漏处理。

(2)检查验收依据。有关的法律法规,有关的国家标准、行业标准、设计书、测绘任务书、合同书和委托验收文件等。

(3)数学精度检测。

①图类单位成果高程精度检测、平面位置精度检测及相对位置精度检测,检测点(边)应分

布均匀、位置明显。检测点(边)数量视地物复杂程度、比例尺等具体情况确定,每幅图一般各选取 20～50 个。

②按单位成果统计数学精度,困难时可以适当扩大统计范围。

③在允许中误差 2 倍以内(含 2 倍)的误差值均应参与数学精度统计,超过允许中误差 2 倍的误差视为粗差。同精度检测时,在允许中误差 $2\sqrt{2}$ 倍以内(含 $2\sqrt{2}$ 倍)的误差均应参与数学精度统计,超过允许中误差 $2\sqrt{2}$ 倍的误差视为粗差。

④检测点(边)数量<20 时,以误差的算术平均值代替中误差;数量>20 时,按中误差统计。

⑤高精度检测时,中误差计算按式 11-1 执行。

$$M = \pm \sqrt{\frac{\sum_{i=1}^{n} \Delta_i^2}{n}} \tag{11-1}$$

式中:M 为成果中误差;N 为检测点(边)总数;Δ_i 为较差。

⑥同精度检测时,中误差计算按式 11-2 执行。

$$M = \pm \sqrt{\frac{\sum_{i=1}^{n} \Delta_i^2}{n}} \tag{11-2}$$

式中:M 为成果中误差;N 为检测点(边)总数;Δ_i 为较差。

(4)质量等级。

①样本及单位成果质量采用优、良、合格和不合格四级评定。

②测绘单位评定单位成果质量和批成果质量等级。验收单位根据样本质量等级核定批成果质量等级。

(5)记录及报告。

①检查验收记录包括质量问题及其处理记录、质量统计记录等。记录填写应及时、完整、规范、清晰,检查人员和校核人员的签名后的记录禁止更改、增删记录。

②最终检查完成后,应编写检查报告;验收工作完成后,应编写检验报告。检查报告和检验报告随测绘成果一并归档。

(6)质量问题处理。

①验收中发现有不符合技术标准、技术设计书或其他有关技术规定的成果时,应及时提出处理意见,交测绘单位进行改正。当问题较多或性质较重时,可将部分或全部成果退回测绘单位或部门重新处理,然后再进行验收。

②经验收判为合格的批,测绘单位或部门要对验收中发现的问题进行处理,然后进行复查。经验收判为不合格的批,要将检验批全部退回测绘单位或部门进行处理,然后再次申请验收。再次验收时应重新抽样。

③过程检查、最终检查中发现的质量问题应及时改正。过程检查、最终稿检查工作中,当对质量问题的判定存在分歧时,由测绘单位总工程师裁定;验收工作中,当对质量问题的判定存在分歧时,由委托方或项目管理单位裁定。

3. 单位成果质量评定

(1)质量表征。单位成果质量水平以百分制表征。

(2)质量元素与错漏分类。单位成果质量元素及权、错漏分类按相应的质量检验技术规程执行。

(3)权的调整原则。质量元素、质量子元素的权一般不做调整，当检验对象不是最终成果(一个或几个工序成果、某几项质量元素等)时，按所列相应权的比例调整质量元素的权，调整后的成果各质量元素权之和应为 1.0。

(4)质量评分方法。

①数学精度评分方法。数学精度按表 11-1 的规定采用分段直线内插的方法计算质量分数；多项数学精度评定分时，单项数学精度得分均大于 60 分时，取其算术平均值或加权平均。

表 11-1　数学精度评分标准

数学精度值	质量分数
$0 \leqslant M \leqslant 1/3 \times M_0$	$s=100$ 分
$1/3 \times M_0 \leqslant M \leqslant 1/2 \times M_0$	90 分$\leqslant s <$100 分
$1/3 \times M_0 \leqslant M \leqslant 3/4 \times M_0$	75 分$\leqslant s <$90 分
$3/4 \times M_0 \leqslant M \leqslant M_0$	60 分$\leqslant s <$75 分

$M_0 = \pm\sqrt{m_1^2 + m_2^2}$

式中：M_0 为允许中误差的绝对值；m_1 为规范或相应技术文件要求的成果中误差；m_2 为检测中误差(高精度检测时取 $m_2=0$)。

注：1. M 为成果中误差的绝对值。2. s 为质量分数(分数值根据数学精度的绝对值所在区间进行内插)。

②成果质量错漏扣分标准。成果质量错漏扣分标准按表 11-2 执行。

表 11-2　数学精度评分标准

数学精度值	质量分数
A 类	42 分
B 类	$12/t$ 分
C 类	$4/t$ 分
D 类	$1/t$ 分

注：一般情况下取 $t=1$。需要进行调整时，以困难类别为原则，按《测绘生产困难类别细则》进行调整(平均类别 $t=1$)。

③质量子元素评分方法。

数学精度：根据成果数学精度值的大小，按表 11-1 的要求评定数学精度的质量分数，即得到 S_2。

其他质量子元素：首先将质量子元素得分预置为 100 分，根据表 11-2 的要求对相应质量子元素中出现的错漏逐个扣分。S_2 的值按式 11-3 计算。

$$S_2 = 100 - \left(a_1 \times \frac{12}{t} + a_2 \times \frac{4}{t} + a_3 \times \frac{1}{t}\right) \tag{11-3}$$

式中：S_2 为质量子元素得分；a_1、a_2、a_1 为质量子元素中相应的 B 类错漏、C 类错漏、D 类错漏；t 为扣分值调整系数。

④质量元素评分方法。采用加权平均法计算质量元素得分。S_1 的值按式 11-4 计算。

$$S_1=\sum_{i=1}^{n}(S_{2i}\times p_i) \tag{11-4}$$

式中：S_1、S_{2i} 为质量元素、相应质量子元素得分；p_i 为相应质量子元素的权；n 为质量元素中包含的质量子元素个数。

⑤单位成果质量评分。采用加权平均计算单位成果质量得分。S 的值按式 11-5 计算：

$$S=\sum_{i=1}^{n}(S_{1i}\times p_i) \tag{11-5}$$

式中：S、S_{1i} 为单位成果质量、质量元素得分；p_i 为相应质量元素的权；n 为单位成果中包含的质量元素个数。

(5)单位成果质量评定。当单位成果出现以下情况之一时，即判定为不合格：

①单位成果中出现 A 类错漏。

②单位成果高程精度检测、平面位置精度检测及相对位置精度检测，任一项粗差比例超过 5%。

③质量子元素质量得分小于 60 分。

根据单位成果的质量得分，按表 11-3 划分质量等级。

表 11-3　数学精度评分标准

质量等级	质量得分
优	$S\geqslant 90$ 分
良	75 分$\leqslant S<90$ 分
合格	60 分$\leqslant S<75$ 分
不合格	$S<60$ 分

4. 抽样检查程序

(1)确定样本量。根据检验批的批量按表 11-4 确定样本量。

表 11-4　批量与样本量对照

批量	样本量
1～20	3
21～40	5
41～60	7
61～80	9
81～100	10
101～120	11
121～140	12

续表11-4

批量	样本量
141～160	13
161～180	14
181～200	15
≥201	分批次提交，批次数量最小，各批次的批量应均匀

注：当样本量等于或大于批量时，则全数检查

(2)抽取样本。

①样本应分布均匀。

②以“点”“景”“幅”“测段”“幢”或“区域网”等为单位在检验批中随机抽取样本。一般采用简单随机抽样，也可根据生产方式或时间、等级等采用分层随机抽样。

③按样本量，从批成果中提取样本，并提取单位成果的全部有关资料。下列资料按100%提取样品原件或复印件：

项目设计书、专业设计书，生产过程中的补充规定；技术总结，检查报告及检查记录；仪器检定证书和检验资料复印件；其他需要的文档资料。

(3)检验。根据测绘成果的内容与特性，分别采用详查和概查的方式进行检验。

①详查。根据各单位成果的质量元素及检查项，按有关的规范、技术标准和技术设计的要求逐个检验单位成果并统计存在的各类差错数量，按照单位成果质量评定的要求评定单位成果质量。

②概查。概查一般只记录A类、B类错漏和普遍性问题。若概查中未发现A类错漏或B类错漏<3个时，判定成果概查为合格；否则，判定成果概查为不合格。

(4)样本质量判定。

①当样本中出现不合格单位成果时，判定样本质量为不合格。

②全部单位成果合格后，根据单位成果的质量得分，按算术平均方式计算样本质量得分S，按表11-5判定样本质量等级。

表11-5　批量与样本量对照

质量等级质量得分	质量得分
优	$s \geq 90$ 分
良	75分 $\leq s <$ 90分
合格	60分 $\leq s <$ 75分

5. 批质量判定

(1)最终检查批成果质量评定。最终检查批成果合格后，按以下原则评定批成果质量等级。

①优级。优良品率达到90%以上，其中优级品率达到50%以上。

②良级。优良品率达到80%以上，其中优级品率达到30%以上。

③合格。未达到上述标准的。

(2)批成果质量核定。验收单位根据判定的样本质量等级，核定批成果质量等级。当测绘单位未判定批成果质量等级，或验收单位判定的样本质量级与测绘单位判定的批成果质量等

级不一致时,以验收单位判定的样本质量等级作为批成果质量等级。

(3)批成果质量判定。

①生产过程中,使用未经计量检定或检定不合格的测量仪器,均判定为批不合格。

②当详查和概查均为合格时,判定为批合格;否则,判定为批不合格。若验收中只实施了详查,则只依据详查结果判定批质量。

③当详查或概查中发现伪造成果现象或技术路线存在重大偏差,均判定为批不合格。

6. 编制报告

检查报告、检验报告的内容、格式均按 GB/T 18316-2008 的规定执行。

11.2 测绘成果质量检查与验收流程

如图 11-1 所示,质量检查与验收工作流程包括:检验前准备、抽样、成果质量检验、概查与详查、质量评定、报告编制和资料整理。

(1)收集相关的技术资料及标准,准备检验仪器设备,明确检查内容及方法,统一检验要求及评价方法、标准,准备检验物资,制订工作计划。重点、重大测绘项目或有必要的应根据需要编制检验方案,组织培训。

(2)确定样本方案、抽取样本、提取资料等。

(3)对批成果质量实施概查及详查。

(4)对单位成果及样本进行质量判定,对批成果进行质量判定及检验批成果质量判定。

(5)按相关要求编制检验报告。

(6)汇总、整理、完善检验记录、数据、资料,按档案管理要求存档。

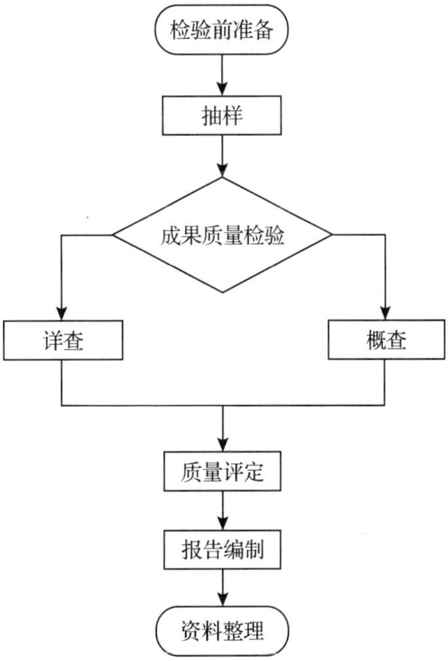

图 11-1 质量检查与验收流程

思政小课堂

地图学与地理信息系统学家——高俊

高俊,男,1933 年 10 月 7 日出生于北京市,地图学与地理信息系统学家、中国科学院院士。主要从事理论地图学、数字地图及地理信息系统研究。

高俊于 1956 年毕业于解放军测绘学院,同年留校任教;1980 年赴荷兰国际空间与地球科学学院进修;1984 年担任郑州测绘学院副院长;1988 年 9 月授少将军衔;1999 年当选为中国科学院院士。

高俊在从教的 60 多年中,从教学实践到科学研究和学科建设做了大量工作,尤其重视以新的科学思想和前沿技术更新传统测绘工程与地图学的理论、方法,教学成果显著。

高俊在理论地图学、数字地图及地理信息系统方面有深入的研究，曾支持和参加中国多种大型地图集和地图的论证、设计工作。在明、清地图史和世界近代基础测绘史领域的研究亦有建树。20 世纪 70 年代后大力推进以计算机为基础的数字制图系统的开发，并将认知科学和人工智能方法引进地图学，在地图设计专家系统、空间数据可视化和认知地图学的研究领域做了大量工作。

20 世纪 90 年代初将虚拟现实(VR)与数字地图技术相结合用于战场地形环境仿真，获得军队科技进步奖一等奖。2005 年，高俊因长期在地图学与地理信息系统学科建设上的突出贡献获国家教学成果奖一等奖。

高俊作为中国测绘行业的领军人物，始终将国家的利益放在首位，致力于推动中国测绘事业的进步，展现了强烈的爱国精神；在测绘领域取得了卓越的科研成果，多次引领行业的技术革新，体现了勇于创新、不断探索的精神；在科研工作中追求真实、准确的数据和结果，对工作一丝不苟，严谨务实，体现了求实的精神；为国家的测绘事业奉献了毕生的精力，不计名利，无私奉献，展现了崇高的奉献精神。

作业习题

一、选择题

1. 在测绘成果质量检查与验收中，以下哪项不是必须考虑的因素？（　　）
   A. 数据的准确性　　B. 测绘方法的选择
   C. 测绘仪器的精度　　D. 测绘人员的年龄
2. 测绘成果质量检查与验收的主要目的是什么？（　　）
   A. 提高测绘速度　　B. 确保测绘数据的可靠性和完整性
   C. 降低测绘成本　　D. 优化测绘方法
3. 按照《测绘成果质量检查与验收》，以下哪项不是质量检查的内容？（　　）
   A. 测绘数据的精度　　B. 测绘成果的完整性
   C. 测绘仪器的工作状态　　D. 测绘人员的技能水平
4. 测绘成果质量检查与验收流程中，通常首先进行的是哪个步骤？（　　）
   A. 成果分析　　B. 质量检查
   C. 验收准备　　D. 问题整改
5. 在测绘成果质量检查中，如果发现数据存在误差，应如何处理？（　　）
   A. 忽略不计　　B. 进行数据修正
   C. 重新进行测绘　　D. 提交给上级决定
6. 在测绘成果质量验收阶段，验收的主要依据是什么？（　　）
   A. 测绘合同　　B. 测绘计划
   C. 测绘规范　　D. 测绘人员意见

7. 测绘成果质量检查与验收中，哪项措施有助于提高测绘数据的准确性？（　　）

A. 减少测绘人员的数量　　B. 使用高精度的测绘仪器

C. 缩短测绘周期　　D. 增加测绘区域的面积

8. 测绘成果质量检查与验收流程中，问题整改环节通常在哪个阶段进行？（　　）

A. 质量检查前　　B. 质量检查后

C. 验收阶段　　D. 测绘结束后

9. 根据《测绘成果质量检查与验收》，哪些成果文件是必须提交的？（　　）

A. 测绘计划　　B. 测绘合同

C. 测绘原始数据　　D. 测绘人员培训记录

10. 测绘成果质量通过（　　）级检查（　　）级验收方式进行控制。

A. 二、二　　B. 一、一

C. 二、一　　D. 一、二

二、简答题

1. 简述测绘成果质量检查与验收流程的主要步骤。

2.《测绘成果质量检查与验收》的主要内容是什么？

3. 在测绘成果质量检查与验收中，如何确保测绘数据的准确性？

项目12 无人机摄影测量职业技能等级证书

【思维导图】

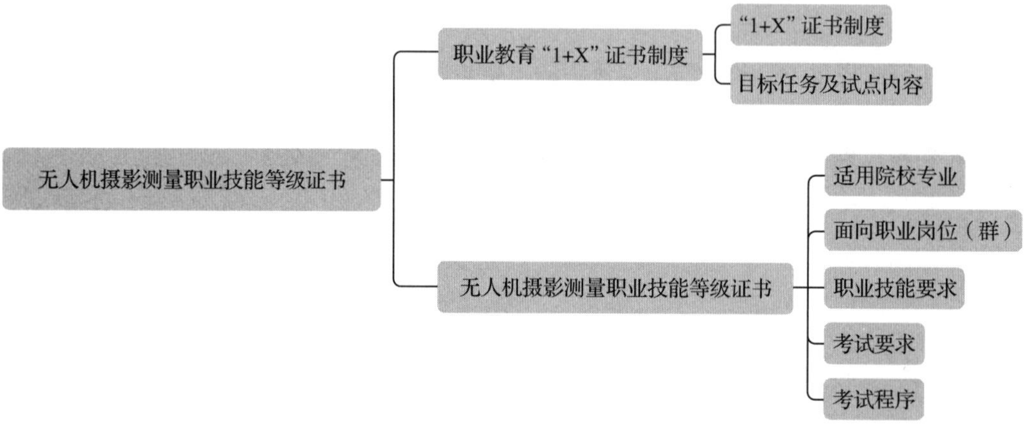

【项目导读】

无人机摄影测量是当今测绘领域的新兴技术，而无人机摄影测量职业技能等级证书则是衡量从业者技能水平的重要标准。本项目将详细解读这一证书的相关内容，包括证书制度的背景、适用范围、考试要求以及取得证书的条件等。

【学习指南】

学习无人机摄影测量职业技能等级证书，要了解证书的背景和要求，明确自己的学习目标。通过学习无人机摄影测量的基本理论，掌握相关的知识和技能。关注行业动态，了解最新的技术和应用趋势。积极参加实践项目，锻炼自己的实际操作能力。同时，参加相关的培训和考试，取得无人机摄影测量职业技能等级证书。

12.1　职业教育“1+X”证书制度

1. “1+X”证书制度

2019年，教育部等四部门印发《关于在院校实施“学历证书＋若干职业技能等级证书”制度试点方案》，部署启动“学历证书＋若干职业技能等级证书”（简称“1＋X”证书）制度试点工作。

“1”代表学历证书，是学生在学制系统内实施学历教育的学校或者其他教育机构中完成了学制系统内一定教育阶段学习任务后获得的文凭；“X”代表若干职业技能等级证书，是学生在获得学历证书的同时，为了提高就业能力、职业技能和实践水平，取得的多类职业技能等级证书。

把学历证书与职业技能等级证书结合起来，探索实施“1＋X”证书制度，是《国家职业教育改革实施方案》（“职教20条”）的重要改革部署，也是重大创新。试点工作将按照高质量发展的要求，坚持以学生为中心，深化复合型技术技能人才培养培训模式和评价模式改革，提高人才培养质量，畅通技术技能人才成长通道，拓展就业创业本领。

2. 目标任务及试点内容

目标任务是：自2019年开始，重点围绕服务国家需要、市场需求、学生就业能力提升，从10个左右领域做起，启动“1＋X”证书制度试点工作。落实“放管服”改革要求，以社会化机制招募职业教育培训评价组织（以下简称培训评价组织），开发若干职业技能等级标准和证书。有关院校将“1＋X”证书制度试点与专业建设、课程建设、教师队伍建设等紧密结合，推进“1”和“X”的有机衔接，提升职业教育质量和学生就业能力。通过试点，深化教师、教材、教法“三教”改革；促进校企合作；建好用好实训基地；探索建设职业教育国家“学分银行”，构建国家资历框架。

试点内容包括：一是培育培训评价组织；二是开发职业技能等级证书；三是融入专业人才培养；四是实施高质量职业培训；五是严格职业技能等级考核与证书发放；六是探索建立职业教育国家“学分银行”；七是建立健全监督、管理与服务机制。

12.2　无人机摄影测量职业技能等级证书

1. 适用院校专业

中等职业院校：地图制图与地理信息系统、地质与测量、国土资源调查、地质灾害调查与治理施工、环境监测技术、地质调查与找矿、城镇建设、道路与桥梁工程施工、工程测量、数字影像技术等专业。

高等职业学校：林业调查与信息处理、国土资源调查与管理、地质调查与矿产普查、工程地质勘查、地球物理勘探技术、地质灾害调查与防治、环境地质工程、岩土工程技术、工程测量技术、摄影测量与遥感技术、测绘工程技术、测绘地理信息技术、地籍测绘与土地管理、矿山测量、测绘与地质工程技术、导航与位置服务、地图制图与数字传播技术、地理国情监测技术、国土测绘与规划、飞行器制造技术、飞机机载设备制造技术、无人机应用技术等专业。

应用型本科学校：测绘工程、遥感科学技术、导航工程、地理国情监测、地理空间信息工程、地质工程、资源勘查工程、人文地理与城乡规划、地理信息科学等专业。

2. 面向职业岗位(群)

主要面向自然资源、住房和城乡建设、林业和草原、生态环境、交通运输、水利水电、农业农村、文化和旅游、应急管理、国防、公安消防等部门，从事自然资源调查、农林监测、电力巡检、国土测绘、智慧城市建设、城市规划、道路勘测、智慧旅游、应急监测、生态环境监测、矿产环境监测、矿产地质勘察、智慧消防等工作。

3. 职业技能要求

(1)职业技术等级划分。无人机摄影测量职业技能等级分为三个等级：初级、中级、高级。三个级别依次递进，高级别涵盖低级别职业技能要求。

【无人机摄影测量】(初级)：掌握摄影测量基本概念、基本原理；掌握无人机构造及飞行操作；了解像控点布设方法，按照规范要求进行像控点测量；初步掌握空三加密、DSM、DOM 数据生产方法。

【无人机摄影测量】(中级)：掌握无人机航空摄影技术要求；掌握无人机地面站参数设置及航空摄影操作；掌握像控点布设及测量的技术要求；熟练掌握空三加密、DEM、DOM 和 DLG 数据生产流程。

【无人机摄影测量】(高级)：掌握技术设计书、技术总结编写；掌握无人机飞行原理、无人机保养、维修；掌握倾斜摄影航摄流程；掌握无人机航摄成果的可靠性检测；完成空三加密成果的接边、格式转换；掌握实景三维模型制作及编辑；掌握无人机摄影测量数字产品的行业应用。

(2)职业技能等级描述。

无人机摄影测量职业技能等级要求见表 12-1 至表 12-3。

表 12-1 无人机摄影测量职业技能等级要求(初级)

工作领域	工作任务	职业技能要求
1. 无人机航摄	设备检测	能完成机体、机臂安装检查； 能完成发动机转速、转向检查； 能完成螺旋桨旋转方向检查； 能完成无人机航电线路检查； 能完成无人机与遥控设备连接检查； 能完成地面站通信连接检查
	像片航拍	能根据三维地图软件判定测区高差； 能根据任务要求选择起降场地； 能使用地面站进行航线规划
	成果整理	能检查原始像片与 POS(航摄轨迹)数据的一致性； 能对 POS 数据进行预处理； 掌握像片成果的质量要求

续表12-1

工作领域	工作任务	职业技能要求
2. 像控点采集	像控点布设	能根据布点方案从原始像片中挑选刺点像片； 能按规范要求从刺点像片上标注像控点点位； 能对像控点按规定进行编号； 能制作像控点测量线路图
	像控点测量	能依据布设方案实地选择合理的像控点点位； 能在 GNSS 设备中设置椭球参数、投影参数； 能在 GNSS 设备中设置平面及高程坐标转换参数； 能进行像控点坐标测量； 能采集像控点点位照片
	成果资料整理	能输出像控点原始坐标文件； 能编辑像控点成果文件； 能整理像控点点位照片
3. 数据生产	空三加密	能编辑 POS 数据； 能对航摄像片进行畸变纠正； 能建立空三加密工程； 能自动匹配同名像点； 能进行像控点转刺； 能进行区域网平差
	DEM 生产	能进行密集点云匹配密度、最少匹配数设置； 能进行密集点云滤波、平滑表面设置； 能根据需求设置 DSM 格网间距； 能输出不同格式的 DSM 成果
	DOM 生产	能快速拼接正射影像图； 能设置正射影像分辨率； 能设置正射影像数据格式； 能根据正射影像图进行面积、长度量算

表 12-2　无人机摄影测量职业技能等级要求(中级)

工作领域	工作任务	职业技能要求
1. 无人机航摄	设备检测	能通过遥控器测试无人机动力； 能正确连接任务载荷； 能通过试拍照片检查挂载相机工作状态； 能正确架设无人机通信电台及定位设备； 能完成校准磁罗盘；

续表12-2

工作领域	工作任务	职业技能要求
1. 无人机航摄	像片航拍	能完成航线文件的格式转换； 能根据地形与气象因素实时规划飞行航线； 能通过地面站设置飞行参数； 能操作地面站进行航线的下载、上传； 能检查任务航线和降落航线的正确性和完整性； 能通过地面站监测无人机影像采集过程
	成果整理	能检查像片的航向重叠度、旁向重叠度、像片的倾角、航线弯曲度； 能检查像片的色彩、清晰度、曝光度； 能按照作业要求对像片重命名； 能对像片进行色彩、亮度调整
2. 像控点采集	像控点布设	能将 POS 数据和快拼影像图套合； 能根据成果精度要求选择航向控制点和旁向控制点跨度； 能按照航向控制点和旁向控制点跨度确定像控点点位； 能根据规范要求及地形情况对不满足测量条件的像控点点位进行调整； 能整理像控点布设成果资料
	像控点测量	能根据实际地形调整像控点点位； 能完成像控点坐标测量； 能正确填写像控点观测手簿
	成果资料整理	能输出像控点原始坐标文件； 能编辑像控点成果文件； 能整理像控点点位照片； 能汇总像控点成果资料
3. 数据生产	空三加密	能检查连接点的精度； 能人工添加连接点； 能根据项目精度要求设置定向点和检查点的标准差； 能检查空三加密成果的精度； 能导出空三加密成果
	DEM 生产	能利用等高线、高程点数据生产 DEM； 能采集地形特征线； 能利用地形特征线编辑 DEM； 能通过立体模型编辑 DEM； 能进行 DEM 成果质量检查
	DOM 生产	能利用 DEM 数据生成单张 DOM； 能完成单张 DOM 的匀光、匀色； 能生成、编辑拼接线，完成影像拼接； 能利用检查点检测 DOM 精度

续表12-2

工作领域	工作任务	职业技能要求
3. 数据生产	DLG 生产	能进行影像的内定向、相对定向和绝对定向； 能进行像对的立体观察、立体量测； 能进行全要素地形图的采集； 能进行地形图的编辑、整饰； 能利用检查点检测地形图精度

表 12-3 无人机摄影测量职业技能等级要求(高级)

工作领域	工作任务	职业技能要求
1. 无人机航摄	设备检测	能检查飞控各项设置参数； 能通过地面站检查无人机内部高度传感器、气压传感器工作状态； 能对遥控器操纵模式、信号连接情况、电量情况、键位复位情况、天线位置进行检查； 能按任务要求选择无人机机型及挂载设备； 能设置挂载设备的参数
	像片航拍	能根据项目情况编写航测技术设计书； 能计算航高、拍照间距、航线间距等航摄因子； 能完成倾斜摄影航线规划及参数设置； 能处理无人机飞行过程中突发紧急情况
	成果整理	能对倾斜摄影 POS 数据进行预处理； 能对倾斜摄影像片进行质量检查； 能利用软件对航摄成果进行质量检查； 能编写航摄实施说明
2. 像控点采集	像控点布设	能完成 GNSS、IMU/GNSS 辅助航摄区域网布点； 能进行平面像控点航向基线数跨度估算； 能进行高程像控点航向基线数跨度估算； 根据成果质量要求及测区情况确定检查点点位； 能编写像控点布设方案技术设计书、技术总结
	像控点测量	能根据实际地形调整像控点点位； 能根据像控点布设方案设立人工标志； 能根据控制点资料计算坐标转换参数； 能利用控制点资料校核坐标转换参数； 能编写像控点测量技术总结
	成果资料整理	能输出像控点原始坐标文件； 能编辑像控点成果文件； 能整理像控点点位照片； 能完成像控点数字刺点片制作； 能完成像控点点之记制作； 能汇总像控点成果资料

续表12-3

工作领域	工作任务	职业技能要求
3. 数据生产	空三加密	能对空三加密成果格式进行转换； 能完成空三加密成果接边； 能编写空三加密技术总结
	DEM 生产	能进行 DEM 数据接边； 能进行 DEM 格式转换； 能制作 DEM 元数据； 能利用 DEM 进行坡度、坡向分析； 能利用 DEM 进行地形特征提取
	DOM 生产	能完成正射影像重采样； 能进行 DOM 数据接边； 能进行 DOM 分幅； 能制作 DOM 元数据； 能利用 DEM 和 DOM 生产三维场景； 能正确判读、解译正射影像图上的各类地理信息
	DLG 生产	能利用采编建库一体化软件生产 DLG 并录入属性； 能进行地形图坐标系统转换； 能制作地形图元数据； 能利用地形图进行断面图、坡度图制作
	实景三维模型生产	能对原始像片及 POS 数据进行预处理； 能使用专业软件进行空三加密； 能使用空三加密成果建立三维模型； 能输出三维模型成果； 能对三维模型结构及纹理进行编辑； 能对三维模型进行单体化

4. 考试要求

(1)证书取得条件。符合下列条件的学员，可以取得相应等级的证书：

①学校在校学生或相关从业人员。

②完成了《无人机摄影测量职业技能等级标准》要求的相应等级职业技能的理论知识培训学习。

③通过了考核相应等级的理论考试。

④完成了《无人机摄影测量职业技能等级标准》要求的相应等级的职业技能培训，并通过了实践技能考试。

(2)考试条件。

①理论考试学员应符合的条件：

理论考试学员必须接受并记录培训院校提供的理论教学，并于考试日期前 5 日，由试点院校为其在无人机摄影测量职业技能等级证书管理系统(以下简称系统)上传个人信息及理论考试申请。

理论考试前，学员须出示本人的有效身份证明(包括身份证、港澳居民来往内地通行证、台湾居民来往大陆通行证、护照)。

学员提供信息须准确无误，因信息有误对考试工作造成的影响由学员自行承担。

对于申请补考的学员，针对上次理论考试未通过的理论知识内容应进行必要的补充学习，具备通过理论考试的能力，且与上一次相同等级的理论考试日期间隔不少于15日。

②实践技能考试学员应符合的条件：

已通过相应等级的理论考试。

学员按照相应人才培养方案完成了对应等级的职业技能培训。

学员于考试日期前5日，由试点院校为其在系统提交实践技能考试申请。

实践技能考试前，学员须出示本人的有效身份证明(包括身份证、护照等)。

对于申请补考的学员，除须满足以上要求外，实践技能考试补考日期与上一次相同等级要求的实践技能考试日期间隔最少为15日。

5. 考试程序

根据《无人机摄影测量职业技能等级标准》，学员为了满足初级、中级与高级相应工作任务与职业技能要求，应具备相应的理论知识和实践技能。学员应先通过理论考试，然后参加实践技能考试。

(1)理论考试。

理论考试采用无纸化考试方式，学员需通过计算机登录证书理论考试系统，进行答题。具体答题时间与通过成绩见表12-4。

表12-4　答题时间与通过成绩

职业技能等级	时限/min	题目数量/题	通过分数
初级	100	50	60
中级	100	50	60
高级	100	100	60

(2)实践技能考试。

实践技能考试要求学员实际操作相关设备、软件进行数据处理，通过操作过程及成果资料来判定操作技能的成绩。

对于不是由于学员表现失败的原因中止考试，如无法预料的天气、设备故障或其他无法预料的情况等，考评员可以向学员声明中断考试。

实践技能考试时，考评员可给予学员必要的建议或协助。

实践技能中相应技能通过成绩均为60分，考试项目、具体要求及分数占比见下表12-5至表12-7。

表 12-5　初级具体要求、分数占比

序号	考试项目	具体要求	分数
1	无人机航摄飞行	完成无人机组装、检查； 完成无人机起飞、降落操作； 完成航线初步规划； 完成航摄成果的整理提交。	40
2	像控点采集	完成像控点坐标的测量； 完成像控点实地照片的拍摄。	20
3	4D 产品生产	完成影像快拼； 完成空三加密； 完成 DSM 自动生成。	40

表 12-6　中级具体要求、分数占比

序号	考试项目	具体要求	分数
1	无人机航空摄影	完成无人机与航摄仪的组装、设备性能检查； 完成地面站软件操作； 完成无人机航空摄影； 完成航摄成果的质量检查。	40
2	像控点采集	完成像控点布设方案的布设； 完成像控点成果整理及质量检查。	20
3	4D 产品生产	完成空三加密及质量评定； 完成 DEM 制作及质量评定； 完成 DOM 制作及质量评定； 完成 DLG 制作及质量评定。	40

表 12-7　高级具体要求、分数占比

序号	考试项目	具体要求	分数
1	无人机航空摄影	完成无人机保养、维修； 完成倾斜摄影航摄； 完成航摄设计书编写。	30
2	像控点采集	完成像控点布设设计书编写； 完成像控点标志的实地布设； 完成像控点坐标转换； 完成像控点刺点片制作。	10
3	4D 产品生产	完成空三加密的成果导出、接边及技术设计书的编写； 完成 DEM 格式转换、接边、分析应用； 完成 DOM 格式转换、接边、分析应用； 完成 DLG 坐标转换、数据库采集及应用。	40

续表12-7

序号	考试项目	具体要求	分数
4	倾斜摄影测量	完成实景三维模型的生产； 完成实景三维模型编辑； 完成实景三维模型单体化。完成实景三维模型编辑； 完成实景三维模型单体化。	20

思政小课堂

大地测量学家——宁津生

宁津生(1932—2020)，出生于天津，籍贯安徽桐城，中国共产党党员，大地测量学家、教育家，中国工程院院士。

宁津生1956年毕业于同济大学测量系工程测量专业，获得学士学位，之后进入武汉测量制图学院工作，历任助教、讲师、副教授、教授；1984年至1988年担任武汉测绘科技大学副校长；1988年至1997年担任武汉测绘科技大学校长；1995年当选为中国工程院院士；2000年担任武汉大学教授、博士生导师；2020年3月15日在武汉逝世，享年88岁。

宁津生长期从事大地测量领域的研究，在大地水准面、地球重力场模型、国家天文重力水准网等方面成果显著。

从20世纪50年代至70年代，宁津生主要研究我国天文重力水准的理论、方法和精度，其研究成果完善了当时由苏联专家为我国设计的天文重力水准布设方案。

20世纪70年代末至80年代初，宁津生在国内率先开展“利用最小二乘配置确定相对大地水准面的理论和方法”研究，其成果为确定我国大地原点的地心坐标及椭球定位提供了科学依据。

20世纪80年代，利用地球磁场和重力场与卫星的相互作用，宁津生采用磁力矩器和可用的一切手段设计出了一整套抢救卫星的技术方案。这在当时是一种大胆的和从没有人用过的方法，他和众多的科研人员经过75天的艰苦努力，使这颗濒临报废的“风云一号”卫星重新建立了三轴稳定的对地定向姿态。

20世纪80年代中后期，宁津生重点研究局部重力场的逼近理论，由他主持完成的国家自然科学基金高新技术项目和国家测绘科学基金项目180阶和360阶地球重力场模型研究，建立了迄今为止我国阶次最高、精度最好的地球重力场模型。

从青年意气风发到两鬓斑白，他长期从事大地测量的教学和科研工作，在研究地球重力场理论、局部地球重力场逼近技术、卫星重力学和固体潮等方面，为我国作出了很大的贡献。

参考文献

[1] 符长青．无人机空气动力学与飞行原理[M]．西安：西北工业大学出版社，2018.

[2] 官建军．无人机遥感测绘技术及应用[M]．西安：西北工业大学出版社，2018.

[3] 谢辉．无人机应用基础[M]．西安：西北工业大学出版社，2018.

[4] 于明清．无人机飞行控制技术[M]．西安：西北工业大学出版社，2018.

[5] 王增刚．无人机技术基础[M]．山东：中国石油大学出版社，2020.

[6] 肖冰松．机载雷达原理与系统[M]．北京：科学出版社，2023.

[7] 王守权．机载雷达导论[M]．北京：航空工业出版社，2018.

[8] 丁华．数字摄影测量及无人机数据处理技术[M]．北京：中国建材工业出版社，2018.

[9] 速云中．无人机测绘技术[M]．武汉：武汉大学出版社，2022.

[10] 王敏．摄影测量基础[M]．武汉：武汉大学出版社，2023.

[11] 国家测绘局．低空数字航空摄影测量内业规范：CH/Z3003-2010[S]．北京：测绘出版社，2010.

[12] 国家测绘局．低空数字航空摄影测量外业规范：CH/Z3004-2010[S]．北京：测绘出版社，2010.

[13] 国家测绘局．低空数字航空摄影规范：CH/Z3005-2010[S]．北京：测绘出版社，2010.

[14] 国家测绘局．数字航空摄影测量　空中三角测量规范：GB/T23236-2009[S]．北京：测绘出版社，2009.

[15] 国家测绘局．1∶500、1∶1 000、1∶2 000 地形图航空摄影测量内业规范：GB/T7930-2008[S]．北京：测绘出版社，2008.

[16] 国家测绘局．无人机航摄系统：CH/Z3002--2010[S]．北京：测绘出版社，2010.

[17] 国家测绘局．无人机航摄安全作业基本要求：CH/Z3001-2010[S]．北京：测绘出社，2010.

附　　录

选择题答案

项目 1　1～5. C　D　C　D　A

6～10. D　B　A　D　C

项目 2　1～5. A　C　B　C　A

6～10. C　A　A　D　C

项目 3　1～5. C　C　A　A　A

6～10. C　A　D　D　B

项目 4　1～5. C　B　C　C　A

6～10. B　C　D　C　B

项目 5　1～5. A　D　C　B　A

6～10. A　A　B　B　D

项目 6　1～5. C　D　C　B　C

6～10. D　B　C　C　D

项目 7　1～5. A　B　D　D　B

6～10. B　A　D　C　D

项目 8　1～5. A　B　C　C　B

6～10. B　C　C　C　D

项目 9　1～5. A　A　C　A　C

6～10. A　C　A　D　B

项目 10　1～5. B　A　A　B　D

6～10. D　C　B　C　C

项目 11　1～5. D　B　D　B　B

6～10. C　B　B　C　C

二维码资源索引